信息技术

陈承欢　徐江鸿　编著

電子工業出版社
Publishing House of Electronics Industry
北京 • BEIJING

内容简介

本书采用任务驱动教学模式，共设置了197项操作任务和综合训练任务，将整个教学过程贯穿于完成任务的全过程。在教学内容选取、教学方法运用、教学环节设计、训练任务设置、教学资源配置等方面都力求创新。

本书构建了模块化教材结构，分为6个模块，分别为使用与维护计算机、使用与配置 Windows 10、操作与应用 Word 2016、操作与应用 Excel 2016、操作与应用 PowerPoint 2016、认知新一代信息技术与应用互联网技术。本书还设置了5个教学环节：在线学习、单项操作、综合训练、提升学习和考核评价，以满足不同学习起点学习者的需要。本书力求做到基本知识条理化、技能训练层次化、教学资源多样化，充分发挥学习者的主观能动性，提高知识应用能力，强化对学习者动手能力和职业能力的训练。

本书可以作为普通高等院校、职业院校各专业信息技术基础课程的教材，也可以作为计算机操作的培训教材及自学参考书。

图书在版编目（CIP）数据

信息技术 / 陈承欢，徐江鸿编著. —北京：电子工业出版社，2021.9
ISBN 978-7-121-41994-2

Ⅰ. ①信… Ⅱ. ①陈… ②徐… Ⅲ. ①电子计算机－教材 Ⅳ. ①TP3

中国版本图书馆 CIP 数据核字（2021）第184949号

责任编辑：程超群
印　　刷：湖北画中画印刷有限公司
装　　订：湖北画中画印刷有限公司
出版发行：电子工业出版社
　　　　　北京市海淀区万寿路173信箱　邮编 100036
开　　本：787×1 092　1/16　印张：18　字数：460.8千字
版　　次：2021年9月第1版
印　　次：2021年9月第1次印刷
定　　价：53.80元

凡所购买电子工业出版社图书有缺损问题，请向购买书店调换。若书店售缺，请与本社发行部联系，联系及邮购电话：（010）88254888，88258888。

质量投诉请发邮件至 zlts@phei.com.cn，盗版侵权举报请发邮件至 dbqq@phei.com.cn。

本书咨询联系方式：（010）88254577，ccq@phei.com.cn。

前　　言

随着各行各业信息技术应用程度的提高，在学习和工作中熟练使用信息技术已成为众多工作人员的必备技能之一。本书正是从不同层次学习者的信息技术应用需要出发，将信息技术的理论知识、操作方法和实用技巧融入任务中。本书从信息技术的实际应用出发，以Windows 10+Office 2016为平台，通过分层次的操作训练，全面提升学习者信息技术应用能力，促进养成良好的职业习惯。

本书在教学内容选取、教学方法运用、教学环节设计、训练任务设置、教学资源配置等方面充分满足学习者的需求，并力求有所创新。本书的特色和创新概括为以下7个“有机结合”。

（1）教材结构模块化与技能训练层次化有机结合。

本书遵循学生认识规律和技能成长规律，构建了模块化教材结构，分为6个模块，分别为使用与维护计算机、使用与配置Windows 10、操作与应用Word 2016、操作与应用Excel 2016、操作与应用PowerPoint 2016、认知新一代信息技术与应用互联网技术。

本书设置了4个层次的训练：单项操作、综合训练、提升学习和考核评价的“技能测试”，以满足不同学习起点学习者的需要。其中“单项操作”环节主要针对基础知识和基本方法的学习进行单项操作训练，以满足学习者熟练掌握基础知识和具备基本技能的需要；“综合训练”环节主要针对实际工作中文档处理、数据处理和PPT制作的具体实现方法，引导学习者思考、领会知识的应用和熟悉操作方法及使用技巧，以满足学习者按要求快速完成工作任务的需要；“提升学习”环节采用任务驱动法，训练学习者灵活运用所掌握的各种方法完成指定任务的能力，提升学习者分析问题、解决问题、拓展知识面的综合能力；“考核评价”环节的“技能测试”则只给出任务描述和操作要求，具体实施步骤和方法的选用由学习者自行确定，考核学习者方法应用和问题解决能力。

（2）任务驱动式教学模式与混合式教学模式有机结合。

本书的教学设计采用任务驱动教学模式，设置了5个教学环节：在线学习、单项操作、综合训练、提升学习和考核评价，设置了197项操作任务和综合训练任务，将整个教学过程贯穿于完成任务的全过程。“单项操作”和考核评价的“技能测试”环节以“学习型操作任务”为载体组织教学内容，“综合训练”和“提升学习”环节以典型工作任务为载体组织教学内容，综合训练任务均来源于活动组织、教学管理、产品销售等方面的真实任务，具有较强的代表性和职业性。

本书的教学实施采用了理论与实践相结合、线上与线下相结合、课堂组织教学与课外自主学习相结合、理论考核与技能考核相结合、单项操作与综合训练相结合、方法指导与自主训练相结合的多样化混合式教学模式。

（3）电子活页方式与纸质方式有机结合。

本书将电子活页方式与纸质方式完美结合、扬长避短，形成活页式教材的新形态。对于书中篇幅较长的内容，如“在线学习”环节的理论知识、“单项操作”环节的“方法指导”、“提升学习”环节的“任务实施”，在书中只列出主干内容，其完整内容存放在课程的教学资源网站中，学习者可以通过扫描二维码的方式浏览这些理论知识、方法指导和任务实施的完整内容。这种采用电子活页式的新形态编排方式，既可以适度控制教材篇幅，又可以保证教学内容的完整性。同时充分利用信息化教学手段，相关内容以电子方式阅读更逼真、更清晰、更灵活，激发学习兴趣，提高教学效率，从而提升教学效果。

（4）线上学习和线下学习有机结合。

由于学习者学习信息技术的起点有差异，本书为不同起点的学习者提供了多样化的学习方式。对于起点低的学习者，可以在课前采用翻转式学习方式，通过扫描二维码详细学习信息技术的基础知识和单元操作的“方法指导”；对于起点较高的学习者，信息技术的基础知识和单元操作的“方法指导”只需要简单梳理一下，可以在课后通过扫描二维码详细学习“提升学习”环节的“任务实施”内容，进一步提高信息技术应用水平和学习能力。

（5）在线测试与技能测试有机结合。

每个教学单元针对重要的知识点与技能点都设置了“在线测试”和“技能测试”，每个教学单元都构建了一个测试子库，全书构建了一个考核评价系统。每个单元通过扫描“在线测试”二维码，即可打开测试页面，进行测试，测试完毕后可以查看资料包中的正确答案。“技能测试”则主要测试学习者的操作技能，提高其动手能力。

（6）操作方法的条理性与案例选取的典型性有机结合。

信息技术应用涉及的理论知识和操作方法非常多，本书选取实际工作中的常用知识和常见方法，在“在线学习”和“单项操作”两个环节对这些常用知识和方法通过列表、比较等方法进行条理化、系统化展示，避免出现“只见树木，不见森林”的问题。

（7）案例实现的专业性和知识更新的动态性有机结合。

大多数学习者都具备一定的信息技术基础，基本会使用计算机、Windows、Word、Excel、PowerPoint 和 Internet，对文档的编辑与处理、数据的计算与分析、PPT 的设计与制作的初级应用已基本掌握，希望通过专业训练和专业指导，成为文档处理、数据加工、PPT 制作的专业人员。本书期待给学习者以专业级的指导，让使用者成为专业人士。

由于 Office 的功能不断完善，操作方法越来越简便，本书充分考虑软件升级、知识更新的需要，各个案例的实现均采用 Windows 10+Office 2016 平台，采用最简洁的实现方法，节省学习者的宝贵时间。

本书由湖南铁道职业技术学院的陈承欢教授、徐江鸿编著，湖南铁道职业技术学院的李清霞、黄嘉、罗学锋、张珏、王云、朱彬彬、张丽芳等参与内容编写和案例制作，由于编著者水平有限，书中难免存在疏漏之处，敬请各位专家和学习者批评指正，编著者的 QQ 为 1574819688。

编著者

2021 年 4 月

目　　录

单元1 使用与维护计算机

计算机是一种存储和处理数据的工具，如今已广泛应用于日常生活、教育文化、工农业生产、商贸流通、科学研究、军事技术、金融证券等各个领域，计算机技术的高速发展极大地推动了经济增长乃至整个社会的进步。“电脑”是个人计算机（Personal Computer，PC）的俗称，目前电脑在政府机关、企事业单位、学校、商场、超市、银行的行政管理、人事管理、财务管理、生产管理、物资管理等诸多方面起着重要的作用，是实现办公自动化、提高工作效率必不可少的工具。

【说明】本书中所说的“计算机”没有特别说明，都是指微型计算机，由于其具备类似人脑的某些功能，所以也俗称为“电脑”。由于习惯叫法，本书中在许多场合也称为“电脑”。

【在线学习】

计算机是一种能够按照事先存储的程序，自动、高速进行大量数值运算和数据处理的智能电子装置。首先我们回顾一下计算机的发展历程、了解计算机的应用领域和主要特点。

1.1 认知计算机发展历程

1946年2月15日，世界上第一台通用电子数字计算机“埃尼阿克”（Electronic Numerical Integrator And Calculator，缩写为ENIAC）在美国的宾夕法尼亚大学宣告研制成功。“埃尼阿克”的成功，是计算机发展史上的一座里程碑，是人类在发展计算技术的历程中，到达的一个新的起点。“埃尼阿克”共使用了18800个电子管，另加1500个继电器及其他器件，其总体积约90立方米，重达30吨，占地170平方米，需要用一间30多米长的大房间才能存放，是个地地道道的庞然大物。这台每小时耗电量为140千瓦的计算机，运算速度为每秒5000次加法运算，或者400次乘法运算，比机械式的继电器计算机快1000倍。

根据计算机所采用的主要电子元器件的不同，一般把计算机的发展分成4个阶段，习惯上称为四代。

扫描二维码，熟悉电子活页中的相关内容，了解计算机的发展历程。

电子活页1-1

计算机的发展历程

1.2 认知计算机应用领域

计算机广泛应用于工作、科研、生活等各个领域，其应用领域可以概括为以下几个方面。

（1）科学计算。

（2）数据处理。

（3）过程控制。

（4）辅助设计。

（5）辅助教学。

（6）人工智能。

（7）网络通信。

扫描二维码，熟悉电子活页中的相关内容，了解计算机的主要应用领域。

1.3 认知计算机主要特点

计算机的主要特点如下：

（1）运算速度快。

运算速度是指计算机每秒能执行的指令数，常用单位是 MIPS，即每秒执行百万条指令。当今计算机系统的运算速度已达到每秒万亿次，从而使大量复杂的科学计算问题得以解决。如卫星轨道的计算、大型水坝的计算、24 小时天气预报的计算等。

（2）计算精确度高。

科学技术的发展特别是尖端科学技术的发展需要高精度的计算。计算机控制的导弹之所以能准确地击中预定的目标，是与计算机的精确计算分不开的。

（3）存储容量大。

计算机中的存储器能够存储大量数据，且能把数据和程序存入，进行数据处理和计算，并把结果保存起来，当需要时又能准确、无误地取出来。

（4）具有记忆和逻辑判断能力。

随着计算机存储容量的不断增大，可存储记忆的信息越来越多。计算机能够进行各种基本的逻辑判断，并且根据判断的结果，自动决定下一步该做什么。

（5）有自动控制能力。

计算机内部操作是根据人们事先编好的程序自动控制进行的。用户根据解题需要，事先设计好运行步骤并编写程序，计算机会十分严格地按程序规定的步骤操作，整个过程不需要人工干预。

1.4 认知计算机硬件系统的基本组成

计算机由运算器、控制器、存储器、输入设备和输出设备 5 个基本部分组成，这 5 部分也称为计算机的五大部件。人们通常把运算器、控制器和存储器合称为计算机主机，其中运算器、控制器被放置在一个大规模集成电路块上，称为中央处理器，又称 CPU（Central Processing Unit）。微型计算机的中央处理器（CPU）习惯上称为微处理器（Microprocessor），是微型计算机的核心。计算机硬件系统的基本组成如图 1-1 所示。

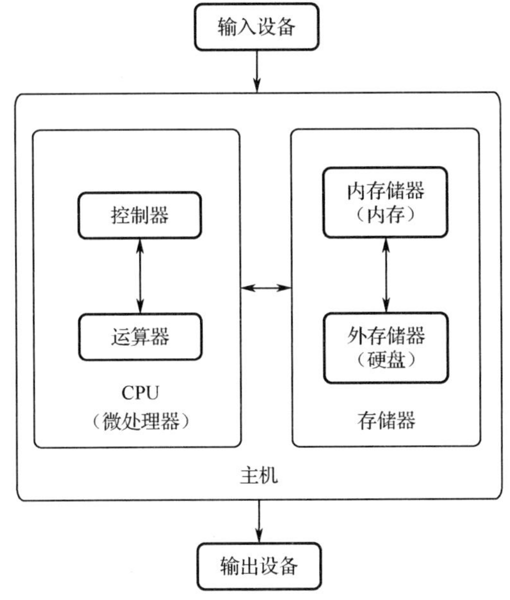

图 1-1　计算机硬件系统的基本组成

电子活页 1-3

计算机硬件系统的基本组成

1．控制器

2．运算器

3．存储器

（1）内存储器（简称内存或主存）。

（2）外存储器（简称外存或辅存）。

4．输入设备和输出设备

扫描二维码，熟悉电子活页中的相关内容，掌握计算机硬件系统的基本组成。

1.5　认知微型计算机硬件系统的基本组成

微型计算机（简称微机）的硬件系统是指计算机系统中可以看得见、摸得着的物理装置，即机械器件、电子线路等设备。

微型计算机硬件系统的基本组成如下。

1．微处理器

2．主板

3．内存储器（主存）

4．外存储器（辅助存储器）

外存储器（简称外存）又称辅助存储器。外存储器可分为硬盘、光盘、U 盘等。

5．输入设备

（1）键盘。

（2）鼠标。

6．输出设备

（1）显示器。

（2）打印机。

扫描二维码，熟悉电子活页中的相关内容，掌握微型计算机硬件系统的基本组成。

1.6　认知微型计算机软件系统的基本组成

软件是计算机系统必不可少的组成部分。微型计算机软件系统分为系统软件和应用软件两类。系统软件一般包括操作系统、语言编译程序、数据库管理系统。应用软件是指计算机用户为某一特定应用而开发的软件，如文字处理软件、表格处理软件、绘图软件、财务软件、过程控制软件等。

微型计算机软件系统的基本组成如下。

1．操作系统（Operating System，OS）

2．计算机语言

人和计算机交流信息使用的语言称为计算机语言或程序设计语言，计算机语言通常分为机器语言、汇编语言和高级语言三类。

电子活页 1-5

微型计算机软件系统的基本组成

3．数据库管理系统

4．应用软件

（1）文字处理软件。

（2）表格处理软件。

（3）实时控制软件。

扫描二维码，熟悉电子活页中的相关内容，掌握微型计算机软件系统的基本组成。

1.7　认知计算机系统的主要性能指标

首先将计算机系统的主要性能指标与笔记本电脑装配流水线的指标进行类比，便于理解主频、字长和运算速度等计算机系统的性能指标。例如，明德电脑公司的笔记本电脑生产企业有多条组装笔记本电脑的生产线，如果生产线每天有效装配时间为 6 小时，生产线的节拍为平均每分钟装配 1 台笔记本电脑（生产线的生产周期为 1 分钟），那么一条生产线每天的装配速度为 360 台，如果有 2 条生产线同时开工，那么每天可以装配 720 台笔记本电脑。

计算机系统的主要性能指标如下。

1．主频

2．字和字长

3．运算速度

4．存储容量

电子活页 1-6

计算机系统的主要性能指标

扫描二维码，熟悉电子活页中的相关内容，掌握计算机系统主要性能指标的含义与作用。

1.8 认知计算机病毒

1. 计算机病毒的概念

计算机病毒是指“编制或者在计算机程序中插入的破坏计算机功能或者破坏数据、影响计算机使用并且能够自我复制的一组计算机指令或者程序代码”，旨在干扰计算机操作，记录、毁坏或删除数据，或者自行传播到其他计算机和整个网络。随着计算机及网络的发展，计算机病毒传播造成的恶劣结果越来越受到人们的关注。网络上出现的很多新病毒与以往的计算机病毒相比，破坏性和传播性更大，给用户和整个网络造成了极大的损害。对计算机病毒的防治应采取以“防”为主、以“治”为辅的方法，阻止病毒的侵入比病毒侵入后再查杀它重要得多。

2. 计算机病毒的特征

计算机病毒一般具有如下特点。

（1）传染性。

（2）破坏性。

（3）潜伏性。

（4）可触发性。

（5）衍生性。

电子活页 1-7

计算机病毒的特征

扫描二维码，熟悉电子活页中的相关内容，熟悉计算机病毒的特征。

3. 计算机病毒的分类

根据计算机病毒的特点，计算机病毒的分类方法有许多种。

（1）按照病毒的破坏能力分类。

（2）根据病毒特有的算法分类。

（3）根据病毒的传染方式分类。

电子活页 1-8

计算机病毒的分类

扫描二维码，熟悉电子活页中的相关内容，了解计算机病毒的多种分类方法。

4. 计算机病毒的危害

计算机病毒的危害可以分为对网络系统的危害和对计算机系统的危害两方面。

（1）计算机病毒对网络系统的危害。

①病毒程序通过“自我复制”传染正在执行其他程序的系统，并与正常运行的程序争夺系统的资源，使系统瘫痪。

②病毒程序可在发作时冲毁系统存储器中的大量数据，致使计算机及其用户的数据丢失，使用户蒙受巨大损失。

③病毒程序不仅侵害使用的计算机系统，而且通过网络侵害与之联网的其他计算机系统。

④病毒程序可导致计算机控制的空中交通指挥系统失灵，使卫星、导弹失控，使银行金融系统瘫痪，使自动生产线控制紊乱等。

（2）计算机病毒对计算机系统的危害。

①破坏磁盘的文件分配表或目录区，使用户磁盘上的信息丢失。

②删除软、硬盘上的可执行文件或覆盖文件。

③将非法数据写入 DOS 内存参数区，引起系统崩溃。

④修改或破坏文件和数据。

⑤影响内存常驻程序的正常执行。

⑥在磁盘上标记虚假的坏簇，从而破坏有关的程序或数据。

⑦更改或重新写入磁盘的卷标号。

⑧对可执行文件反复传染、复制，造成磁盘存储空间减少，并影响系统运行效率。

⑨对整个磁盘进行特定的格式化，破坏全盘的数据。

⑩使系统空挂，使显示器、键盘处于被封锁的状态。

1.9 认知常用的计数制及其转换方法

常用的计数制有二进制、八进制、十进制和十六进制，一般在数字的后面用特定字母表示该数的进制。例如，B 表示二进制，O 表示八进制，D 表示十进制（D 可省略），H 表示十六进制。

扫描二维码，熟悉电子活页中的相关内容，熟悉常用计数制及其转换方法。

电子活页 1-9

常用计数制及其转换方法

1.10 认知计算机中数据的表示

计算机内表示的数，分成整数和实数两大类。在计算机内部，数据是以二进制的形式存储和运算的。数的正负用字节的最高位来表示，定义为符号位，用“0”表示正数，用“1”表示负数。

1．整数的表示

计算机中的整数一般用定点数表示，定点数指小数点在数中有固定的位置。整数又可分为无符号整数（不带符号的整数）和有符号整数（带符号的整数）。无符号整数中，所有二进制位全部用来表示数的大小，有符号整数则用最高位表示数的正负号，其他位表示数的大小。如果用 1 字节表示 1 个无符号整数，其取值范围是 0～255（2^8-1）。如果用 1 字节表示 1 个有符号整数，其取值范围是−128～+127（-2^7～2^7-1）。如果用 1 字节表示有符号整数，则能表示的最大正整数为 01111111（最高位为符号位），即最大值为 127，若数值的绝对值大于 127，则“溢出”。计算机中的地址常用无符号整数表示。

2．实数的表示

实数一般用浮点数表示，因为它的小数点位置不固定，所以称为浮点数。它是既包含整数又包含小数的数，纯小数可以看作实数的特例。例如，57.625、−1984.045、0.00456 都是实数。

以上三个数又可以表示为：

$57.625=10^2\times(0.57625)$

$-1984.045=10^4\times(-0.1984045)$

$0.00456=10^{-2}\times(0.456)$

其中指数部分用来指出实数中小数点的位置，括号内是一个纯小数。二进制的实数表示也是这样。例如，110.101 可表示为：$110.101=2^{+10}\times1.10101=2^{-10}\times11010.1=2^{+11}\times0.110101$。

在计算机中，一个浮点数由指数（阶码）和尾数两部分组成。阶码用来指示尾数中的小数点应当向左或向右移动的位数；尾数表示数值的有效数字，其小数点约定在数符和尾数之间，在浮点数中，数符和阶符各占一位，阶码的值随浮点数数值的大小而定，尾数的位数则依浮点数的精度要求而定。

1.11 认知常见的信息编码

信息编码是采用少量的基本符号，选用一定的组合原则，以表示大量复杂多样数据的技术。计算机是数据处理的工具，任何信息必须转换成二进制形式的数据后才能由计算机进行处理、存储和传输。

常见的信息编码类型如下。

1. BCD 码

2. ASCII 码

3. 汉字编码

（1）国标汉字字符集。

（2）区位码。

（3）国标码。

（4）机内码。

（5）汉字的字形码。

扫描二维码，熟悉电子活页中的相关内容，了解常见的信息编码。

电子活页 1-10

常见的信息编码

【单项操作】

【操作 1-1】区分计算机与微型计算机

根据以下关于“计算机”和“微型计算机”的相关描述，指出计算机与微型计算机的区别。

计算机	微型计算机
计算机是一种能够按照事先存储的程序，自动、高速进行大量数值运算和数据处理的智能电子装置，是一种存储和处理数据的工具。 按照计算机规模，考虑其运算速度、存储能力等因素，将计算机分为。 ①巨型计算机。 ②大型计算机。 ③小型计算机。 ④微型计算机。	微型计算机是以微处理器为基础、由大规模集成电路组成的、体积较小的电子计算机，是人们日常工作生活中常用的计算机，是实现办公自动化、提高工作效率必不可少的工具。 微型计算机简称：微型机、微机。 微型计算机的俗称如下。 ①个人计算机。 ②PC（Personal Computer）。 ③微电脑或简称电脑。

【操作 1-2】区分计算机的硬件系统与软件系统

完整的计算机系统包括硬件系统和软件系统两大部分，我们平时说到“计算机”一词，都是指包含硬件系统和软件系统的计算机系统。根据以下对“硬件系统”和“软件系统”的相关描述，比较计算机硬件系统与软件系统的区别。

硬件系统

硬件系统是指看得到、摸得着的物理设备，即由机械、电子器件构成的具有输入、存储、计算、控制和输出功能的实物部件。

计算机硬件系统主要由主机和外部设备组成，主机从外观上看是一个整体，是由多个独立部分组合而成的，这些部件都安装在主机内部，它们相互配合完成主机的工作。

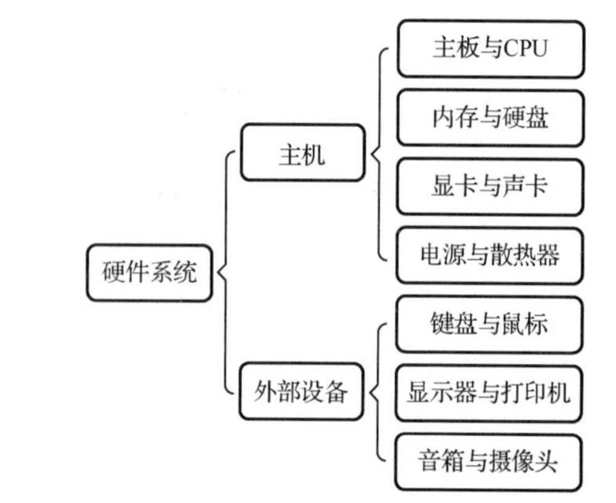

软件系统

软件系统广义上是指系统中的程序及开发、使用和维护程序所需的所有文档的集合，用来管理和控制硬件设备。

软件系统分为系统软件和应用软件两类。系统软件是支持应用软件开发和运行的系统。应用软件是指计算机用户为某一特定应用而开发的软件。

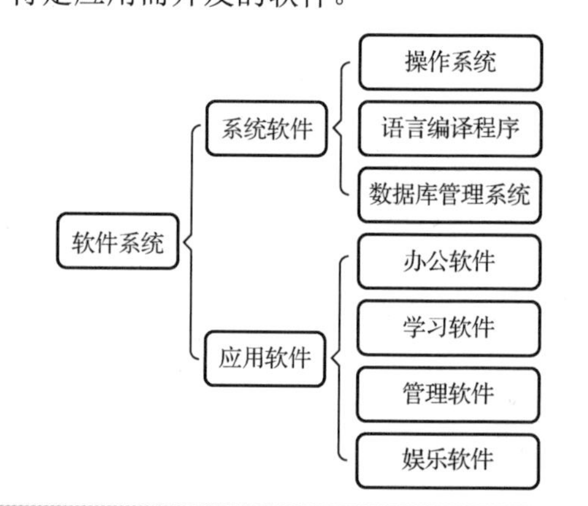

【操作 1-3】区分不同类型的微型计算机

日常工作、学习和生活中所使用的微型计算机，根据用途和性能的不同，可以分为台式机、笔记本电脑、平板电脑、一体机等多种类型。查看以下四种类型的微型计算机的图片和文字说明，比较其主要区别。

台式机

笔记本电脑

台式机包括主机和外围设备两大部分，外部设备主要包括显示器、键盘、鼠标、音箱、摄像头，还包括打印机、扫描仪等。台式机的主要优点是用途广、价格低、耐用、升级性能好。

笔记本电脑又称手提电脑或膝上型电脑，是一种小型、可携带的个人电脑。笔记本电脑把主机和外部设备集成在一起，其主要优点是体积小、重量轻、携带方便。

平板电脑

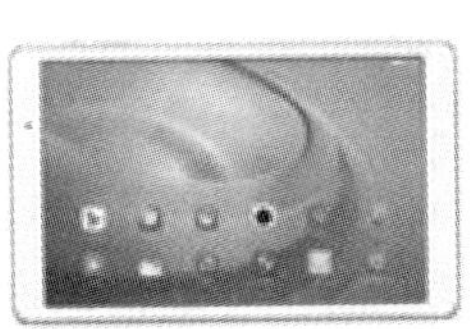

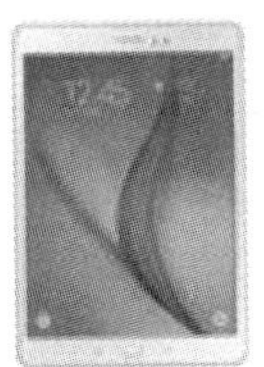

平板电脑（Tablet Personal Computer，简称 Tablet PC），是一种小型、携带方便的个人电脑。平板电脑以触摸屏作为基本的输入设备，允许用户通过触控来进行作业而不是使用传统的键盘或鼠标。平板电脑是一款无须翻盖、没有键盘、小到能够放入手袋中，且功能完整的个人电脑。

一体机

一体机（All-In-One，缩写为 AIO）把主机集成到显示器中，与台式机相比有连线少、体积小、集成度高的优势。一体机可以说是与笔记本电脑和台式机融合的一种新兴计算机，可以用来看视频、上网、办公等。

【操作 1-4】认知微型计算机硬件系统的外观组成

根据以下图片和文字说明认知微型计算机硬件系统的外观组成。

计算机硬件系统的外观组成

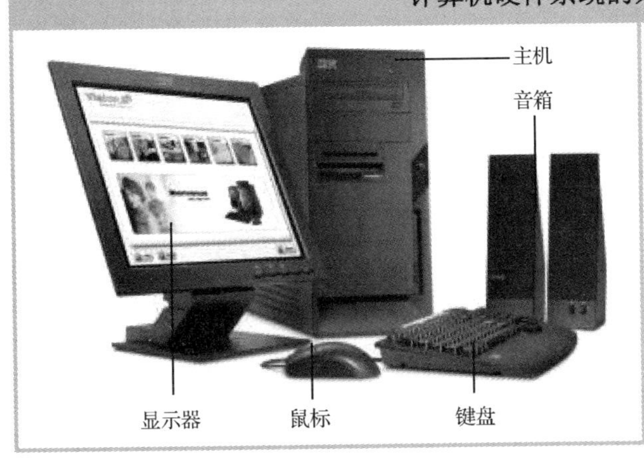

1 主　机：计算机的主体与总管

2 显示器：输出设备

3 键　盘：输入设备

4 鼠　标：输入设备

5 音　箱：播放声音的设备

【操作 1-5】认知微型计算机硬件的外观与功能

根据以下图片和文字说明认知微型计算机硬件的外观与功能。

主机

主机是计算机的主体部分，在主机箱中有主板、CPU、内存、硬盘、显卡、声卡、网卡、电源、散热器等硬件设备，通过机箱将机箱内的设备封装起来，起保护作用。

显示器

显示器（Monitor）用于方便地观察输入和输出的信息。单位面积的像素越多，分辨率越高，显示的字符或图形也就越清晰、细腻。

键盘

键盘（Keyboard）是用户与计算机进行交流的主要工具，是计算机最重要的输入设备，也是微型计算机必不可少的外部设备。键盘通常由主键盘、小键盘、功能键 3 部分组成，主键盘包括字母键、数字键、符号键和控制键等。

鼠标

鼠标（Mouse）又称鼠标器，是一种常用的输入设备，是控制屏幕上光标位置的一种设备。在软件支持下，通过鼠标器上的按钮，可向计算机发出输入命令或完成某种特殊的操作。

打印机

打印机（Printer）是计算机产生硬复制输出的一种设备，供用户输出计算机处理的结果。打印机的种类有很多，按工作原理可分为击打式打印机和非击打式打印机。常用的针式打印机（又称点阵打印机）属于击打式打印机；喷墨打印机和激光打印机属于非击打式打印机。

音箱

音箱指将音频信号变换为声音的一种设备，音箱箱体内自带功率放大器，对音频信号进行放大处理后由音箱本身回放出声音。音箱是计算机的重要组成部分，音箱的性能高低对一个计算机音响系统的放音质量起着关键作用。

摄像头	扫描仪
 摄像头（Camera）又称电脑相机、电脑眼等，是一种视频输入设备，广泛应用于视频会议、远程医疗、实时监控等方面。人们通过摄像头彼此可以在网络中进行有影像的交谈和沟通。	 扫描仪（Scanner）是通过捕获图像并将之转换成计算机可以显示、编辑、存储和输出内容的数字化输入设备，具有比键盘和鼠标更强的功能，可将图片、照片及各类文稿资料输入计算机。

【操作 1-6】按正确顺序开机与关机

扫描二维码，熟悉电子活页中的相关内容，然后完成以下操作。

（1）按正确的顺序开机。

（2）使用合适的方法重启计算机。

（3）按正确的顺序关机。

电子活页 1-11

按正确顺序开机与关机

【综合训练】

【训练 1-1】熟悉计算机基本操作规范与正确使用计算机

【任务描述】

计算机在人们的生活和工作中变得越来越重要，在人们生活节奏越来越快的同时，计算机出现的问题也越来越多样化，一旦出现故障，会导致使用者难以处理，计算机系统主要由硬件系统和软件系统组成，无论是哪一个出现故障，都可能会影响计算机的正常工作。为了保证计算机能够正常运行，使用者必须正确使用计算机，减小其故障率。

熟悉计算机基本操作规范，严格按操作规范正确使用计算机。

【任务实施】

使用计算机的基本操作规范如下。

（1）为计算机提供合适的工作环境。计算机的工作环境温度一般为 5～35℃，相对湿度一般为 20%～80%。

（2）正常开、关机。开机时先开显示器、打印机等外围设备，最后开主机；关机顺序正好相反，应先关主机电源，后关显示器、打印机等外围设备的电源。

（2）不能在计算机正常工作时搬动计算机，如果搬动计算机可能会损坏硬盘盘面，因此搬动计算机时应先关机；也不要频繁开、关计算机，两次开机时间至少间隔 10 秒。

（3）硬盘指示灯亮时，表示正对硬盘进行读/写操作，此时不要关掉电源，突然停电容易划伤磁盘及光盘，有时也会损坏磁头。

（4）除支持热插拔的USB接口设备外，不要在计算机工作时带电插拔各种接口设备和电缆线，否则容易烧毁接口卡或造成集成块损坏。不要用手直接触摸主板上的集成电路和芯片，因为人体所带的静电会击毁芯片。

（5）显示器不要靠近强磁场，尽量避免强光直接照射到屏幕上，应保持屏幕的洁净，擦屏幕时应使用干燥、洁净的软布。

（6）不要用力拉鼠标线、键盘线或电源线等线缆。

（7）计算机专用电源插座上严禁使用其他电器，避免接触不良或插头松动。

（8）显示器不要开得太亮，最好设置屏幕保护程序。

（9）注意防尘、防水、防静电，保持计算机的密封性和使用环境的清洁卫生。注意通风散热，要特别关注CPU风扇、主机风扇是否正常转动。

（10）使用计算机时养成良好的道德行为规范。

随着计算机应用的日益普及，计算机犯罪对社会造成的危害越来越严重。为了维护计算机系统的安全、保护知识产权、防止计算机病毒、打击计算机犯罪，在使用计算机时，应严格遵守国家有关法律法规，养成良好的道德行为规范：不利用计算机网络窃取国家机密，盗取他人密码；不传播、复制色情内容等；不利用计算机所提供的方便对他人进行人身攻击、诽谤和诬陷；不破坏别人的计算机系统资源；不制造和传播计算机病毒；不窃取别人的软件资源；不使用盗版软件。

【训练 1-2】防止计算机病毒传播

【任务描述】

熟悉防止计算机病毒传播的主要措施，在学习、工作中有效防止计算机病毒传播。

【任务实施】

防止计算机病毒传播的主要措施如下。

（1）谨慎使用公共和共享的软件，因为这种软件使用人多且杂，它们携带病毒的可能性较大。应尽量不使用外来的移动存储设备，特别是在公用计算机上使用过的U盘。对外来U盘要查、杀病毒，确认无病毒后再使用。

（2）写保护所有的系统文件，提高病毒防范意识，尽量使用正版软件，不使用盗版软件和来历不明的软件。

（3）密切关注媒体发布的病毒信息，及时为操作系统和应用软件中的漏洞打补丁。

（4）除非是原始盘，否则绝不用来历不明的启动盘去引导硬盘。

（5）安装正版杀毒软件，定期对引导系统进行查毒、杀毒，对杀毒软件要及时进行升级。使用防火墙，实时监控病毒，可抵抗大部分的病毒入侵。

（6）对重要的数据、资料、分区表要进行备份，创建一张无毒的启动盘，用于重新启动或安装系统。不要把用户数据或程序写到系统盘中。

（7）如果无法防止病毒入侵，至少应尽早发现入侵的病毒，越早发现病毒越好，如果能够在病毒产生危害之前发现并清除它，则可以使系统免受危害；如果能够在病毒广泛传播之前发现它，则可以较容易地修复系统。总之，病毒在系统中存在的时间越长，产生的危害就越大。

（8）计算机染上病毒后，应尽快予以清除，对付计算机病毒比较快捷和简便的方法就是使用优秀的杀毒软件进行查杀，几乎所有的杀毒软件都能事先备份正常的硬盘引导区，当硬盘被病毒感染时，先清除病毒再将引导区重新复制回硬盘，以保证硬盘能正确引导系统。

【训练 1-3】保养与维护 CPU

【任务描述】

CPU 作为计算机的心脏，肩负着繁重的数据处理的工作。从打开计算机一直到关闭，CPU 都会一刻不停地运行，如果不小心将 CPU 烧毁或损坏，整台计算机也就瘫痪了。因此对它的维护保养显得尤为重要。

（1）在正确保养 CPU 时需重点解决的问题有哪些。

（2）如何保养与维护 CPU？

【任务实施】

1．在保养 CPU 时需重点解决的问题

目前，为防止 CPU 烧毁，主流处理器都具备过热保护功能，当 CPU 温度过高时会自动关闭计算机或降频。虽然这一功能大大地减少了 CPU 故障的发生率，但如果长时间让 CPU 工作在高温的环境下，将大大缩短其使用寿命。

（1）重点解决散热问题。

要保证计算机稳定运行，首先要解决散热问题。高温不仅是 CPU 的“杀手”，对于所有电子产品而言，工作时产生的高温如果无法快速散掉，将直接影响其使用寿命。CPU 在工作时产生的热量是相当可怕的，特别是一些高主频的处理器，工作时产生的热量更是高得惊人。因此，要使 CPU 更好地为我们服务，散热功能不可少。CPU 的正常工作温度为 35～65℃，具体数值根据不同的 CPU 和不同的主频而定。因此要为 CPU 选择一款好的散热器，不仅要求散热风扇质量够好，而且要选择散热片材质好的产品。

另外，还要保障机箱内外的空气流通顺畅，保证能够将机箱内部产生的热量及时散出去。散热工作做好了，可以减小死机概率。

（2）选择轻重合适的散热器。

通常情况下，盒装 CPU 所带的散热器大多能够满足此款产品散热的需要，但如果需要超频时，需要为 CPU 选择一款散热性能更好的散热器。但如果 CPU 足够用，建议不要对 CPU 进行超频。另外，可以通过测速、测温软件来适时检测 CPU 的温度与风扇的转速，以保证随时了解 CPU 的温度及散热器的工作状态。

为了解决 CPU 的散热问题，选择一款好的散热器是必需的。不过在选择散热器的时候，也要根据自己的实际情况，购买合适的散热器。不要一味地追求散热，而购买那种既大又重的“豪华”产品。这些产品虽然好用，但由于自身的重量过大，因此长时间使用后不但会造成与 CPU 无法紧密接触，还容易将 CPU 脆弱的外壳压碎。

（3）做好减压和避震工作。

在做好散热的同时，还要做好对 CPU 的减压与避震工作。在安装散热器时，要注意用力均匀，扣具安装正确。另外，现在风扇的转速可达 6000 转/分，因此容易产生共振问题，时间长了，会造成 CPU 与散热器之间无法紧密结合、CPU 与插座接触不良，因此应选择正规厂家生产的散热风扇，其转速适当。

（4）勤除灰尘和用好硅胶。

灰尘要勤清除，不能让其积聚在 CPU 的表面，以免造成短路烧毁 CPU。硅胶在使用时涂薄薄一层就可以，过量涂抹有可能会渗到 CPU 表面或插槽中，造成设备毁坏。硅胶在使用一段时间后会干燥，这时可以除净后再重新涂上硅胶。平时在摆弄 CPU 时要注意释放身体带的静电，特别在秋冬季节。消除方法可以是事前洗手或双手接触一会儿金属水管之类的导体，以保安全。

2．保养与维护 CPU

CPU 是计算机主机的核心所在，其性能直接影响整机性能的发挥。对 CPU 进行维护和保养，可以使其保持良好的性能。保养与维护 CPU 的步骤主要包括拆卸 CPU 风扇和散热器、均匀涂抹硅胶、清除 CPU 风扇和散热器灰尘、重新安装 CPU 风扇和散热器等。在对 CPU 实施保养操作以前，应该注意释放人体所带静电。

（1）拆卸 CPU 风扇和散热器。

从主板上将 CPU 风扇电源拔下。

找到松开散热器的开关，将散热器从 CPU 上取下。

（2）均匀涂抹硅胶。

准备好用于散热用的硅胶，将它均匀涂抹在散热器和 CPU 之间，以较好地将 CPU 热量传递给散热器。

（3）清除 CPU 风扇和散热器灰尘。

CPU 在使用了一段时间后，CPU 风扇和散热器上的灰尘会影响散热器的散热性能，应定期对 CPU 风扇和散热器进行除尘操作。如果 CPU 使用时间不长，散热器不必单独清洁，用毛刷除尘即可。如果 CPU 使用时间较长，散热器和风扇上的灰尘较多，一般须单独取下。

（4）重新安装 CPU 风扇和散热器。

将 CPU 风扇和散热器取下，使用毛刷清除风扇叶片上的灰尘，然后把 CPU 风扇安装到散热器上。检查 CPU 上的硅胶是否涂匀，然后将散热器重新固定到 CPU 上即可。除尘完毕，最后还可以为 CPU 的散热风扇加一些润滑油，以使风扇运转得更顺畅，提高散热性能。

【训练 1-4】保养与维护硬盘

【任务描述】

计算机的硬盘中往往存放着大量重要数据，如果硬盘出现故障的话，里面的数据就会丢失，给人们带来不可估量的损失。所以说，硬盘的保养和维护非常重要。

如何合理保养与维护硬盘呢？

【任务实施】

（1）硬盘周围环境温度保持适宜。

由于硬盘内部的电机高速运转，再加上硬盘是密封的，如果周围环境温度太高，热量散不出，就会导致硬盘产生故障。而温度太低，又会影响硬盘的读写效果。因此，硬盘工作的温度要适宜，最好在 20～30℃。

（2）注意防潮湿。

如果计算机内或周围环境过于潮湿，使硬盘绝缘电阻下降，会造成计算机在使用过程中运行不稳定，严重时会使电子元件损坏或某些部件不能正常工作。

（3）注意防静电。

硬盘中的集成电路对静电特别敏感，容易受静电感应而被击穿损坏，因此要注意防静电。由于人体常带静电，在安装或拆卸硬盘时，不要用手触摸电路板或焊点。

（4）注意防震动或撞击。

如果硬盘在读写过程中发生较大的震动或撞击，可能会造成硬盘磁头和磁片相撞击，导致硬盘坏道，造成硬盘数据丢失和硬盘损坏。

（5）注意防磁场干扰。

硬盘通过对盘片表面的磁层进行磁化来记录数据信息，如果硬盘靠近强磁场，有可能会导致所记录的数据遭受破坏。因此必须注意防磁，以免丢失数据。

（6）定期进行碎片整理。

要定期对磁盘进行碎片整理，避免磁盘文件碎片重复放置或垃圾文件过多而浪费硬盘空间，影响运行速度。但磁盘碎片整理不宜过于频繁。

（7）定期备份数据。

由于硬盘中保存了很多重要数据，因此要对硬盘中的数据进行定期备份。

（8）预防硬盘感染病毒。

要预防病毒对硬盘的侵害，发现病毒要立即清除，防止病毒损坏计算机硬盘。

（9）尽量少进行硬盘格式化。

硬盘格式化不但会使硬盘全部数据丢失，而且会缩短硬盘的使用寿命。

（10）避免强制关机。

如果在硬盘工作时突然关掉电源，硬盘磁头和磁盘头剧烈摩擦会导致硬盘损坏。

【训练 1-5】保养与维护显示器

【任务描述】

对经常与计算机打交道的人来说，计算机的“脸”即显示器，如果他每天面对的是一个色彩柔和、清新亮丽的“笑脸”，那么其工作效率也一定会很高。目前常用的显示器是液晶显示器。液晶显示器具有可视面积大、画质精细、节能等优点。但液晶显示器十分脆弱，要经常进行保养与维护。

如何合理保养与维护液晶显示器？

【任务实施】

（1）避免显示器内部元件烧坏。	（2）注意防潮。
如果长时间不用，一定要关闭显示器，或者降低显示器的亮度，避免内部元件老化或烧坏。	长时间不用显示器，可以定期通电工作一段时间，用显示器工作时产生的热量将潮气蒸发掉。
（3）避免冲击显示器。	（4）养成良好的工作习惯。
液晶显示器十分脆弱，在剧烈移动或者震动的过程中有可能对显示器产生损害，要避免强烈的冲击和震动，也不要对液晶显示器表面施加压力。	不良的工作习惯也会损害液晶显示器的“健康”。例如，一边工作，一边喝着茶、咖啡或者牛奶，若不小心洒到键盘或显示器上，会危及它们的“健康”。
（5）保持干燥的工作环境。	（6）定时定量清洁显示器。
液晶显示器应在一个相对干燥的环境中工作，特别是不能将潮气带入显示器的内部。建议准备一些干燥剂，保持显示器周围环境干燥；或者准备一块干净的软布，随时保持显示器的干燥。如果水分已经进入液晶显示器里，就需要将显示器放置到干燥的地方，让水分慢慢地蒸发掉，千万不要贸然打开电源，否则显示器的液晶电极会被腐蚀。	由于灰尘等不洁物质，液晶显示器上经常会出现一些难看的污迹，所以要定时清洁。如果发现显示器上面有污迹，正确的清理方法是拿沾有少许清洁剂的软布轻轻地把污迹擦去，擦拭时力度要轻，否则显示器屏幕会因此而短路损坏。清洁显示器还要定时、定量，频繁擦洗也是不对的，那样同样会对显示器造成一些不良影响。

【训练 1-6】保养与维护笔记本电脑

【任务描述】

（1）熟知笔记本电脑使用的注意事项。

（2）了解笔记本电脑部件的保养维护方法。

【任务实施】

1．熟知笔记本电脑使用的注意事项

①不要将液体滴洒到笔记本电脑上。 ②不要让液晶显示屏接触不洁物。 ③不要强行用力插拔硬件。 ④不要让液晶显示屏正面或背面承受压力。 ⑤不要让笔记本电脑承受突然震动或强烈撞击。	⑥不要把笔记本电脑与尖锐物品放置在一起。 ⑦不要堵塞笔记本电脑的散热口。 ⑧不要在非授权的机构修理笔记本电脑。 ⑨不要在温度过高或过低的环境中使用笔记本电脑。 ⑩不要遗失驱动程序。

2. 了解笔记本电脑部件的保养维护方法

（1）笔记本电脑外壳的保养方法。

①防止笔记本电脑外壳的磨损和划伤。

②清洁笔记本电脑外壳的污渍。

笔记本电脑外壳很容易聚集指纹、灰尘等污渍，可以采用不同的方法来清理这些污渍，普通污渍可以使用柔软纸巾加少量清水清洁即可；指纹、汗渍、饮料痕迹、圆珠笔痕迹可以用专用清洁剂进行清洁。

（2）笔记本电脑硬盘的保养方法。

①尽量在平稳的状况下使用笔记本电脑，避免在容易晃动的地点操作。

②开关机过程是硬盘最脆弱的时候。此时硬盘轴承转速尚未稳定，若产生震动，则容易造成坏轨。建议关机后等待约 10 秒后再移动笔记本电脑。

③平均每月执行一次磁盘重组及扫描，以提高磁盘存取效率。

（3）液晶显示屏的保养方法。

①不要用力盖上显示屏上盖或者放置任何异物在键盘及显示屏之间，避免上盖玻璃因重压而导致内部组件损坏。

②长时间不使用电脑时，可使用键盘上的功能键暂时将液晶显示屏电源关闭，除了节省电力外亦可延长屏幕寿命。

③不要用指甲及尖锐的物品碰触屏幕表面，以免刮伤。

④液晶显示屏表面会因静电而吸附灰尘，建议购买液晶显示屏专用擦拭布轻轻擦拭来清洁屏幕，不要用手指擦除，以免留下指纹。

⑤不要使用化学清洁剂擦拭屏幕。

（4）笔记本电脑电池的保养方法。

①减少电池的使用。

②不在电源供电情况下使用电池，笔记本电脑在使用交流电工作时，尽量将电池取下，这样可以避免电池频繁放电和充电。

③新电池需要激活操作，以提高电池带电能力。

④使用放电方法改善电池记忆能力，建议平均 3 个月进行一次电池电力校正操作。

⑤室温（20～30℃）为电池最适宜的工作温度，温度过高或过低的工作环境将减少电池的使用时间。

（5）笔记本电脑键盘的保养方法。

①键盘上积聚大量灰尘时，可用小毛刷来清洁缝隙，或使用掌上型吸尘器来清除键盘上的灰尘。

②清洁表面，可在软布上沾上少许清洁剂，在关机的情况下轻轻擦拭键盘表面。

③尽量不要留长指甲，否则长期使用笔记本电脑可能会刮坏键盘。

（6）笔记本电脑触控板的保养方法。

①使用触控板时应保持双手清洁，以免发生光标乱跑现象。

②不小心弄脏触控板表面时，用干布沾湿一角轻轻擦拭即可，请勿使用粗糙布等物品擦拭。

③触控板是感应式精密电子组件，请勿使用尖锐物品在触控板上书写，亦不可重压使用，以免造成损坏。

【提升学习】

【训练 1-7】认知微型计算机工作原理

电子活页 1-12

微型计算机工作原理

扫描二维码，熟悉电子活页中的相关内容，以计算“6+4”为例说明微型计算机的工作原理。

【训练 1-8】学会数制转换

扫描二维码，熟悉电子活页中的相关内容，完成以下数制转换练习。

（1）将十进制整数$(25)_{10}$转换成二进制整数。

（2）将十进制小数$(0.6875)_{10}$转换成二进制小数。

（3）将二进制数$(10110011.101)_2$转换成十进制数。

（4）将二进制数$(10110101110.11011)_2$转换成八进制数。

（5）将八进制数$(6237.431)_8$转换成二进制数。

（6）将二进制数$(101001010111.110110101)_2$和$(100101101011111)_2$转换成十六进制数。

（7）将十六进制数$(3AB.11)_{16}$转换成二进制数。

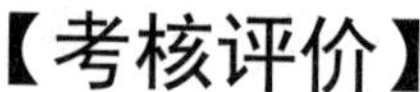

【考核评价】

【技能测试】

【测试 1-1】列出 3 类计算机的性能和主要技术参数

通过“中关村在线”和“太平洋电脑网”了解当前最新的台式计算机、笔记本电脑、平板电脑，列出这几类计算机的性能和主要技术参数。

【测试 1-2】列出计算机配件的品牌、价格、性能参数

通过“中关村在线”和“太平洋电脑网”了解并列出 10 种计算机配件的品牌、价格、性能参数。

【测试 1-3】列出品牌电脑的配置清单和参考价格

通过“中关村在线”和“太平洋电脑网”查看并列出 5000～8000 元品牌电脑的配置清单和参考价格，了解所用配件的主要技术参数。

【测试 1-4】列出最新的打印机品牌、型号及主要性能

通过“中关村在线”和“太平洋电脑网”了解并列出当前最新的打印机品牌、型号及主

要性能。

【在线测试】

扫描二维码，完成在线测试。

单元 2　使用与配置 Windows 10

操作系统控制着计算机硬件的工作，管理着计算机系统的各种资源，并为系统中各个程序运行提供服务。相比之前的版本，Windows 10 在易用性和安全性方面有了极大的提升，除了针对云服务、智能移动设备、自然人机交互等新技术进行融合，还对固态硬盘、生物识别、高分辨率屏幕等硬件进行了优化完善与支持。

Windows 10 提供了多项全新功能或改进功能，常用的 10 项列举如下。

（1）Windows 10 所新增的 Windows Hello 功能将带来一系列对生物识别技术的支持。

（2）Windows 10 提供了针对触控屏设备优化的功能，同时还提供了专门的平板电脑模式，开始菜单和应用都将以全屏模式运行。如果设置得当，系统会自动在平板电脑模式与桌面模式间切换。

（3）Windows 10 回归传统风格，用户可以调整应用窗口大小，久违的标题栏重回窗口上方，最大化与最小化按钮也给了用户更多的选择。

（4）Windows 10 的虚拟桌面功能可以将窗口放进不同的虚拟桌面，并可以对其轻松切换，使桌面变得更加整洁。

（5）Windows 10 结合了 Windows 8 开始屏幕的特色，提供了“开始”菜单功能。单击屏幕左下角的 Windows 键打开“开始”菜单之后，不仅会看到系统关键设置和应用列表，还能看到标志性的动态磁贴。

（6）Windows 10 的任务切换器不再仅显示应用图标，而是通过大尺寸缩略图的方式对内容进行预览。

（7）在 Windows 10 的任务栏中，新增了 Cortana 和任务视图按钮，与此同时，系统托盘内的标准工具也匹配了 Windows 10 的设计风格。可以查看可用的 WiFi 网络，也可以对系统音量和显示器亮度进行调节。

（8）Windows 10 不仅可以让窗口占据屏幕左右两侧的区域，还能将窗口拖曳到屏幕的四个角落，使其自动拓展并填充 1/4 的屏幕空间。当贴靠一个窗口时，屏幕的剩余空间内还会显示其他开启应用的缩略图，单击之后可将其快速填充到这块剩余空间中。

（9）Windows Phone 8.1 的通知中心功能也被加入 Windows 10 中，让用户可以方便地查看来自不同应用的通知。此外，通知中心底部还提供了一些系统功能的快捷开关，比如平板模式、便签和定位等。

（10）Windows 10 的文件资源管理器会在主界面上显示用户常用的文件和文件夹，让用户可以快速获取到自己需要的内容。

【在线学习】

2.1 认知操作系统

操作系统可以控制和管理整个计算机系统的硬件与软件资源，可以合理地组织调度计算机工作和资源分配，以提供给用户和其他软件方便的接口和环境，是计算机最基本的系统软件。

2.1.1 操作系统基本概念

操作系统（Operation System，简称 OS）是管理计算机硬件与软件资源的计算机程序，同时也是计算机系统的内核和基石。操作系统需要处理如管理与配置内存、决定系统资源供需的优先次序、控制输入设备与输出设备、管理网络与文件系统等基本事务。操作系统也提供一个让用户与系统交互的操作界面。

在计算机中，操作系统是其最基本、最为重要的基础性系统软件。计算机操作系统，从计算机用户的角度来说，体现为其提供的各项服务；从程序员的角度来说，主要是指用户登录的界面或者接口；从设计人员的角度来说，是指各式各样模块和单元之间的联系。事实上，全新操作系统的设计和改良的关键工作就是对体系结构的设计，经过几十年的发展，计算机操作系统已经由一开始的简单控制循环体发展成较为复杂的分布式操作系统，再加上计算机用户需求的越发多样化，计算机操作系统已经成为既复杂又庞大的计算机软件系统之一。

2.1.2 操作系统的作用与功能

操作系统是配置在计算机硬件上的第一层软件，是对硬件系统的首次扩充，其作用主要包括控制和管理计算机的全部硬件和软件资源，合理组织和高度协调内部各部件工作和合理分配资源，为用户和其他软件提供方便的接口和环境。

首先，从使用者的角度来说，操作系统可以对计算机系统的各项资源板块开展调度工作，包括软硬件设备、数据信息等，运用计算机操作系统可以减少人工分配资源的工作强度，使用者对于计算的操作干预程度减少，计算机的智能化工作效率就可以得到很大提高。其次，在资源管理方面，如果由多个用户共同来管理一个计算机系统，那么可能就会有冲突矛盾存在于两个使用者的信息共享中。为了更加合理地分配计算机的各个资源板块，协调计算机系统的各个组成部分，需要充分发挥计算机操作系统的职能，对各个资源板块的使用效率和使用程度进行一个最优的调整，使得各个用户的需求都能够得到满足。最后，操作系统在计算机程序的辅助下，可以抽象处理计算系统资源提供的各项基础职能，以可视化的手段来向使用者展示操作系统功能，降低计算机的使用难度。

电子活页 2-1

操作系统的主要功能

扫描二维码，熟悉电子活页中的相关内容，了解操作系统的主要功能。

2.1.3 操作系统的分类

根据操作系统的功能及作业处理方式来进行分类，操作系统可以分为：实时系统、分时系统、批处理系统、通用操作系统、网络操作系统、分布式操作系统、嵌入式操作系统等，这些类型操作系统的功能与特点说明如电子活页 2-2 所示。

根据操作系统能支持的用户数和任务来进行分类，操作系统可以分为：单用户单任务操作系统、单用户多任务操作系统、多用户多任务操作系统。

计算机中运行的操作系统主要分为 Windows、UNIX、Linux、Mac OS，移动设备中运行的操作系统主要分为 Android、iOS、HarmonyOS（鸿蒙操作系统）。

2.1.4 Windows 10 操作系统的常用术语

扫描二维码，熟悉电子活页中的相关内容，认识 Windows 10 操作系统的常用术语。

1．窗口
2．硬盘分区和盘符
3．文件夹和文件
4．对象文件夹
5．路径
6．磁盘格式化

【单项操作】

2.2 Windows 10 的基本操作

Windows 10 的基本操作主要包括 Windows 10 的启动与退出、鼠标的基本操作、键盘的基本操作、桌面的基本操作、任务栏的基本操作、“开始”菜单的基本操作、“此电脑”的基本操作、“计算机”窗口功能区及菜单的基本操作、文件夹和文件的基本操作、对话框的基本操作等。

2.2.1 Windows 10 的启动与退出

【操作 2-1】启动与退出 Windows 10

扫描二维码，熟悉电子活页中的相关内容，完成以下各项操作。

（1）按正确的方法启动 Windows 10 操作系统。
（2）认识 Windows 10 的桌面元素和任务栏。
（3）先按正确的方法注销 Windows 10，再重新登录系统。

（4）按正确的方法退出 Windows 10 操作系统。

2.2.2 鼠标的基本操作

键盘和鼠标是最常用的输入设备，在图形化界面中，有时鼠标比键盘操作更方便。

【操作 2-2】鼠标的基本操作

扫描二维码，熟悉电子活页中的相关内容。启动 Windows 10，在 Windows 10 桌面完成以下各项操作：

（1）移动鼠标指针，指向桌面的“回收站”图标。

（2）单击选中桌面的“回收站”图标，观察被选中图标与未选中图标的区别。

（3）在桌面的“回收站”图标位置分别进行单击鼠标左键、单击鼠标右键操作。

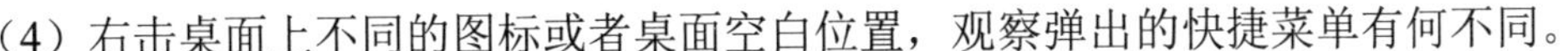

（4）右击桌面上不同的图标或者桌面空白位置，观察弹出的快捷菜单有何不同。

（5）双击桌面上的“回收站”图标，打开“回收站”窗口，然后关闭该窗口。

（6）选择桌面上的“回收站”图标，按住鼠标左键拖动图标到其他位置，观察桌面的变化。

2.2.3 键盘的基本操作

键盘主要用于输入文字和字符，也可以代替鼠标完成某些操作。

（1）按“Print Screen”键，复制整个屏幕内容。

如果要保存屏幕上显示的内容，可以按“Print Screen”键将整个屏幕画面复制到“剪贴板”中，或者按“Alt+Print Screen”组合建将屏幕当前窗口画面复制到“剪贴板”中，然后再从“剪贴板”中粘贴到目标文件中。

【说明】“剪贴板”是 Windows 操作系统中的内存缓冲区，用于各种应用程序、文档之间的数据传送，利用“剪贴板”可以实现文件或数据的复制和移动、保存屏幕信息等操作。

（2）按“Alt+Tab”组合键，切换窗口。

在“任务栏”的“快捷操作区”单击按钮打开“此电脑”窗口，同时双击桌面的“回收站”图标打开“回收站”窗口，然后按“Alt+Tab”组合键实现两个窗口之间的切换。

【操作 2-3】键盘的基本操作

启动 Windows 10，在 Windows 10 桌面完成以下各项操作：

（1）按键盘上的键，打开“开始”菜单；再按“Esc”键，关闭菜单。

（2）按“Ctrl+Alt+Delete”组合键切换到功能菜单桌面。

（3）按“Print Screen”键复制整个屏幕内容。

（4）先分别打开“此电脑”窗口和“回收站”窗口，然后按“Alt+Tab”组合键在两个窗口之间进行切换。

2.2.4 桌面的基本操作

“桌面”是用户和计算机进行交流的界面，Windows 10 桌面有着更加漂亮的画面、更加个性化的设置和更为强大的管理功能，用户可以根据需要在桌面存放常用的应用程序和文件夹图标，添加各种快捷图标，使用时双击图标即可快速启动相应的程序或文件。

【操作 2-4】桌面基本操作

扫描二维码，熟悉电子活页中的相关内容。启动 Windows 10，在 Windows 10 桌面完成以下各项操作。

（1）在 Windows 10 桌面上添加“此电脑”“用户的文件”“网络”“控制面板”4 个图标。

（2）将桌面图标按“名称”进行排列。

（3）为 Windows 10 自带的“画图”程序在桌面创建快捷方式。

（4）使用桌面的快捷方式启动“画图”程序。

（5）删除“画图”程序的桌面快捷方式。

2.2.5 任务栏的基本操作

在 Windows 10 操作系统中，打开的应用程序、文件夹或文件，在“任务栏”中都有对应的按钮，并在按钮上显示已打开程序的图标。

【操作 2-5】任务栏基本操作

扫描二维码，熟悉电子活页中的相关内容。启动 Windows 10，在 Windows 10 桌面完成以下各项操作。

（1）认识 Windows 10“任务栏”的基本组成。

（2）使用“任务栏”中应用程序按钮切换窗口。

（3）移动“任务栏”的位置。

（4）对“任务栏”大小进行适当调整。

（5）调整“任务栏”中显示的内容。

（6）将常用程序锁定到“任务栏”。

（7）通过“任务栏”的“通知区域”打开图标并查看相关信息。

（8）通过“任务栏”显示桌面。

2.2.6 “开始”菜单的基本操作

1．打开“开始”菜单

从以下操作方法中选择一种合适的方法打开“开始”菜单。

（1）单击任务栏的■图标打开“开始”菜单。

（2）按“Ctrl+Esc”组合键打开“开始”菜单。

（3）按键盘上⊞键打开“开始”菜单。

2. 关闭“开始”菜单

从以下操作方法中选择一种合适的方法关闭“开始”菜单。

（1）单击屏幕上任意空白处即可关闭“开始”菜单。

（2）按“Esc”键，逐级关闭菜单。

【操作 2-6】“开始”菜单的基本操作

扫描二维码，熟悉电子活页中的相关内容。启动 Windows 10，在 Windows 10 中完成以下各项操作。

（1）使用各种方法打开、关闭“开始”菜单。

（2）利用“开始”菜单打开“控制面板”窗口。

（3）利用“开始”菜单打开“此电脑”窗口。

（4）利用“开始”菜单启动“记事本”应用程序。

2.2.7 “此电脑”窗口的基本操作

窗口是运行 Windows 应用程序时，系统为用户在桌面上开辟的一个矩形工作区域。

【操作 2-7】“此电脑”窗口的基本操作

扫描二维码，熟悉电子活页中的相关内容。启动 Windows 10，完成以下各项操作：

（1）打开“此电脑”窗口，观察该窗口的组成。

（2）用鼠标拖动“此电脑”窗口，改变窗口位置。

（3）拖动“此电脑”窗口的边框和四个角，调整该窗口的大小。

（4）使用“此电脑”窗口右上角的控制按钮，最大化、还原、最小化窗口。

电子活页 2-8

Windows 10“此电脑”窗口基本操作

（5）调整“此电脑”窗口的大小直到出现滚动条，在该窗口中分别拖动滚动条、单击滚动条、单击滚动按钮，观察窗口的变化情况。

（6）试用多种不同方法打开窗口，分别打开“此电脑”窗口、“记事本”窗口和“画图”窗口，试用多种切换活动窗口的方法。

（7）将打开的多个窗口分别进行层叠排列、堆叠排列和并排排列。

（8）使用多种不同的方法关闭打开的窗口。

2.2.8 “此电脑”窗口功能区及菜单基本操作

Windows 10 的“此电脑”窗口功能区位于栏题栏下面，一般包括“文件”“计算机”和“查看”。

【操作 2-8】“此电脑”窗口功能区及菜单基本操作

扫描二维码，熟悉电子活页中的相关内容。启动 Windows 10，完成以下各项操作。

电子活页 2-9
“此电脑”窗口功能区及菜单基本操作

（1）打开“此电脑”窗口，在该窗口中分别查看“文件”“计算机”“查看”选项卡的分组和各个功能按钮。

（2）在“此电脑”窗口“当前视图”组，分别单击“排序方式”“分组依据”“添加列”按钮，打开其下拉菜单查看菜单命令。

（3）在“此电脑”窗口，分别在空白处及各个对象上单击鼠标右键，打开各个快捷菜单查看并进行比较。

2.2.9 文件夹和文件的基本操作

在 Windows 10 的“此电脑”窗口中打开与查看文件夹和文件的方式有多种。

【操作 2-9】在 Windows 10 中浏览文件夹和文件

扫描二维码，熟悉电子活页中的相关内容。在 Windows 10 中完成以下各项操作。

电子活页 2-10
浏览文件夹和文件

（1）打开“此电脑”窗口，分别使用多种不同的显示形式和多种不同的排列方式查看 C 盘中的文件夹和文件。

（2）打开“此电脑”窗口，分别使用多种不同的显示形式和多种不同的排列方式查看 D 盘中的文件夹和文件。

（3）在“此电脑”窗口分别展开和折叠 C 盘中的“Program Files”文件夹和“Windows”文件夹。

（4）在“此电脑”窗口中双击“本地磁盘（C:）”图标，选择文件夹“Program Files”中的子文件夹“Windows Media Player”。

（5）在“文件夹选项”对话框中查看文件夹的“常规”属性和“查看”属性。

2.2.10 对话框的基本操作

对话框是用于显示系统信息和输入数据的窗口，是用户与系统交换信息的场所。对话框的位置可以移动，但一般大小固定，不能改变。

【操作 2-10】对话框的基本操作

扫描二维码，熟悉电子活页中的相关内容。启动 Windows 10，完成以下各项操作：

操作 1：打开指定的对话框。

（1）打开“文件服务与输入语言”对话框。

（2）在 Word 窗口中打开“字体”对话框。

操作 2：认知对话框的基本组成与基本操作。

电子活页 2-11

对话框的基本操作

不同用途的对话框，其组成会有所不同，一般对话框主要包括以下组成部分。

（1）选项卡。

（2）单选按钮。

（3）复选框。

（4）文本框。

（5）列表框。

（6）下拉列表框。

（7）命令按钮。

（8）数值微调框。

2.2.11 改变“控制面板”窗口的查看方式

“控制面板”是调整计算机设置的一个总控制界面，在 Windows 10 中打开“控制面板”窗口的方法有多种。

【操作 2-11】改变“控制面板”窗口的查看方式

扫描二维码，熟悉电子活页中的相关内容。启动 Windows 10，完成以下各项操作。

电子活页 2-12

改变“控制面板”窗口的查看方式

（1）打开“控制面板”窗口，查看方式选“类别”。

（2）改变“控制面板”窗口的查看方式。分别以“小图标”和“大图标”方式查看“控制面板”中各个设置项。

2.2.12 设置日期和时间

【操作 2-12】设置日期和时间

扫描二维码，熟悉电子活页中的相关内容。启动 Windows 10，完成以下各项操作。

电子活页 2-13

设置日期和时间

（1）查看本机显示的日期和时间。

（2）根据实际的日期和时间调整系统的日期和时间。

2.2.13 搜索相关信息

在进行 Windows 10 相关设置时，如果对有些设置不熟悉，找不到相关设置界面，可以在

"搜索"界面中搜索相关信息。

右键单击 Windows 10 的"开始"按钮■，在弹出的快捷菜单中选择"搜索"命令，打开"搜索"界面，在该"搜索"界面的文本框中输入关键词，如"输入法"，在"搜索"文本框上方的"最佳匹配""应用""设置""搜索网页"区域分别会显示相关搜索结果，如图 2-1 所示。

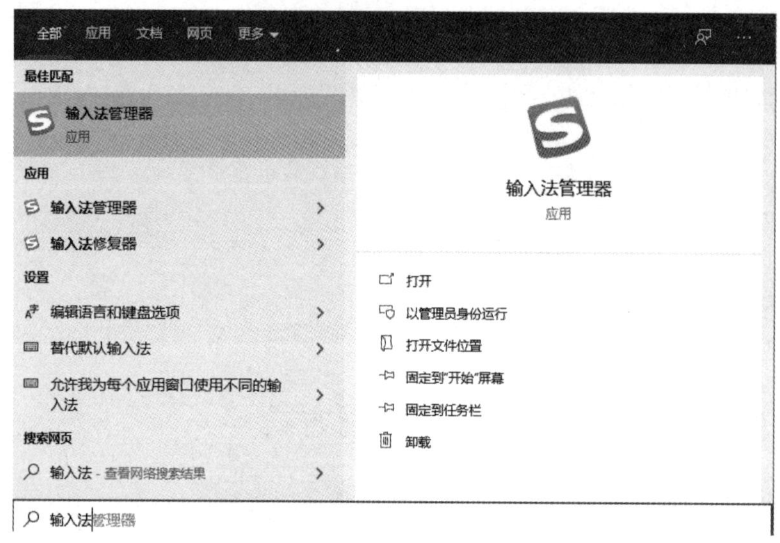

图 2-1　搜索"输入法"的结果

在"搜索"结果界面中单击"编辑语言和键盘选项"选项，打开"设置—语言"界面。

【操作 2-13】搜索相关信息

打开"搜索"界面，获取有关"输入法"的相关信息。在"搜索"结果界面中通过选择相关搜索结果选项打开"设置—语言"界面。

2.3　Windows 10 系统环境配置

在 Windows 10 操作系统中，用户可以根据实际需要在"控制面板"窗口中配置系统环境，如设置显示属性、设置键盘和鼠标属性、设置日期和时间属性、设置输入法属性、设置网络属性等。

【操作 2-14】设置与优化 Windows 主题

Windows 的外观是指窗口、对话框、按钮的外观样式、颜色、字体等方面，用户可以根据自己的喜好自定义 Windows 的外观。Windows 的外观可通过主题进行综合设置。

主题是桌面背景、颜色、声音和鼠标光标的组合，Windows 10 系统提供了多个主题供用户选择，也允许用户自定义个性化的主题。

Windows 10 提供了强大的自定义显示属性功能，用户可以根据自己的喜好和需求对系统的显示属性进行个性化设置，使用户自定义显示属性更加轻松、更显个性。

扫描二维码，熟悉电子活页中的相关内容。在 Windows 10 中完成以下操作。

电子活页 2-14
设置与优化 Windows 主题

(1)选择 Windows 10 系统自带的主题或者从 Windows 商店中选择一个 Windows 主题。

（2）自定义背景。

（3）自定义颜色。

【操作 2-15】设置个性化任务栏

扫描二维码，熟悉电子活页中的相关内容。在 Windows 10 中完成以下操作，设置个性化任务栏。

电子活页 2-15
设置个性化任务栏

操作 1：锁定或解锁任务栏。

操作 2：隐藏或显示任务栏。

操作 3：将任务栏中的程序图标设置为小图标。

操作 4：更改任务栏在屏幕的位置。

操作 5：更改任务栏按钮的合并方式。

操作 6：对任务栏通知区域进行合理设置。

（1）隐藏任务栏通知区域的图标。

（2）将隐藏的图标添加到通知区域。

（3）始终在任务栏上显示所有图标和通知。

（4）自定义通知区域图标的行为方式。

（5）打开或关闭系统图标。

【操作 2-16】设置个性化“开始”菜单

扫描二维码，熟悉电子活页中的相关内容。在 Windows 10 中完成以下操作，设置个性化“开始”菜单。

电子活页 2-16
设置个性化“开始”菜单

（1）在“开始”菜单中显示应用列表。

（2）在“开始”菜单中显示最近添加的应用。

（3）在“开始”菜单中显示最近打开的项。

（4）设置显示在“开始”菜单的文件夹。

【操作 2-17】设置显示器

扫描二维码，熟悉电子活页中的相关内容。在 Windows 10 中完成以下显示器的设置。

电子活页 2-17

设置显示器

（1）将分辨率设置为合适的数值，如 1680×1050。

（2）设置合适的屏幕刷新频率，如 60Hz 或 144Hz。

（3）将锁屏界面的“背景”设置为“图片”，并选择一张合适的图片。

（4）在接通电源的情况下，设置 10 分钟后关闭屏幕，设置 30 分钟后进入睡眠状态。

（5）启用“屏幕保护程序”，系统等待 20 分钟后，自动启动“彩带”程序。

【操作 2-18】设置网络连接属性

扫描二维码，熟悉电子活页中的相关内容。在 Windows 10 中完成以下操作，对网络连接属性进行合理设置。

电子活页 2-18

设置网络连接属性

操作：合理设置 IP 地址、子网掩码、默认网关、首选 DNS 服务器地址和备用 DNS 服务器地址。

【操作 2-19】设置 Windows 10 默认使用的应用程序

Windows 10 已经自带了很多程序，可以满足用户的普通需要。例如，绘图可以使用“画图”程序。通过设置默认程序的属性，能够对这些选项进行调整。

扫描二维码，熟悉电子活页中的相关内容。通过完成以下操作，为 Windows 10 设置默认使用的应用程序。

电子活页 2-19

设置 Windows 10 默认使用的应用程序

（1）为 Windows 10 设置“音乐播放器”默认使用的应用程序为“Windows Media Player”。

（2）为 xlsx 文件设置默认打开方式为 Excel。

（3）为 Windows 10 更改“自动播放”设置。

【操作 2-20】启用与关闭 Windows 10 的功能

扫描二维码，熟悉电子活页中的相关内容。在 Windows 10 中完成以下操作，启用与关闭 Windows 10 的功能。

电子活页 2-20

启用与关闭 Windows 10 的功能

（1）为 Windows 10 启用“Internet Information Services”功能。

（2）为 Windows 10 关闭“Microsoft Print to PDF”功能。

【操作 2-21】设置计算机系统属性

虚拟内存是物理磁盘上的部分硬盘空间，用于模拟内存、优化系统性能。虚拟内存以文件形式存放在硬盘驱动器上，也称页面文件，用于存放不能装入物理内存的程序和数据。默认情况下，Windows 10 可以自动分配管理虚拟内存，根据实际内存的使用情况，动态调整虚拟内存的大小。

扫描二维码，熟悉电子活页中的相关内容。在 Windows 10 中完成以下操作，对计算机系统属性进行合理设置。

电子活页 2-21

设置计算机系统属性

（1）在“系统”窗口中查看计算机的基本信息。

（2）对虚拟内存进行合理设置。

【综合训练】

2.4 创建与管理账户

账户是 Windows 10 系统中用户的身份标志，它决定了用户在 Windows 10 系统中的操作权限。合理地管理账户，不但有利于为多个用户分配适当的权限和设置相应的工作环境，也有利于提高系统的安全性能。安装 Windows 10 操作系统时，系统会要求用户创建一个能够设置计算机以及安装应用程序的管理员账户。

Windows 10 系统中，账户分为管理员账户、标准账户和来宾账户（Guest 账户）三种类型，不同类型的账户拥有不同的权限。

（1）管理员账户：具有计算机的完全访问权限，可以根据需要对计算机进行任何更改，所进行的操作可能会影响计算机中的其他用户。一台计算机至少需要一个管理员账户。

（2）标准账户：可以使用大多数软件，更改系统设置时不影响其他用户。如果要安装、更新或卸载应用程序，则会弹出“用户账户控制”对话框，输入密码后才能继续执行相应的操作。

（3）Guest 账户：是给临时使用计算机的用户使用的。使用该账户登录操作系统时，不能更改账户密码、更改计算机设置及安装软件或硬件。默认情况下，Windows 10 的 Guest 账户没有启用，如果要使用 Guest 账户，则首先需要将其启用。

【训练 2-1】使用“设置—家庭和其他用户”界面创建管理员账户“better”

【任务描述】

对于多人使用的计算机，有必要为每个使用计算机的人都建立独立的账户和密码，各自使用自己的账户登录系统，这样可以限制非法用户从本地或网络登录系统，有效地保证系统的安全。

（1）为当前登录账户 admin 设置头像，设置的头像将显示在欢迎屏幕，也会作为“开始”菜单的登录账户图标。

（2）使用“设置—家庭和其他用户”界面创建一个管理员账户“better”，为管理员账户“better”设置密码为“abc_123”。

【任务实施】

1. 设置账户头像

单击“开始”按钮，在弹出的快捷菜单中单击“设置”按钮，打开“Windows 设置”界面，在该界面单击“账户”选项，打开“设置—账户信息”界面，该界面显示当前已存在的本地管理员账户“admin”，如图 2-2 所示。

【说明】 在 Windows 10 的桌面左下角单击“开始”按钮，弹出“开始”菜单，在“开始”菜单中，单击“账户”按钮，在弹出的快捷菜单中选择“更改账户设置”选项，也能打开如图 2-2 所示的“设置—账户信息”界面。

在“设置—账户信息”界面右侧拖动滑块，显示“创建头像”区域，在该区域单击“从现有图片中选择”选项，如图 2-3 所示，弹出“打开”对话框，在该对话框中选一张用作账户头像的图片，然后单击“选择图片”按钮，返回“设置—账户信息”界面，头像设置成功，如图 2-4 所示。

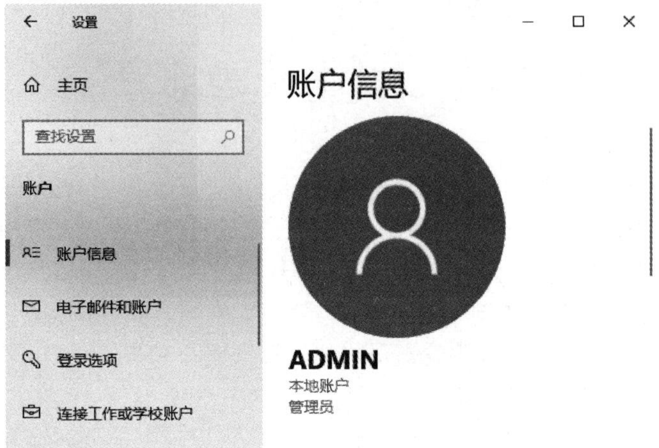

图 2-2 “设置—账户信息”界面

图 2-3 在“设置—账户信息”界面“创建头像”区单击“从现有图片中选择”选项

图 2-4 头像设置成功

设置的账户头像会作为“开始”菜单的登录账户图标，如图 2-5 所示。这些头像也会显示在欢迎屏幕中。

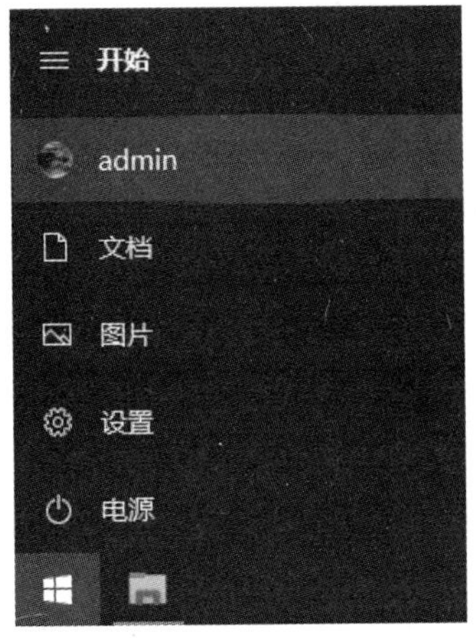

图 2-5 “开始”菜单的登录账户图标

2. 创建用户

在“设置—账户信息”界面左侧设置选项列表中选择“家庭和其他用户”选项，显示“设置—家庭和其他用户”界面，如图 2-6 所示。

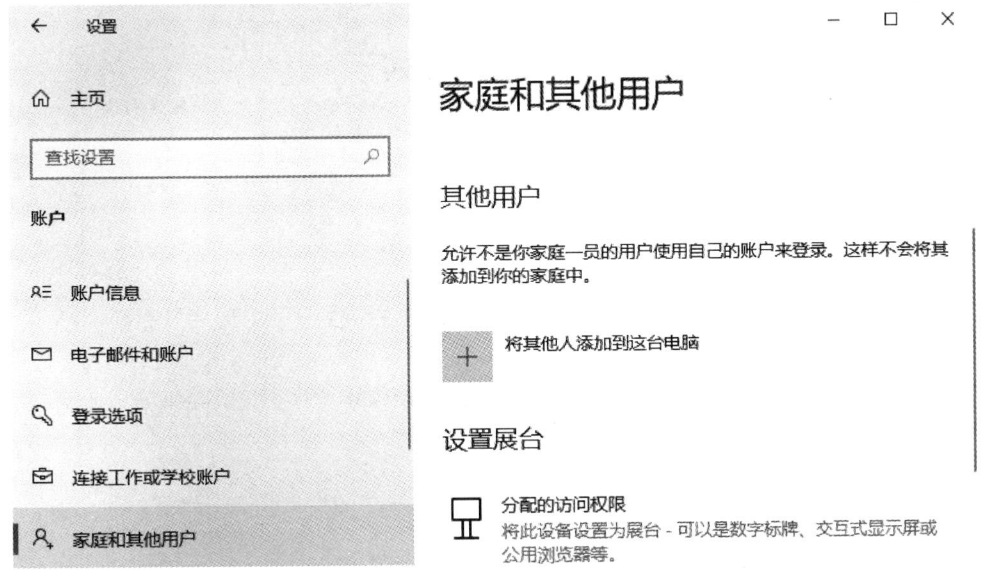

图 2-6 “设置—家庭和其他用户”界面

在“设置—家庭和其他用户”界面右侧“其他用户”区域单击“将其他人添加到这台电脑”选项，弹出“为这台电脑创建一个账户”界面。在该界面分别输入账户名称“better”，两次输入密码“abc_123”，分别选择“安全问题 1”“安全问题 2”“安全问题 3”，并在对应的文本框中输入正确答案，如图 2-7 所示。

单击“下一步”按钮，完成用户的创建，在“其他用户”区域会显示新创建的用户“better”，如图 2-8 所示。

Microsoft 账户

为这台电脑创建一个账户

如果你想使用密码，请选择自己易于记住但别人很难猜到的内容。

谁将会使用这台电脑?

better

确保密码安全。

•••••••

•••••••

如果你忘记了密码

你出生城市的名称是什么?

株洲

安全问题 2

下一步(N) 上一步(B)

图 2-7　“为这台电脑创建一个账户”界面

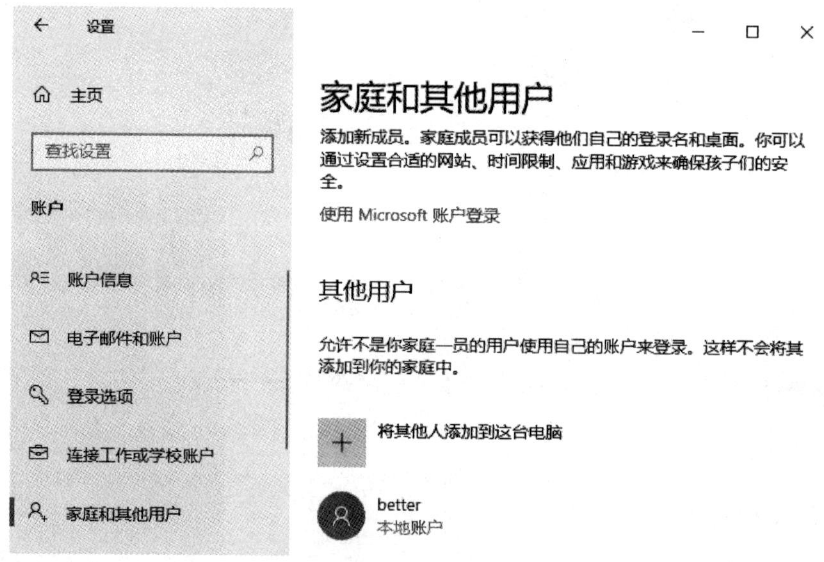

图 2-8　显示新创建的用户“better”

3. 更改账户类型

在“设置—家庭和其他用户”界面“其他用户”区域选中刚创建的标准用户“better”，显示“更改账户类型”和“删除”按钮，如图 2-9 所示。

图 2-9　选中标准用户“better”

单击“更改账户类型”按钮，打开“更改账户类型”界面，在“账户类型”下拉列表中选择“管理员”选项，如图 2-10 所示。

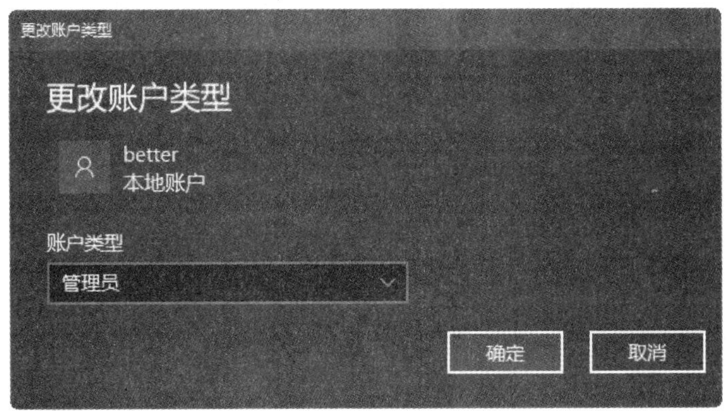

图 2-10　在“更改账户类型”界面选择“账户类型”为“管理员”

单击“确定”按钮返回“设置—家庭和其他用户”界面，用户“better”的账户类型现为“管理员”，如图 2-11 所示。

图 2-11　设置用户“better”的账户类型为“管理员”

新创建的用户“better”也会添加到“开始”菜单的用户列表中，如图 2-12 所示。

图 2-12　新创建的用户“better”出现在“开始”菜单用户列表中

【训练 2-2】使用“计算机管理”窗口创建用户“happy”

【任务描述】

（1）在“计算机管理”窗口查看本地用户。

（2）创建一个隶属于 Users 的新用户“happy”，其密码设置为“123456”。

（3）查看用户“happy”的属性。

（4）在“管理账户”窗口查看新添加的账户。

【任务实施】

Windows 10 提供了计算机管理工具，使用它可以更好地创建、管理和配置用户。

1. 查看计算机本地用户

在 Windows 10 桌面右键单击“此电脑”图标，在弹出的快捷菜单中选择“管理”命令，打开“计算机管理”窗口。也可以右键单击“开始”按钮，在弹出的快捷菜单中选择“计算机管理”命令，打开“计算机管理”窗口。

在“计算机管理”窗口的左侧窗格依次展开节点“系统工具”→“本地用户和组”，选择“用户”节点，中间窗格列出了所有的用户。从用户列表可以看出系统自动创建了“Administrator”“DefaultAccount”“Guest”“WDAGUtilityAccount”用户和在安装 Windows 10 时用户自己创建的用户“admin”，“训练 2-20”中所创建的用户“better”也出现在用户列表中，如图 2-13 所示。

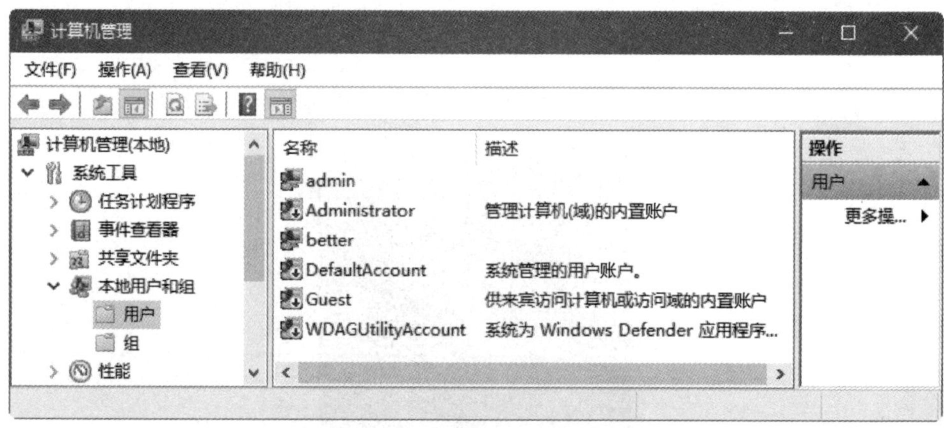

图 2-13 在“计算机管理”窗口查看本地用户

2. 创建新用户

在“计算机管理”窗口右键单击“用户”节点，在弹出的快捷菜单中选择“新用户”选项，如图 2-14 所示，打开“新用户”对话框。在“用户名”文本框中输入“happy”，在“全名”文本框中也输入“happy”，在“描述”文本框中输入“普通用户”，在“密码”和“确认密码”文本框中输入密码“123456”，其他的复选框勾选状态保持不变，如图 2-15 所示。然后单击“创建”按钮，即可创建一个新用户，且为该用户设置了密码。

单击“关闭”按钮，关闭“新用户”对话框，新增加用户后，“计算机管理”窗口用户列表如图 2-16 所示。

新创建的用户“happy”也会添加到“开始”菜单的用户列表中，如图 2-17 所示。

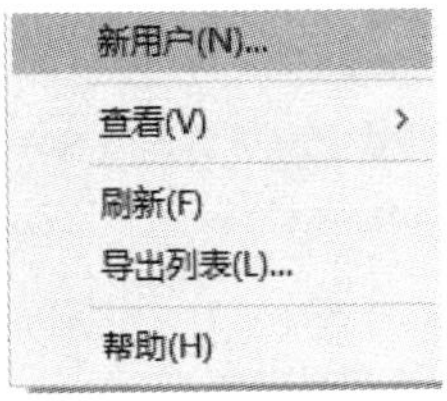

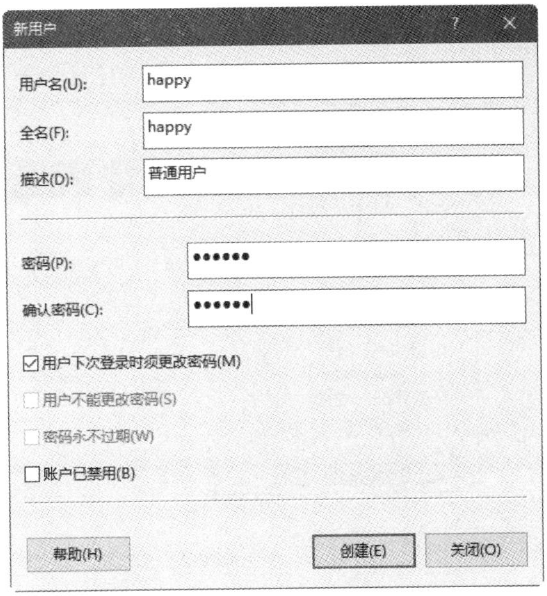

图 2-14 在快捷菜单中选择“新用户”选项

图 2-15 “新用户”对话框

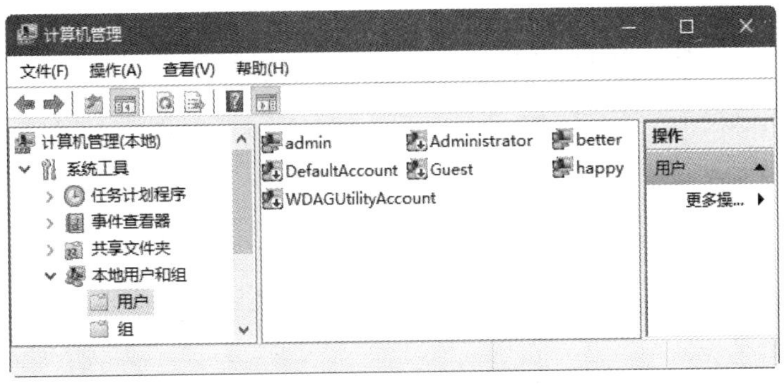

图 2-16 “计算机管理”窗口的用户列表

图 2-17 新创建的用户“happy”出现在“开始”菜单的用户列表中

3. 查看用户“happy”的属性。

在“计算机管理”窗口的用户列表中，右键单击“happy”用户，在弹出的快捷菜单中选择“属性”选项，如图 2-18 所示。

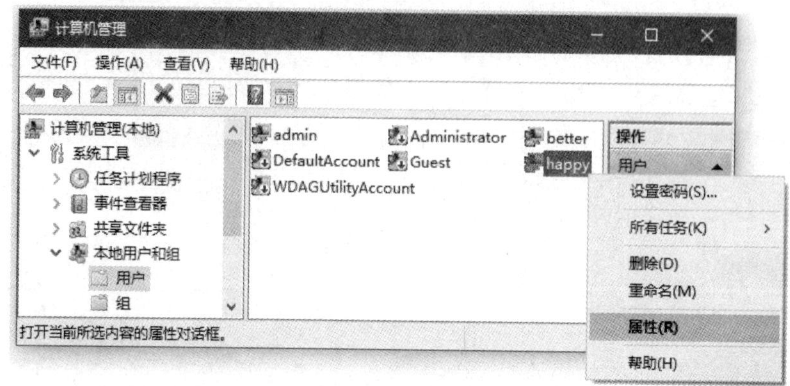

图 2-18 选择“属性”选项

打开“happy 属性”对话框，如图 2-19 所示。在该对话框中可以进行相关属性的设置，也可以将其禁用或者改变其隶属的权限组。

图 2-19 “happy 属性”对话框

4. 在“管理账户”窗口查看新添加的账户

打开 Windows 10 的“开始”菜单，选择“Windows 系统”→“控制面板”选项，打开“控制面板”窗口，将该窗口的查看方式更改为“小图标”，然后单击“用户账户”选项，打开“用户账户”窗口，在该窗口“更改账户信息”区域单击“管理其他账户”选项，如图 2-20 所示。打开“管理账户”窗口，该窗口显示了新创建的用户，如图 2-21 所示。

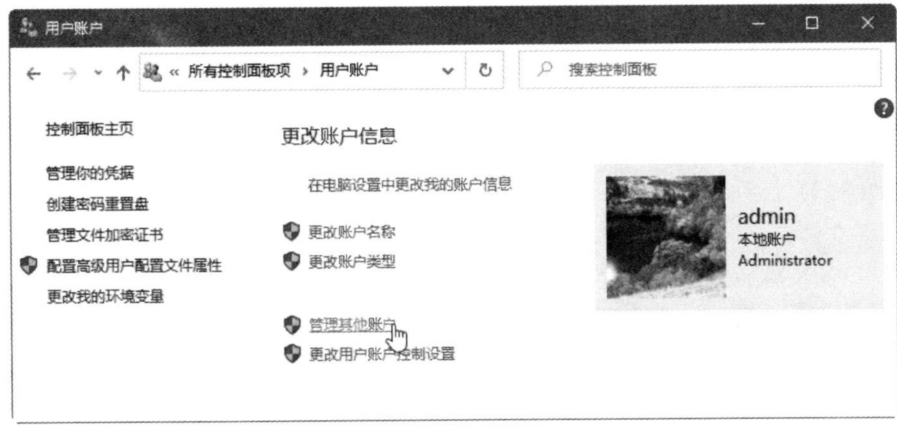

图 2-20 “用户账户”窗口

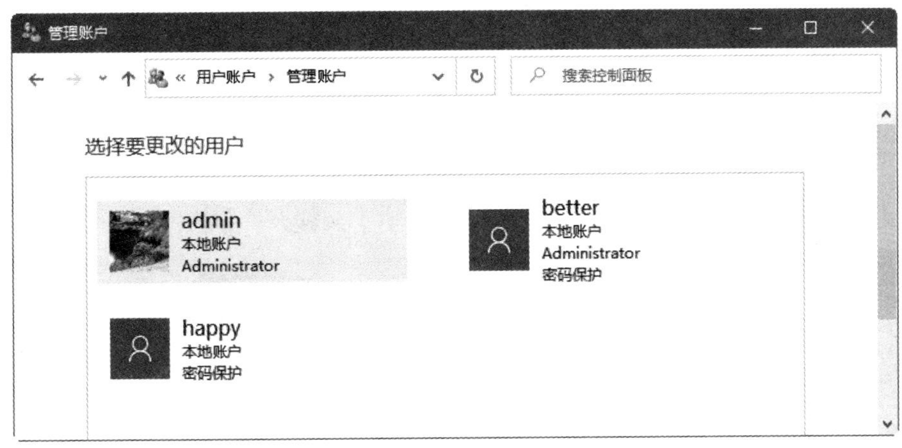

图 2-21 “管理账户”窗口显示新创建的用户

2.5 管理文件夹和文件

操作系统的重要作用之一就是管理计算机系统中的各种资源，Windows 10 操作系统提供了多种管理资源的工具，利用这些工具可以很好地管理计算机的各种软、硬件系统资源。

在 Windows 10 操作系统中，管理系统资源的主要工具是“此电脑”，系统资源主要包括磁盘（驱动器）、文件夹、文件及其他系统资源，文件夹和文件都存储在计算机的磁盘中。文件夹是系统组织和管理文件的一种形式，是为方便查找、维护和存储文件而设置的，可以将文件分类存放在不同的文件夹中，在文件夹中可以存放各种类型的文件和子文件夹。文件是赋予了名称并存储在磁盘上的数据的集合，它可以是用户创建的文档、图片、图像、视频、动画等，也可以是可执行的应用程序。

【训练 2-3】新建文件夹和文件

【任务描述】

（1）在计算机 D 盘的根目录中新建一个“教学素材”文件夹，在该文件夹里再分别建立四个子文件夹“文档”“图片”“视频”和“音频”。

（2）在已创建的文件夹“文档”中创建一个文本文件“网址”。

（3）将“音频”文件夹重命名为“音乐”，将“网址”文件重命名为“工具软件下载的网址”。

【任务实施】

1. 新建文件夹

使用窗口的菜单命令新建文件夹。

打开“此电脑”窗口，选定新建文件夹所在的D盘，在“主页”选项卡“新建”组单击“新建文件夹”选项，也可以在“新建”组中单击“新建项目”选项，在展开的下拉菜单中选择“文件夹”选项，如图2-22所示。

系统创建一个默认名称为“新建文件夹”的文件夹，输入文件夹的有效名称“教学素材”，然后按“Enter”键即可，也可以在窗口空白处单击，这样一个新文件夹即创建完成。

在“此电脑”窗口，选定新建文件夹的上一级文件夹“教学素材”，在“此电脑”窗口的空白处单击鼠标右键，在弹出的快捷菜单中选择“新建”选项，在其级联菜单中选择“文件夹”选项，如图2-23所示。系统自动创建一个文件夹，输入名称“文档”，然后按“Enter”键即可。

以类似方法在文件夹“教学素材”中创建另三个子文件夹“图片”“视频”和“音频”。

图2-22 “新建项目”→“文件夹”

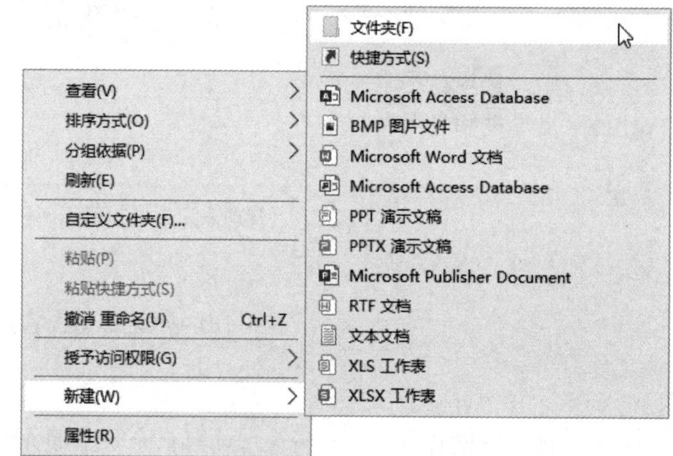

图2-23 “新建”→“文件夹”

2. 新建文件

在如图2-23所示界面中，可以创建BMP图片文件、Microsoft Word文档、PPTX演示文稿、文本文档、XLSX工作表等。这里介绍使用快捷菜单命令新建文件的方法。

在“此电脑”窗口左侧列表框中选择“文档”，然后在右侧窗格的空白处单击鼠标右键，在弹出的快捷菜单中选择“新建”选项，在其子菜单中选择“文本文档”命令，系统创建一个文本文档，输入新文件的有效名称“网址”，然后按“Enter”键即可，也可以在窗口空白处单击，这样一个新文件便创建完成。

创建完成，如图2-24所示。

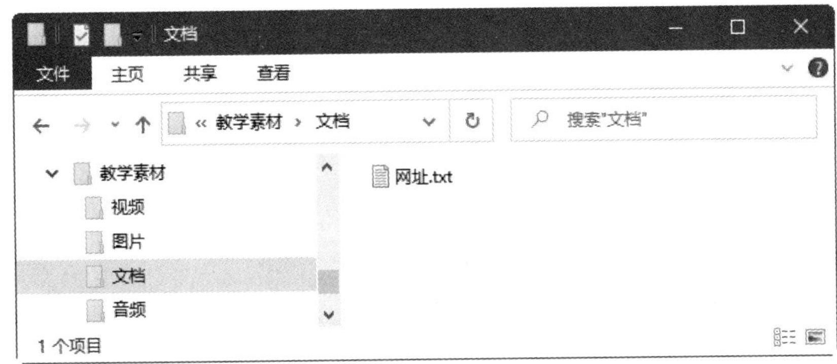

图 2-24　创建完成文本文件

3. 重命名文件夹和文件

从以下操作方法中选择一种合适的方法重命名文件夹和文件。

【方法 1】使用快捷菜单重命名文件夹和文件。

在“此电脑”窗口，右键单击待重命名的文件夹“音频”，在弹出的快捷菜单中选择“重命名”选项，如图 2-25 所示。然后输入新的名称“音乐”，按“Enter”键即可。

【方法 2】使用窗口选项卡重命名文件夹和文件。

在窗口中，选中待重命名的文件“网址”，然后选择窗口“主页”选项卡“组织”组中“重命名”选项，然后输入新的名称“工具软件下载的网址”，按“Enter”键即可。

【方法 3】使用鼠标重命名文件夹或文件。

在窗口中，选中待重命名的文件夹或文件，然后两次单击选定的文件夹或文件，在原有名称处显示文本框和光标，在文本框中输入新的名称，按“Enter”键即可。

【训练 2-4】复制与移动文件夹或文件

【任务描述】

（1）在“教学素材”文件夹中新建一个文件夹“备用素材”，将所需图片、音乐文件复制到该文件夹中。

（2）将图片“九寨沟”和“桂林漓江”从“备用素材”文件夹中复制到文件夹“教学素材”的子文件夹“图片”中。

（3）将“备用素材”文件夹中的音乐“奋进.mp3”和“欢快.mp3”移动到文件夹“教学素材”的子文件夹“音乐”中。

【任务实施】

1. 新建文件夹

在“教学素材”文件夹中新建一个文件夹“备用素材”。

2. 复制文件夹或文件

复制文件夹或文件是指将选中的文件夹或文件从一个位置复制到另一个位置。复制操作完成后，文件夹或文件会在原先的位置和新的位置同时存在。

从以下操作方法中选择一种合适的方法将所需图片、音乐文件复制到“备用素材”文件夹中。

【方法 1】使用快捷菜单复制。

选中文件夹“备用素材”中的图片文件“九寨沟”，单击鼠标右键，在弹出的快捷菜单中选择“复制”选项；然后在目标文件夹“图片”的空白处单击鼠标右键，在弹出的快捷菜单中选择“粘贴”选项，如图 2-26 所示，即可将选中的文件夹或文件复制到新位置。

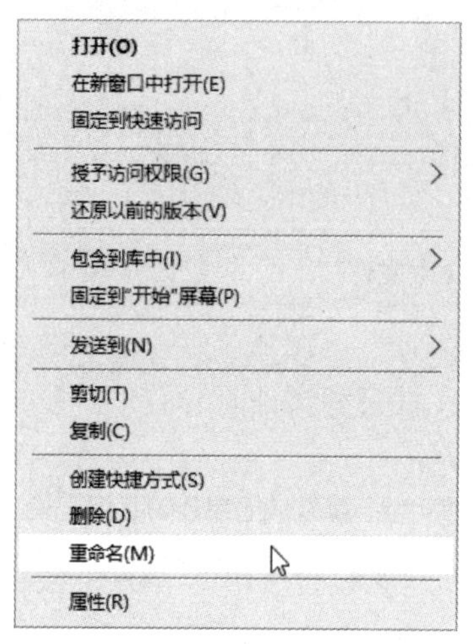

图 2-25　在快捷菜单中选择“重命名”选项

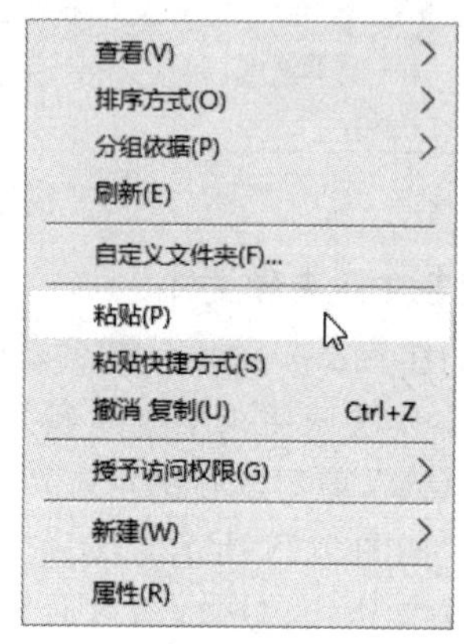

图 2-26　选择快捷菜单的“粘贴”选项

【方法 2】使用窗口选项卡复制。

选中要复制的文件夹或文件，在窗口“主页”选项卡“剪贴板”组中选择“复制”选项，如图 2-27 所示；然后选中目标文件夹，在窗口“主页”选项卡“剪贴板”组中选择“粘贴”选项，即可将选中的文件夹或文件复制到新位置。

【方法 3】使用快捷键进行复制。

选中待复制的文件夹或文件，按“Ctrl+C”组合键复制，然后选定目标文件夹，按“Ctrl+V”组合键粘贴。

【方法 4】使用“Ctrl 键+鼠标左键”拖动。

选中待复制的文件夹或文件，按住“Ctrl”键，同时按住鼠标左键并拖动，将文件夹或文件拖动到目标位置后松开鼠标左键和“Ctrl”键，即可将选中的文件夹或文件复制到新位置。

【方法 5】使用鼠标右键拖动。

选中要复制的文件夹或文件，按住鼠标右键并拖动，将文件夹或文件拖动到目标位置后松开鼠标右键，在弹出的快捷菜单中选择“复制到当前位置”选项，如图 2-28 所示，即可将选中的文件夹或文件复制到目标位置。

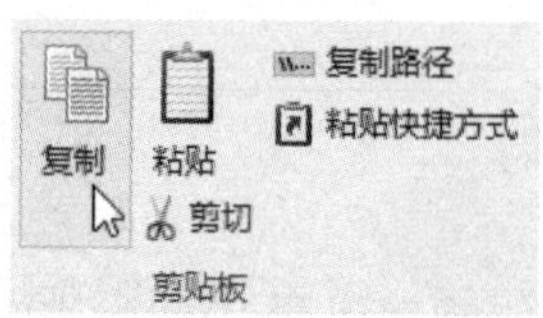

图 2-27　选择“剪贴板”组中的“复制”选项

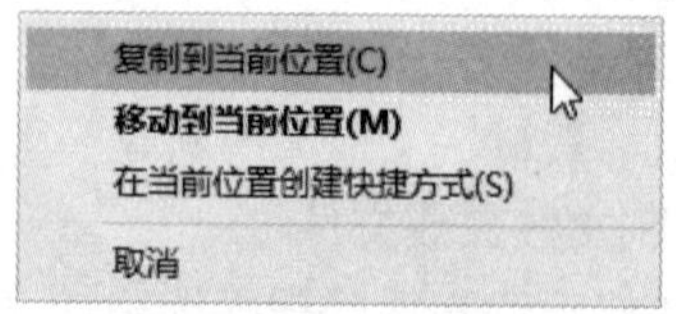

图 2-28　在快捷菜单中选择“复制到当前位置”选项

【方法 6】使用选项卡中“复制到”下拉菜单中的选项进行复制。

在“此电脑”窗口中，选中文件夹“备用素材”中的图片文件“桂林漓江.jpg”，然后单击窗口“主页”选项卡“组织”组中的“复制到”选项，在弹出的下拉菜单中选择目标位置即可。如果目标文件夹没有在下拉菜单列出，则在下拉菜单中选择“选择位置”选项，在弹出的“复制项目”对话框中选择目标文件夹，这里选择文件夹“教学素材”的子文件夹“图片”，如图 2-29 所示。

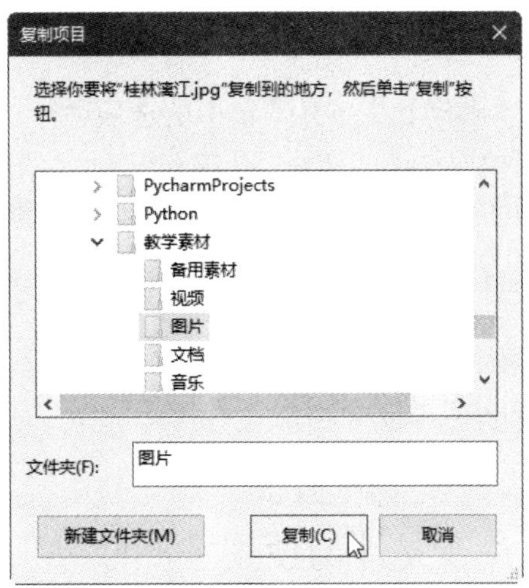

图 2-29 “复制项目”对话框

【提示】在“复制项目”对话框中要查看任何子文件夹，单击标识 > 即可展开文件夹。如果要复制到一个新建的文件夹，可以先选择目标位置，然后单击“新建文件夹”按钮新建一个文件夹即可。

【方法 7】在不同的驱动器中，单击并按住鼠标左键将文件夹或文件拖动到目标位置即可。在同一个驱动器中，按住“Ctrl”键的同时单击并按住鼠标左键将文件夹或文件拖动到目标位置即可。

3. 移动文件夹或文件

移动文件夹或文件是指将选中的文件夹或文件从一个位置移动到另一个位置。移动操作完成后，文件夹或文件在原先的位置消失，出现在新的位置。

从以下操作方法中选择一种合适的方法移动文件夹或文件。

【方法 1】使用快捷菜单进行移动。

在“此电脑”窗口中，选中文件夹“备用素材”中的音乐“奋进.mp3”，单击鼠标右键，在弹出的快捷菜单中选择“剪切”选项；然后在目标文件夹“音乐”的空白处单击鼠标右键，在弹出的快捷菜单中选择“粘贴”选项，即可将选中的文件夹或文件移动到新位置。

【方法 2】使用窗口选项卡进行移动。

选中要移动的文件夹或文件，在窗口“主页”选项卡“剪贴板”组中选择“剪切”选项；然后选中目标文件夹，在窗口“主页”选项卡“剪贴板”组中选择“粘贴”选项，即可将选中的文件夹或文件移动到新位置。

【方法 3】使用快捷键进行移动。

选中待复制的文件夹或文件，按“Ctrl+X”组合键剪切，然后选定目标文件夹，按“Ctrl+V”组合键粘贴。

【方法 4】使用鼠标左键拖动。

选中待移动的文件夹或文件，按住鼠标左键并拖动，将文件夹或文件拖动到目标位置后松开鼠标左键，即可将选中的文件夹或文件移动到新位置。

【方法 5】使用鼠标右键拖动。

选中要移动的文件夹或文件，按住鼠标右键并拖动，将文件夹或文件拖动到目标位置后松开鼠标右键，在弹出的快捷菜单中选择“移动到当前位置”选项，即可将选中的文件夹或文件移动到目标位置。

【方法 6】使用选项卡中“移动到”下拉菜单中的选项进行复制。

在“此电脑”窗口中，选中要移动的文件“欢快.mp3”，然后选择窗口“主页”选项卡“组织”组中的“移动到”选项，在弹出的下拉菜单中选择目标文件夹“音乐”即可。如果目标文件夹没有在下拉菜单列出，则在下拉菜单中选择“选择位置”选项，在弹出的“复制项目”对话框中选择目标文件夹，这里选择文件夹“教学素材”的子文件夹“音乐”。

【方法 7】在同一个驱动器中，单击并按住鼠标左键将文件夹或文件拖动到目标位置即可。在不同的驱动器中，按住“Shift”键的同时单击并按住鼠标左键将文件夹或文件拖动到目标位置。

【训练 2-5】删除文件夹或文件与使用“回收站”

【任务描述】

（1）将“图片”文件夹中的图片文件“九寨沟.jpg”删除，要求存放在回收站中。

（2）将桌面快捷方式“画图”删除，要求存放在回收站中。

（3）将“音乐”文件夹中的音乐“欢快.mp3”永久删除，不存放在回收站中。

【任务实施】

1．删除文件夹或文件

删除分为一般删除和永久删除两种，一般删除的文件夹或文件并没有从磁盘中真正删除，它们被存放在磁盘的特定区域，即回收站中，在需要的时候可以还原，而永久删除是真正从磁盘中删除了，不能还原。

（1）一般删除。

从以下操作方法中选择一种合适的方法进行一般删除。

【方法 1】使用窗口或工具栏菜单删除。

在“此电脑”窗口，选中“图片”文件夹中待删除的文件“九寨沟”，然后在“主页”选项卡“组织”组中直接选择“删除”选项，或者单击“删除”命令的下拉按钮▾，在展开的下拉菜单中选择“回收”选项，如图 2-30 所示。

【方法 2】使用快捷菜单删除。

在 Windows 10 桌面上，右键单击待删除的快捷方式“画图”，在弹出的快捷菜单中选择“删除”命令。

【方法 3】使用“Delete”键删除。

选中待删除的文件夹或文件后按“Delete”键。

【方法 4】使用鼠标拖动。

可以将待删除的文件夹或文件拖动到桌面“回收站”。

在默认状态下，使用以上 4 种方法删除文件夹或文件时，不会弹出“删除文件”对话框予以确认。

删除文件或文件夹时，如果需要弹出“删除文件”对话框进行确认，在“主页”选项卡“组织”组中单击“删除”命令的下拉按钮▾，在展开的下拉菜单中选择“显示回收确认”选项，如图 2-31 所示。

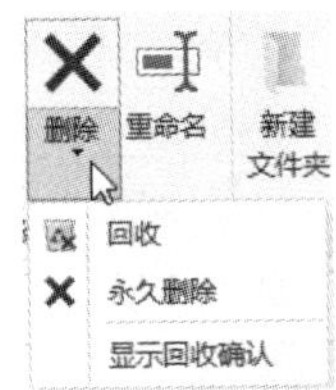

图 2-30　在“删除”下拉菜单中选择“回收”选项

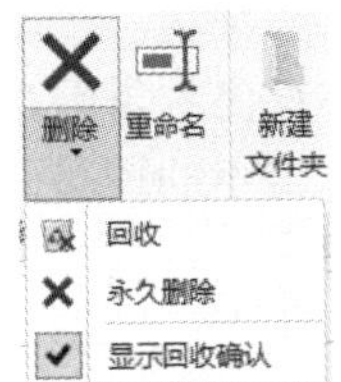

图 2-31　“删除”下拉菜单中选择“显示回收确认”选项

在该☑ 显示回收确认 选中状态时，删除文件夹或文件都会弹出如图 2-32 所示的“删除文件”对话框，在该对话框中单击“是”按钮，删除操作即可完成。

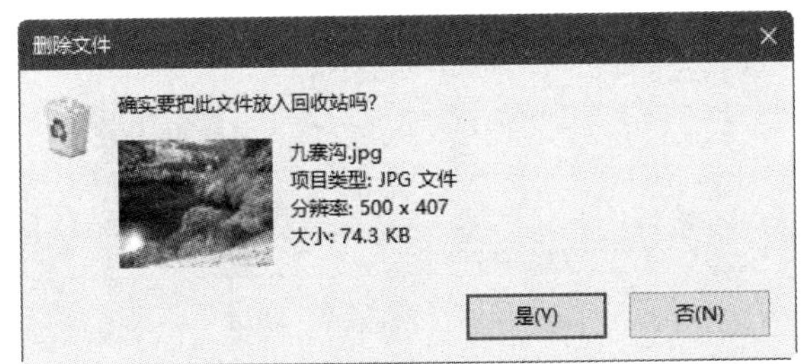

图 2-32　“删除文件”的对话框—“九寨沟”图片

（2）永久删除。

选中待删除的文件“欢快.mp3”，按住“Shift”键的同时，选择“删除”选项或者按“Delete”键，弹出如图 2-33 所示的“删除文件”对话框，在该对话框中单击“是”按钮，该文件将被永久删除，而不会保存在回收站中。

图 2-33　“删除文件”的对话框—“欢快”音乐

选中待删除的文件“欢快.mp3”后，也可以在“主页”选项卡“组织”组中单击“删除”选项的下拉按钮▾，在展开的下拉菜单中选择“永久删除”选项，该文件将被永久删除。

2．使用“回收站”

回收站是保存被删除文件夹或文件的中转站，从硬盘中删除文件夹、文件、快捷方式等项目时，可以将其放入回收站中，这些项目仍然占用硬盘空间并可以被恢复到原来的位置。回收站中的项目在被用户永久删除之前可以被保留，但回收站空间不够时，Windows 操作系统将自动清除回收站中的空间以存放最近删除的项目。

【注意】以下情况被删除的项目不会存放至回收站也不能被还原。

①从 U 盘、软盘中删除的项目。

②从网络中删除的项目。

③删除时按住“Shift”键删除的项目。

④超过回收站存储容量的项目。

（1）还原回收站中的项目。

在桌面上双击“回收站”图标，打开如图 2-34 所示的“回收站”窗口。

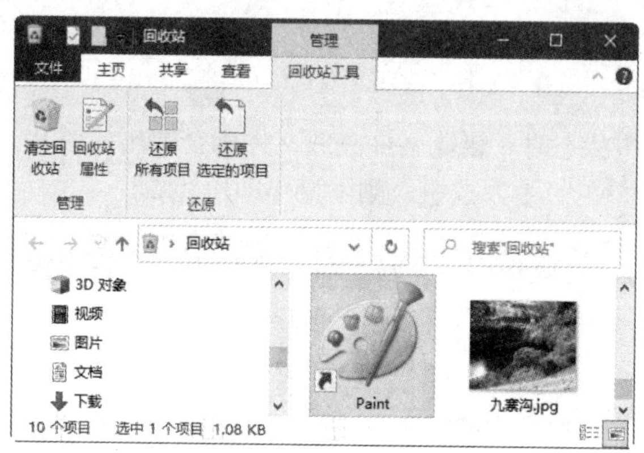

图 2-34 “回收站”窗口

①还原回收站中的某个项目：右键单击该项目，在弹出的快捷菜单中选择“还原”选项，如图 2-35 所示；也可以先单击选择该项目，然后在“回收站”窗口“管理—回收站工具”选项卡“还原”组中单击“还原选定的项目”选项，还原的项目将恢复到原来的位置。如果还原已删除文件夹中的文件，则将在原来的位置重新创建该文件夹，然后在此文件夹中还原文件。

②还原回收站中多个项目：可以按住“Ctrl”键的同时单击要还原的每个项目，然后在“回收站”窗口“管理—回收站工具”选项卡“还原”组中选择“还原选定的项目”选项。

③还原回收站中的所有项目：可以在“回收站”窗口“管理—回收站工具”选项卡“还原”组中选择“还原所有项目”选项。

（2）删除回收站中的项目。

删除回收站中的项目就意味着将项目从计算机中永久地删除，不能被还原。

①删除回收站中某个项目：右键单击该项目，在弹出的快捷菜单中选择“删除”选项，或者在“回收站”窗口“主页”选项卡“组织”组中选择“删除”选项。

②删除回收站中多个项目：可以按住“Ctrl”键的同时单击要删除的每个项目，然后选择快捷菜单或选项卡中的“删除”选项。

③删除回收站中的所有项目：可以在“回收站”窗口“管理—回收站工具”选项卡“管理”组中选择“清空回收站”选项。

（3）清空回收站。

从以下操作方法中选择一种合适的方法清空回收站。

【方法 1】在桌面上，右键单击“回收站”图标，在弹出的快捷菜单中选择“清空回收站”选项，如图 2-36 所示。

【方法 2】打开“回收站”窗口，在“回收站”窗口“管理—回收站工具”选项卡“管理”组中选择“清空回收站”选项。

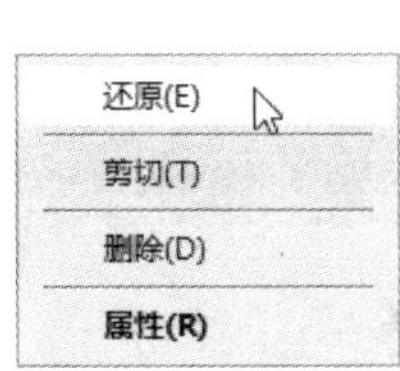

图 2-35 在快捷菜单中选择“还原”选项

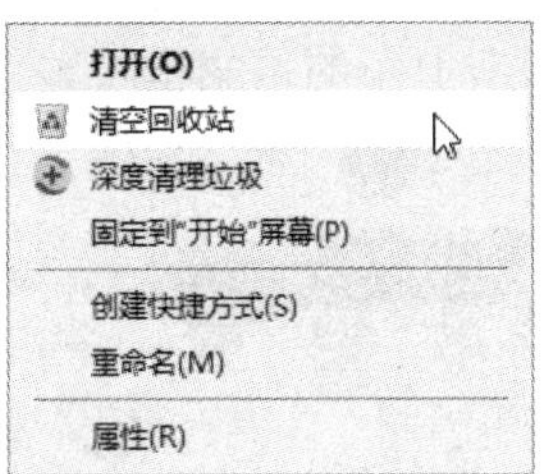

图 2-36 在“回收站”快捷菜单中选择“清空回收站”选项

【训练 2-6】搜索文件夹和文件

【任务描述】

（1）使用“搜索”文本框搜索“网络设置”相关的内容。

（2）使用“计算机”窗口搜索文件夹“备用素材”中的 jpg 格式的图片文件。

【任务实施】

Windows 10 提供了多种搜索文件和文件夹的方法，在不同的情况下可以选用不同的方法。

1. 使用“搜索”文本框搜索“网络设置”相关的内容

右键单击 Windows 10 的“开始”菜单按钮，在弹出的快捷菜单中选择“搜索”命令，打开“搜索”界面，在该界面搜索文本框中输入关键字“网络设置”，与所输入文本相匹配的项将立即出现在该搜索框的上方，如图 2-37 所示。然后选择匹配的搜索结果打开即可。

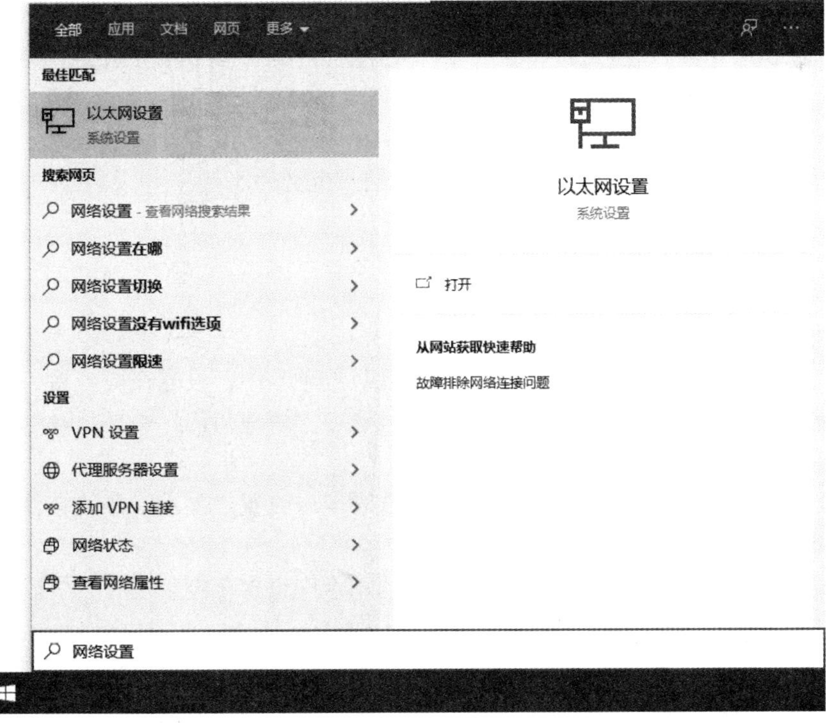

图 2-37 使用“搜索”文本框搜索“网络设置”相关的内容

2. 使用“此电脑”窗口搜索文件夹“备用素材”中的 jpg 格式的图片文件

（1）打开“此电脑”窗口，并定位到指定的磁盘或文件夹，这里选择文件夹“备用素材”。

（2）在窗口右上角的搜索框中输入要查找的文件的名称或关键字，这里输入“*.jpg”，然后单击“搜索”按钮→，搜索结果如图 2-38 所示。

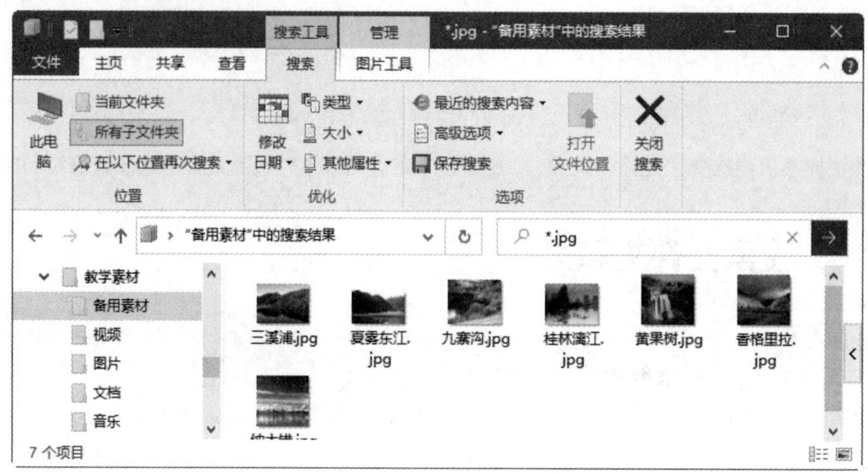

图 2-38　在文件夹“备用素材”搜索 jpg 格式的图片文件的结果

在“此电脑”窗口切换到“搜索工具—搜索”选项卡中，可以指定“修改日期”“类型”“大小”和“其他属性”，可以设置高级选项，也可以保存搜索。

如果在指定的文件夹中没有找到要查找的文件夹或文件，Windows 10 就会提示“没有与搜索条件匹配的项”。

【提示】当需要对某一类文件夹或文件进行搜索时，可以使用通配符来表示文件名中不同的字符。Windows 10 中使用“?”和“*”两种通配符，其中“?”表示任意一个字符，“*”表示任意多个字符。例如，“*.jpg”表示所有扩展名为.jpg 的图片文件，“x?y.*”表示文件名由 3 个字符组成（其中第 1 个字符为 x，第 3 个字符为 y，第 2 个字符为任意一个字符），扩展名为任意字符（可以是 jpg、docx、bmp、txt 等）的一批文件。

【训练 2-7】设置文件夹选项

【任务描述】

（1）打开“文件夹选项”对话框，在“常规”选项卡中，设置在同一窗口中打开多个文件夹；设置单击时选定项目，双击打开项目；设置在“快速访问”中显示最近使用的文件和常用文件夹。

（2）在“文件夹选项”对话框的“查看”选项卡中设置“显示隐藏的文件、文件夹或驱动器”，且显示已知文件类型的扩展名。

（3）在“文件夹选项”对话框的“搜索”选项卡中设置在搜索没有索引的位置时“始终搜索文件名和内容”，也“包括压缩文件（ZIP、CAB…）”。

【任务实施】

1．打开“文件夹选项”对话框

在“此电脑”窗口“查看”选项卡，选择“选项”命令，可以打开如图 2-39 所示的“文件夹选项”对话框。

2. 设置文件夹的常规属性

默认选择“常规”选项卡，该选项卡主要用于设置文件夹的常规属性，如图 2-39 所示。

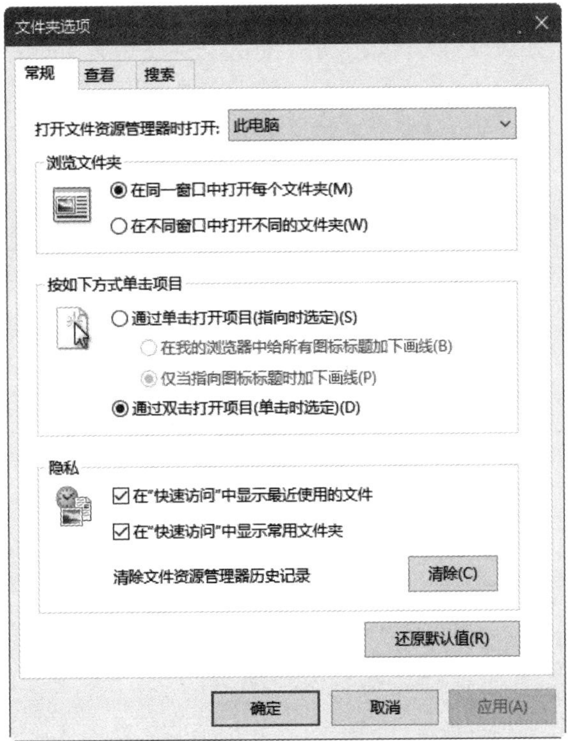

图 2-39 “文件夹选项”对话框的“常规”选项卡

“常规”选项卡的“浏览文件夹”区域用来设置文件夹的浏览方式，设置在打开多个文件夹时是在同一窗口中打开还是在不同的窗口中打开。选中“在同一窗口中打开每个文件夹”单选按钮时，在“此电脑”窗口中每打开一个文件夹，只会出现一个窗口来显示当前打开的文件夹。选中“在不同窗口中打开不同的文件夹”单选按钮时，在“此电脑”窗口中每打开一个文件夹，就会出现一个相应的窗口，打开了多少个文件夹，就会出现多少个窗口。

“常规”选项卡的“按如下方式单击项目”区域用来设置文件夹的打开方式，可以设置文件夹是通过单击打开还是双击打开。如果文件夹通过单击打开，则指向时会选定，此时选中“通过单击打开项目（指向时选定）”单选按钮，则“在我的浏览器中给所有图标标题加下画线”和“仅当指向图标标题时加下画线”单选按钮就为可选状态，可根据需要进行选择。如果通过双击打开，则单击时选定，此时则选中“通过双击打开项目（单击时选定）”单选按钮。单击“还原默认值”按钮，可以恢复系统默认的设置方式。

在“常规”选项卡的“隐私”区域中选中“在‘快速访问’中显示最近使用的文件”和“在‘快速访问’中显示常用文件夹”两个复选框，然后单击“确定”按钮，使设置生效并关闭该对话框。

3. 设置文件夹的查看属性

在“文件夹选项”对话框切换到“查看”选项卡，如图 2-40 所示，该选项卡用于设置文件夹的显示方式。

“查看”选项卡的“文件夹视图”区域包括“应用到文件夹”和“重置文件夹”两个按钮，单击“应用到文件夹”按钮，可使文件夹视图应用于这种类型的所有文件夹，单击“重置文件夹”按钮，可将文件夹视图还原为默认视图设置。

“查看”选项卡的“高级设置”区域显示了有关文件夹和文件的多项高级设置选项，可以根据实际需要进行设置。选中“显示隐藏的文件、文件夹和驱动器”单选按钮时，将会显示属性为隐藏的文件、文件夹或驱动器；取消“隐藏已知文件类型的扩展名”复选框的选中状态，如图 2-40 所示。

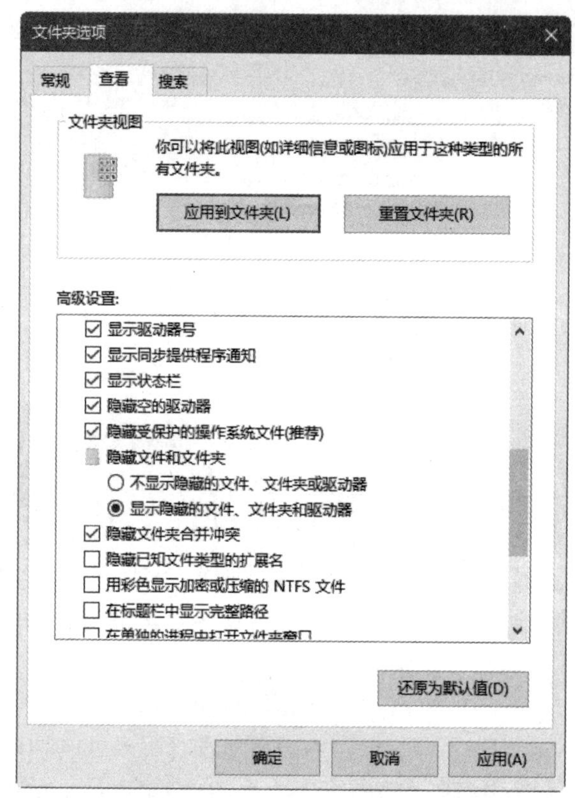

图 2-40　在“文件夹选项”对话框的“查看”选项卡进行相关设置

单击“应用”按钮可应用所选设置，单击“还原为默认值”按钮，可恢复系统默认的设置。

4．设置文件夹的查看属性

在“文件夹选项”对话框切换到“搜索”选项卡，该选项卡用于设置搜索内容和搜索方式。

在“搜索”选项卡的“在搜索未建立索引的位置时”区域选择“包括系统目录”复选框、“包括压缩文件（ZIP、CAB…）”复选框和“始终搜索文件名和内容（此过程可能需要几分钟）”复选框，如图 2-41 所示。

单击“应用”按钮可应用所选设置，单击“还原默认值”按钮，可恢复系统默认的设置。

文件夹选项设置完成后，单击“确定”按钮使设置生效且关闭该对话框。

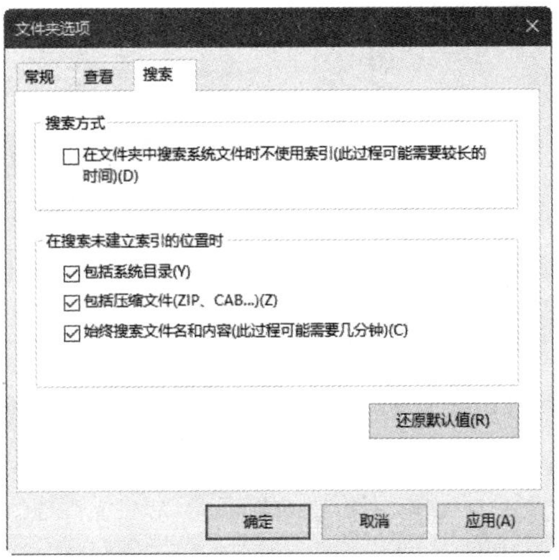

图 2-41　在“文件夹选项”对话框的“搜索”选项卡进行相关设置

【训练 2-8】查看与设置文件夹和文件属性

【任务描述】

（1）在文件夹的“属性”对话框中将“图片”文件夹中的文件设置为非只读状态。

（2）更改“图片”文件夹的图标。

（3）设置文件“九寨沟.jpg”的属性。

【任务实施】

1．查看与设置文件夹的属性

文件夹和文件的属性都分为只读、隐藏和存档三种类型，具备只读属性的文件夹和文件都不允许更改和删除，只读文件可以浏览文件内容；具备隐藏属性的文件夹和文件可以被隐藏，对于一些重要的系统文件可以进行有效保护；对于一般的文件夹和文件都具备存档属性，可以浏览、更改和删除。

设置文件夹属性的操作步骤如下。

（1）选中要设置属性的文件夹“图片”。

（2）打开“属性”对话框。

单击鼠标右键，在弹出的快捷菜单中选择“属性”选项，打开“图片 属性”对话框，如图 2-42 所示。

（3）设置文件夹的常规属性。

“常规”选项卡中包括了类型、位置、大小、占用空间、包含的文件和文件夹数量、创建时间和属性等内容，还包含有“高级”按钮，在该选项卡的“属性”区域可以选择“只读”和“隐藏”复选框。单击“高级”按钮，在打开的“高级属性”对话框中可以设置“存档和索引属性”和“压缩或加密属性”，如图 2-43 所示。高级属性设置完成后单击“确定”按钮返回“图片 属性”对话框。

（4）自定义文件夹的属性。

切换到“自定义”选项卡，在该选项卡可以对文件夹模板、文件夹图片和文件夹图标进行设置，如图 2-44 所示。

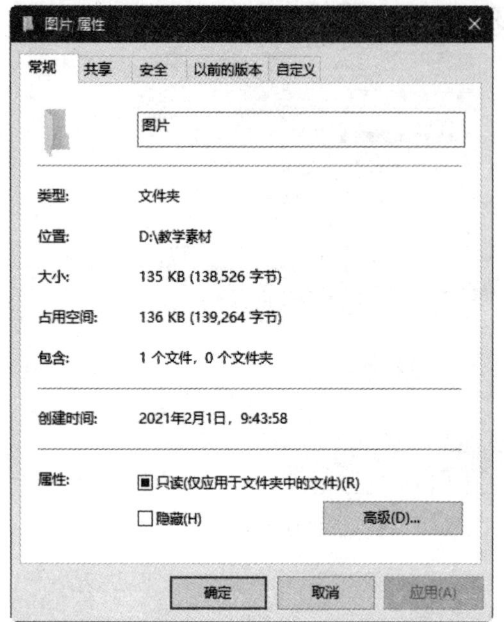

图 2-42 “图片 属性”对话框的“常规”选项卡

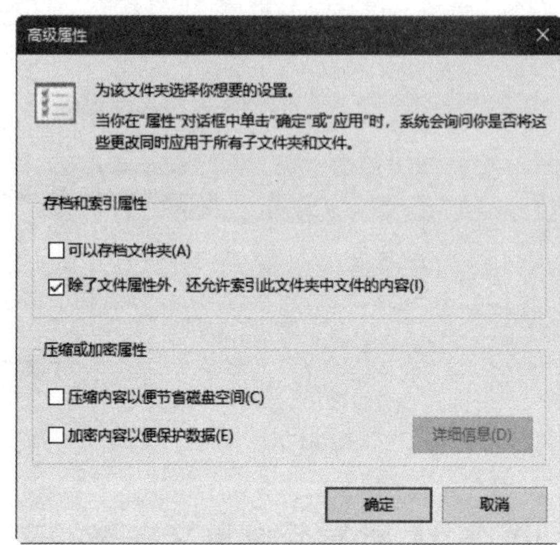

图 2-43 文件夹的“高级属性”对话框

在“自定义”选项卡中单击“更改图标”按钮，弹出“为文件夹 图片 更改图标”对话框，如图 2-45 所示。在该对话框中选择一个图标，然后单击“确定”按钮即可更改文件夹的图标。

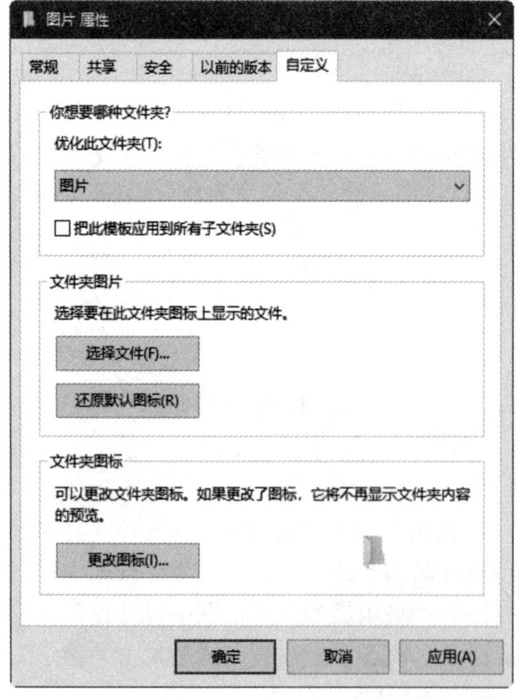

图 2-44 “图片 属性”对话框的“自定义”选项卡

图 2-45 “为文件夹 图片 更改图标”对话框

【提示】在“自定义”选项卡中单击“还原默认图标”按钮，可以将文件夹图标还原为系统的默认图标。

（5）确认属性更改。

在“图片 属性”对话框中如果单击“确定”按钮或者“应用”按钮，属性更改生效。如果单击“取消”按钮，则只是关闭该对话框，属性更改并没有生效。

2．查看与设置文件的属性

设置文件属性的操作步骤如下。

（1）选中要设置属性的文件“九寨沟.jpg”。

（2）打开“属性”对话框。

单击鼠标右键，在弹出的快捷菜单中选择“属性”选项，打开“九寨沟.jpg 属性”对话框，如图 2-46 所示。

【提示】不同类型的文件对应的属性对话框略有所不同。

（3）设置文件的常规属性。

“常规”选项卡中包括了文件类型、打开方式、位置、大小、占用空间、创建时间、修改时间、访问时间和属性等内容，还包含有“更改”“高级”等按钮，如图 2-46 所示。在该选项卡的“属性”区域可以选择“只读”和“隐藏”复选框。

在“打开方式”区域中单击“更改”按钮，在弹出的“打开方式”对话框中可以更改文件的打开方式，如图 2-47 所示。打开方式更改完成后，单击“确定”按钮返回“九寨沟.jpg 属性”对话框，在该对话框中单击“确定”按钮即可。

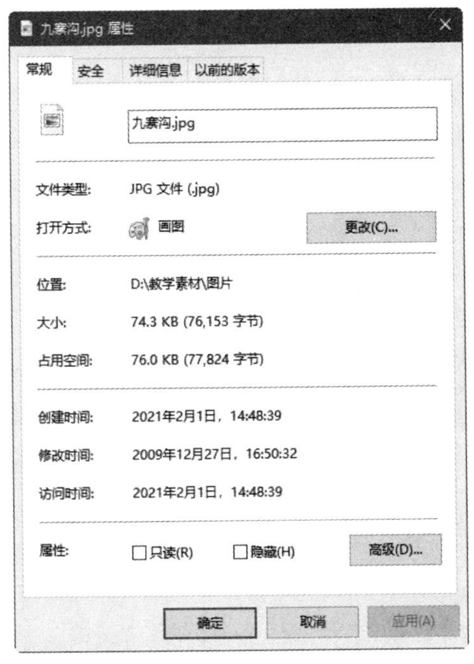

图 2-46　“九寨沟.jpg 属性”对话框的“常规”选项卡

图 2-47　更改“打开方式”对话框

【训练 2-9】文件夹的共享属性设置

【任务描述】

（1）设置 D 盘文件夹“教学素材”为共享文件夹。

（2）设置共享文件夹“教学素材”的权限为“读取/写入”。

（3）删除默认共享文件夹。

【任务实施】

共享文件夹可以使用户通过网络远程访问其他计算机上的资源，Windows 10 操作系统允许共享文件夹，可以通过一系列交互式对话框来设置共享文件夹。

1．设置共享文件夹

使用“文件夹属性”对话框设置文件夹共享的操作步骤如下。

（1）在“计算机”窗口中右键单击需要设置共享的自定义文件夹“教学素材”，在弹出的快捷菜单中选择“属性”选项，打开“教学素材 属性”对话框的“共享”选项卡。在该选项卡“网络文件和文件夹共享”区域单击“共享”按钮，打开“网络访问”对话框。在该对话框的“用户”列表中选择要与其他共享的用户，这里选择“Everyone”，如图 2-48 所示。

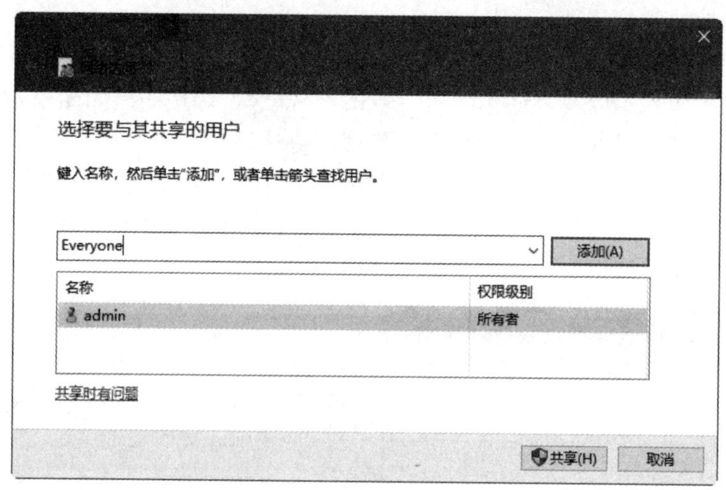

图 2-48　“网络访问”对话框

（2）单击“添加”按钮添加共享的用户，然后在“权限级别”列单击“读取”，在弹出的快捷菜单中选择“读取/写入”权限，如图 2-49 所示。

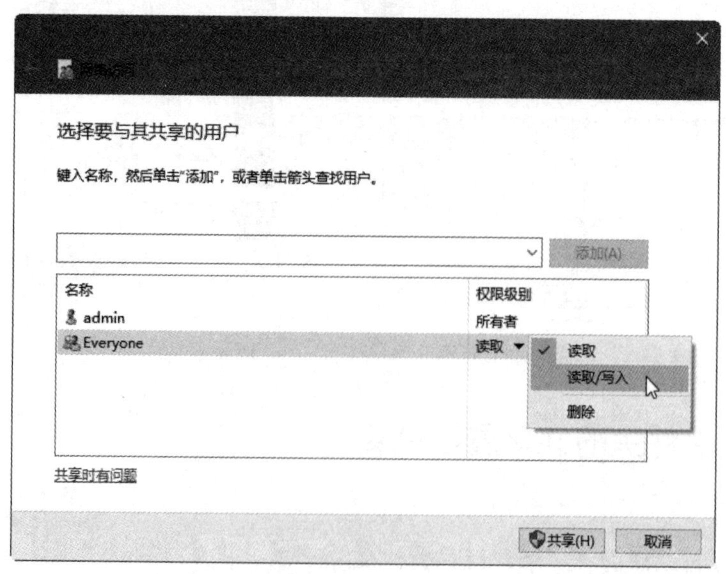

图 2-49　在“网络访问”对话框添加用户并设置权限级别

（3）在“网络访问”对话框中单击“共享”按钮，完成文件夹的共享设置，设置共享文件夹“网络访问”对话框如图 2-50 所示，单击“完成”按钮返回“教学素材 属性”对话框，如图 2-51 所示。

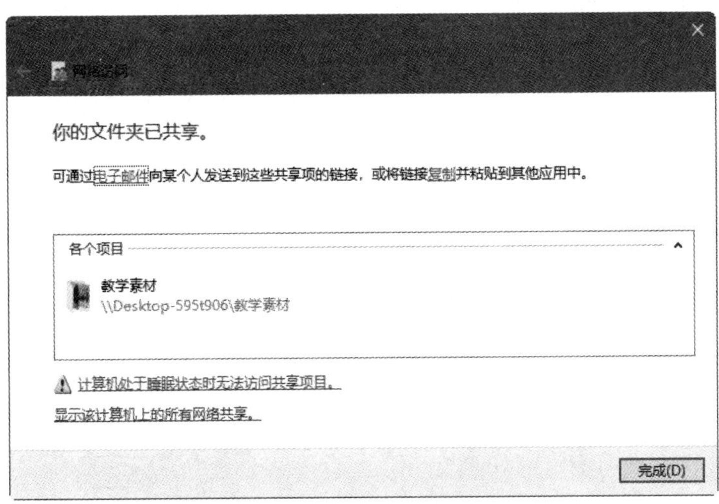

图 2-50　完成文件夹共享后的“网络访问”对话框

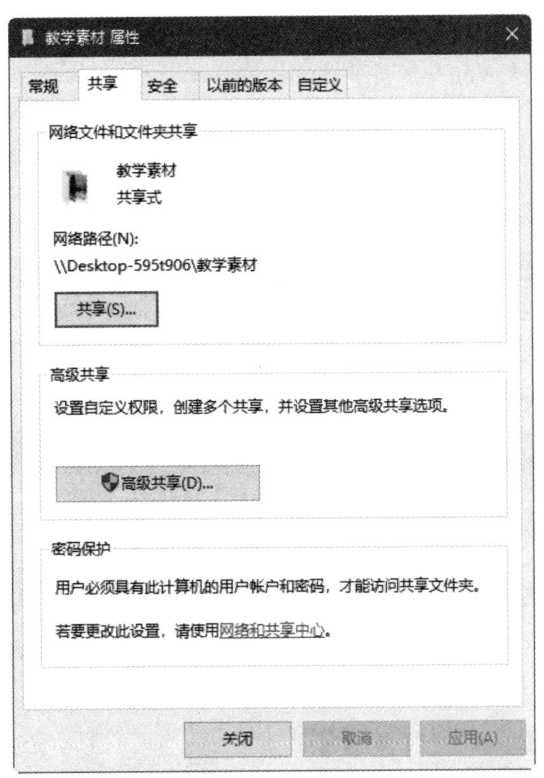

图 2-51　在“教学素材 属性”对话框

2．设置共享文件夹的权限

在“教学素材 属性”对话框中单击“高级共享”按钮打开“高级共享”对话框，在该对话框中勾选“共享此文件夹”复选框，如图 2-52 所示，然后单击“权限”按钮，弹出“教学

素材 的权限”对话框，在该对话框中进行必要的权限设置，如图 2-53 所示。然后依次单击“确定”按钮使设置生效并关闭对话框。

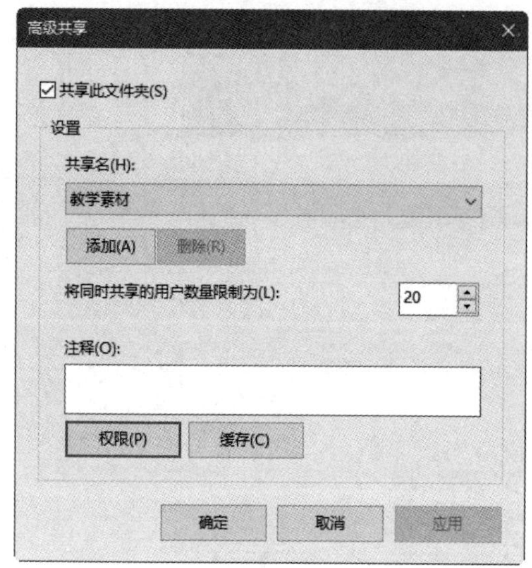

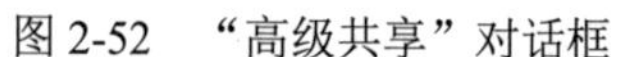
图 2-52 “高级共享”对话框

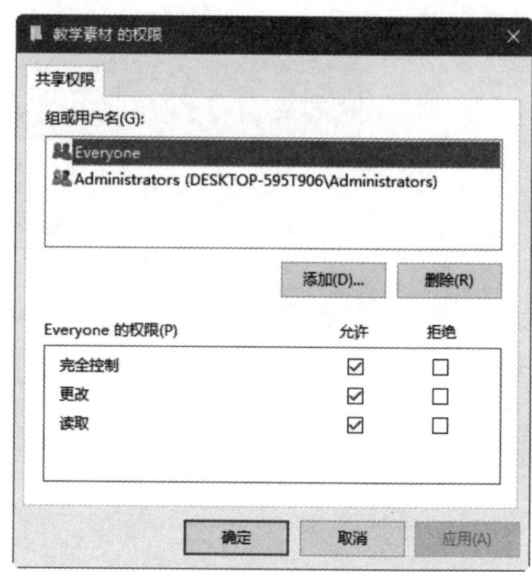

图 2-53 “教学素材 的权限”对话框

3. 删除默认共享文件夹

Windows 10 操作系统为了便于系统管理员执行日常管理任务，在系统安装时自动共享了用于管理的文件夹，也可将这些默认的共享文件夹删除，其操作步骤如下。

（1）在 Windows 10 桌面右键单击“此电脑”图标，在弹出的快捷菜单中选择“管理”命令，打开“计算机管理”窗口。也可以右键单击“开始”按钮，在弹出的快捷菜单中选择“计算机管理”命令，打开“计算机管理”窗口。

（2）在“计算机管理”窗口中展开左侧窗格的“共享文件夹”，选择节点“共享”，中间窗格中显示了所有的共享文件夹。

（3）右键单击默认共享文件夹，在弹出的快捷菜单中选择“停止共享”选项，如图 2-54 所示，即可删除默认的共享文件夹。

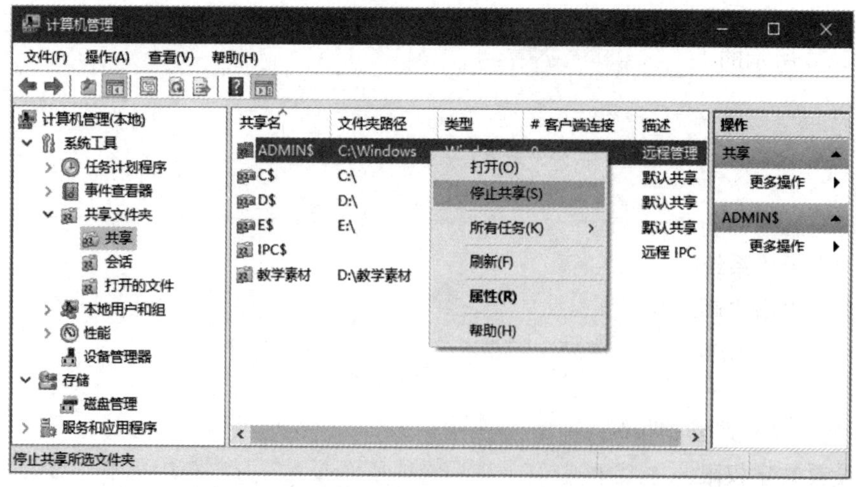

图 2-54 在快捷菜单中选择“停止共享”选项

2.6 管理磁盘

用户的文件夹和文件等项目都存储在计算机的磁盘上，计算机在使用过程中，用户会频繁地安装或卸载应用程序，移动、复制、删除文件夹和文件，这样的操作次数多了，计算机硬盘中将会产生很多磁盘碎片或临时文件，可能会导致计算机系统性能下降。因此，需要定期对磁盘进行管理，以保证系统运行状态良好。

【训练 2-10】查看与设置磁盘属性

【任务描述】

（1）对驱动器 C 盘重命名为“系统”。

（2）将 D 盘设置为共享磁盘，共享名称为“教学资源”。

（3）根据需要添加和更改驱动器名称和路径，例如盘符 E:更改为 F:。

【任务实施】

1．查看磁盘的常规属性与重命名驱动器

（1）打开磁盘“属性”对话框。

在“此电脑”窗口中右键单击磁盘“系统(C:)”（C 驱动器）的图标，在弹出的快捷菜单中选择“属性”选项，打开磁盘“系统(C:)属性”对话框。

（2）查看磁盘的常规属性。

磁盘“系统(C:)属性”对话框的“常规”选项卡如图 2-55 所示。上方的文本框中可以输入磁盘的卷标；中部显示了该磁盘的类型、文件系统、已用空间及可用空间等信息；下部显示了该磁盘的容量，并且使用饼图显示了已用空间和可用空间的比例信息，另外还包括两个复选框，分别是“压缩此驱动器以节约磁盘空间”和“除了文件属性外，还允许索引此驱动器上文件的内容”。

（3）重命名驱动器。

在“常规”选项卡的文本框中输入“系统”，如图 2-55 所示，然后单击“确定”按钮，弹出如图 2-56 所示的“拒绝访问”对话框，在该对话框中单击“继续”按钮完成驱动器的重命名操作。

2．设置磁盘共享

（1）打开磁盘“属性”对话框和“高级共享”对话框。

在“此电脑”窗口中右键系统(D:)单击磁盘“系统(D:)”（D 驱动器）的图标，在弹出的快捷菜单中选择“系统(D:)属性”命令，打开 D 磁盘的“系统(D:)属性”对话框，切换到“共享”选项卡，单击“高级共享”按钮，打开“高级共享”对话框。

（2）设置共享属性。

在“高级共享”对话框中勾选“共享此文件夹”复选框，并在“共享名”文本框中输入共享名称“教学资源”，该共享名即为网络中共享的名称，如图 2-57 所示。

（3）设置共享权限。

在“高级共享”对话框中单击“权限”按钮，打开“教学资源 的权限”对话框，在该对话框中设置允许访问该磁盘的用户及其权限，具有“完全控制”“更改”和“读取”权限，如图 2-58 所示。共享权限设置完成后，单击“确定”按钮关闭该对话框并返回“高级共享”对话框。

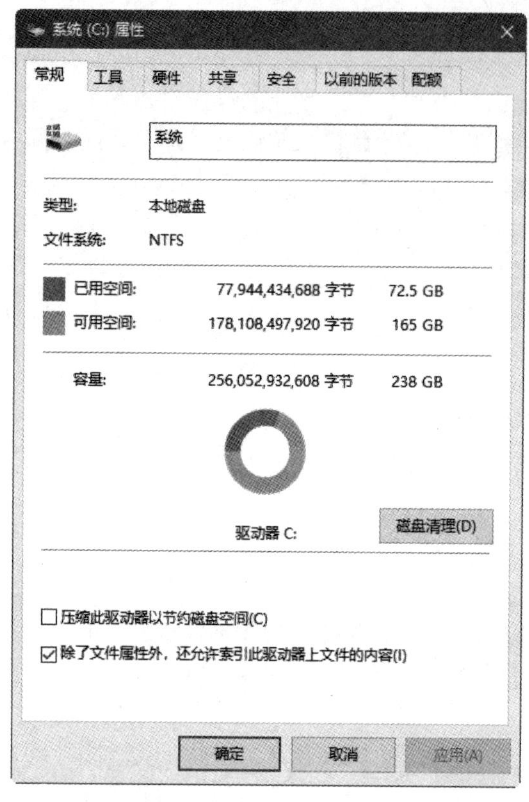

图 2-55　磁盘“属性”对话框的“常规”选项卡

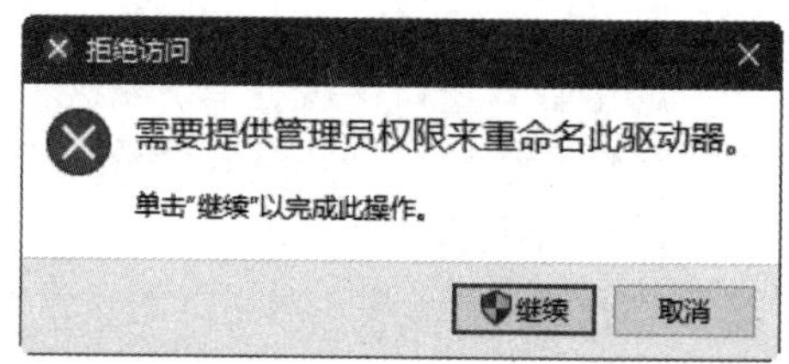

图 2-56　重命名驱动器时“拒绝访问”对话框

图 2-57　“高级共享”对话框

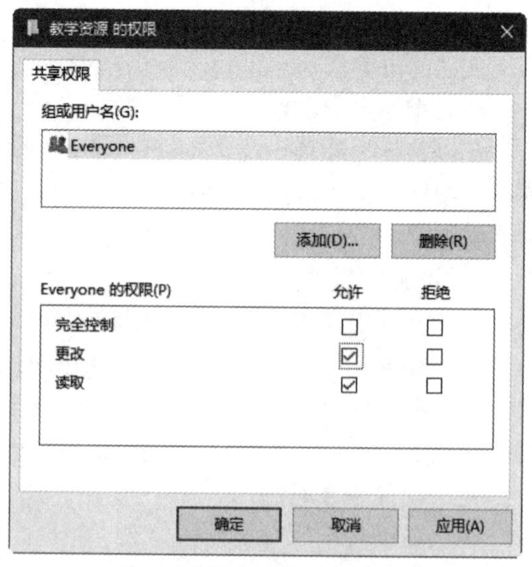

图 2-58　“教学资源 的权限”对话框

在“高级共享”对话框中单击“确定”按钮后关闭该对话框并返回“系统(D:)属性”对话框，如图 2-59 所示。

在“系统(D:)属性”对话框中单击“关闭”按钮关闭该对话框，此时弹出“确认属性更改”对话框，如图 2-60 所示，在该对话框中单击“确定”按钮，弹出“正在处理”对话框，等待一段时间，系统对该驱动器、子文件夹和文件进行共享处理，处理完成后返回“此电脑”窗口。

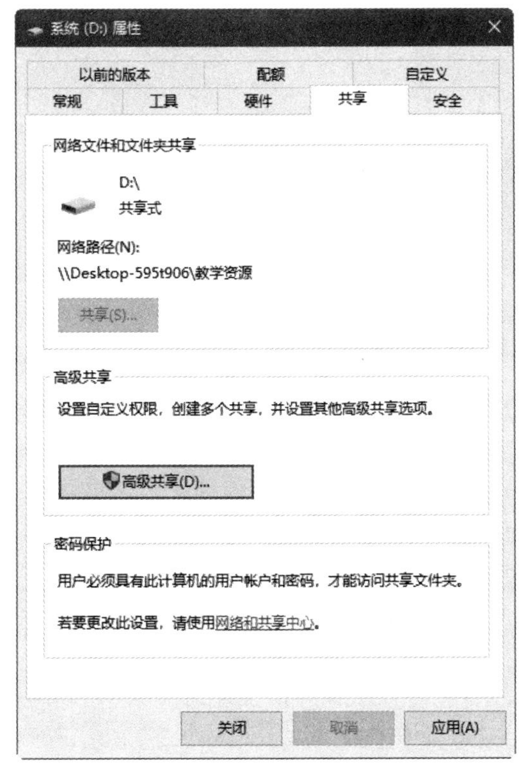

图 2-59　在“系统(D:)属性”对话框中将该磁盘设置为共享磁盘

图 2-60　“确认属性更改”对话框

此时“此电脑”窗口的共享磁盘图标的左下角会出现共享标识，如图 2-61 所示，即表示该磁盘可以供网络中其他用户共享使用。

3. 在“计算机管理”窗口更改驱动器名称和路径

如果在桌面上添加了“此电脑”图标，则可以右键单击桌面的“此电脑”图标，在弹出的快捷菜单中选择“管理”选项，如图 2-62 所示。

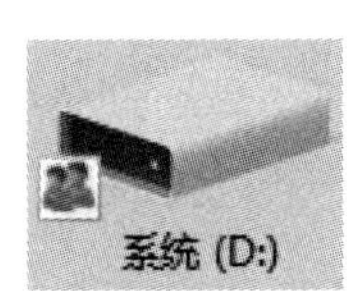

图 2-61　共享后的 D 盘图标

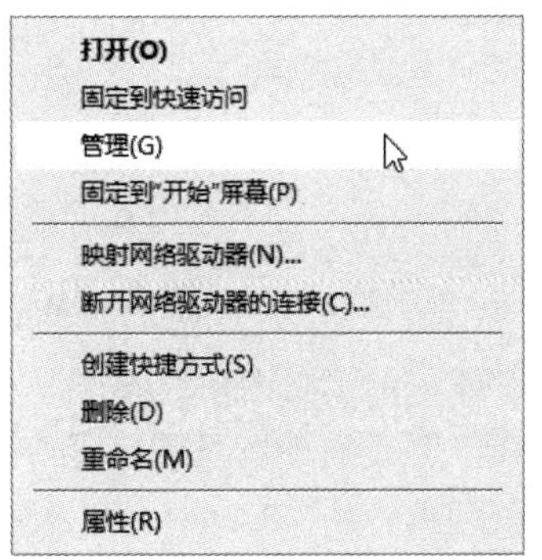

图 2-62　在快捷菜单中选择“管理”选项

打开“计算机管理”窗口，单击窗口的左侧窗格“存储”节点下的“磁盘管理”选项，在窗口的中间窗格显示本机的所有磁盘及磁盘分区，如图 2-63 所示。

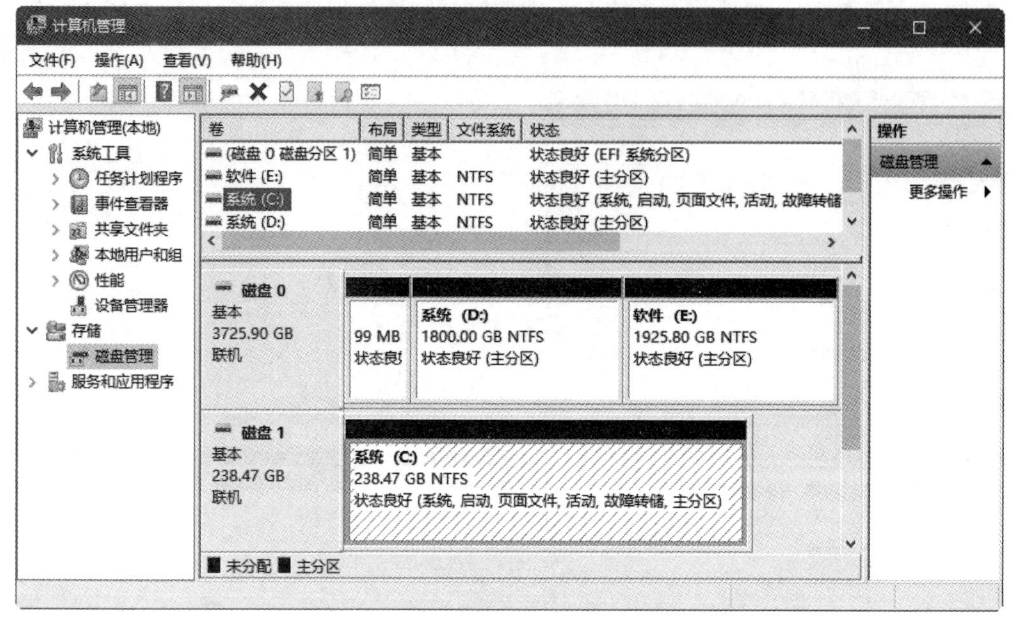

图 2-63 “计算机管理”窗口

【提示】右键单击“开始”按钮，在弹出的快捷菜单中选择“计算机管理”选项，也可以打开“计算机管理”窗口。

在窗口中间窗格右键单击需要更改驱动器名和路径的磁盘，例如“软件(E:)”，在弹出的快捷菜单中选择“更改驱动器号和路径”选项，如图 2-64 所示。

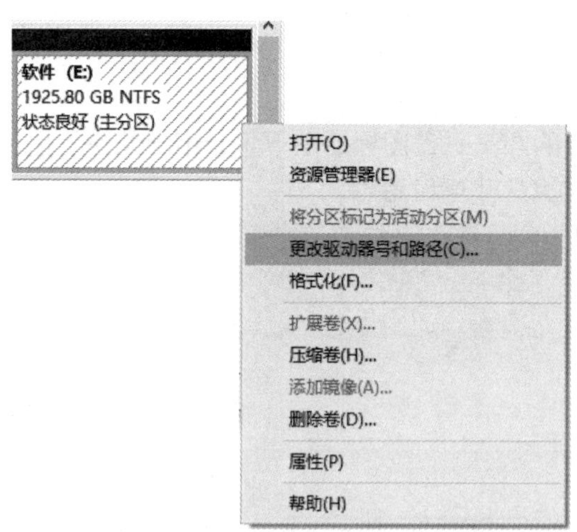

图 2-64 快捷菜单中的“更改驱动器号和路径”选项

打开如图 2-65 所示的“更改 E:（软件）的驱动器号和路径”对话框。在该对话框中单击“更改”按钮，打开“更改驱动器号和路径”对话框，在该对话框中指派一个合适的驱动器号（盘符），这里选择“F”，如图 2-66 所示。然后依次在多个对话框中单击“确定”按钮，即可改变驱动器名和路径，最后关闭“计算机管理”窗口即可。

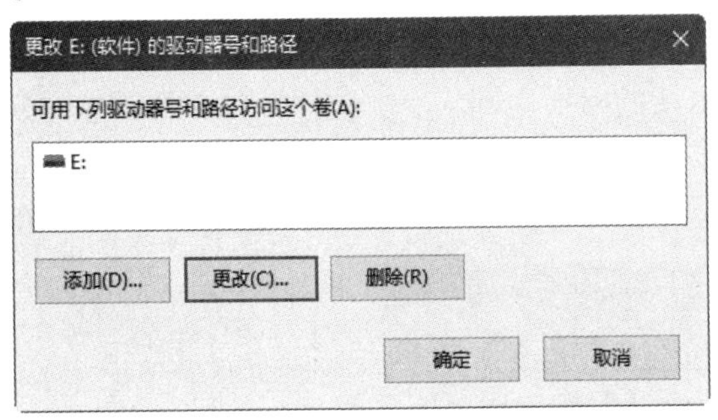

图 2-65 “更改 E:（软件）的驱动器号和路径”对话框

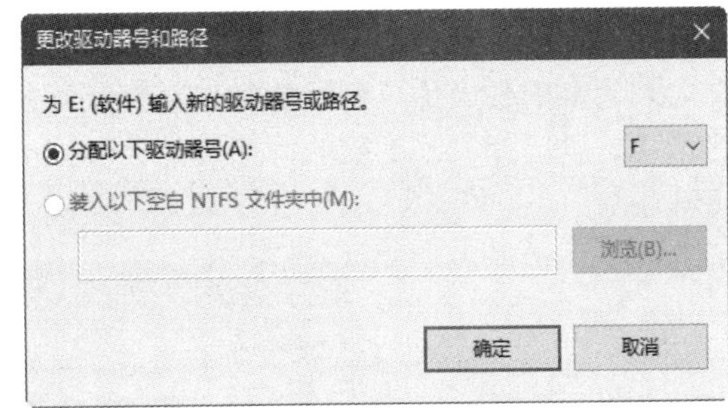

图 2-66 “更改驱动器号和路径”对话框

【训练 2-11】磁盘检查与碎片整理

【任务描述】

（1）对 C 盘进行磁盘清理。

（2）对 D 盘进行磁盘碎片整理。

（3）对 C 盘进行磁盘检查。

【任务实施】

1. 磁盘清理

在使用 Windows 10 操作系统的过程中，会产生一些无用的文件，例如临时文件。运行磁盘清理程序可以清除这些无用的文件，以释放出更多的磁盘空间。

单击“开始”按钮，在弹出快捷菜单的“Windows 管理工具”文件夹中选择“磁盘清理”选项，如图 2-67 所示。

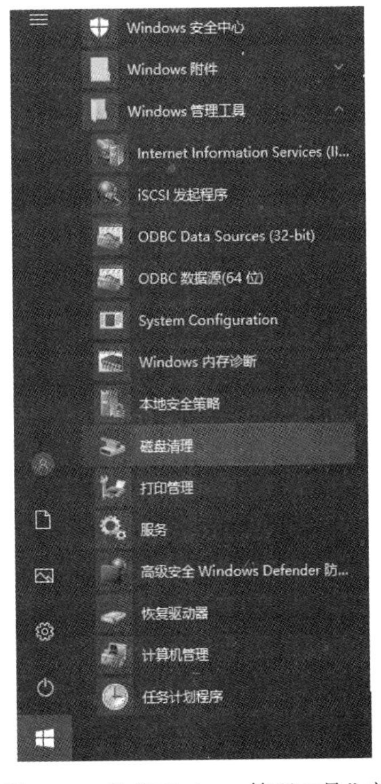

图 2-67 在“Windows 管理工具”文件夹中选择“磁盘清理”选项

弹出如图 2-68 所示的“磁盘清理:驱动器选择”对话框，在“驱动器”列表框中选择要清理的驱动器，这里选择“系统(C:)”，然后单击“确定”按钮，启动磁盘清理程序对磁盘进行清理，首先计算可以在磁盘上释放多少空间，如图 2-69 所示。

【提示】在磁盘“属性”对话框的“常规”选项卡中单击“磁盘清理”按钮，也可以启动磁盘清理程序对磁盘进行清理。

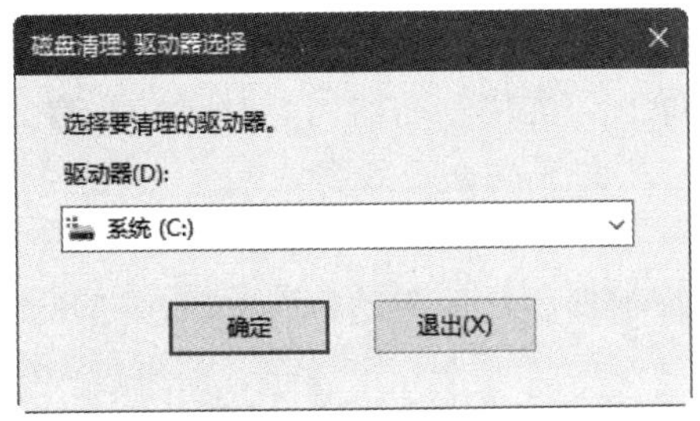

图 2-68 “磁盘清理:驱动器选择”对话框

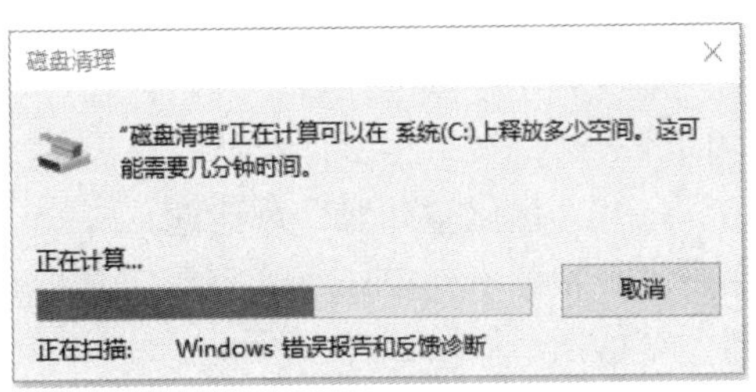

图 2-69 “磁盘清理”对话框

然后打开“系统(C:)的磁盘清理”对话框，如图 2-70 所示。在该对话框的“要删除的文件”列表框中列出了可删除的文件类型及其所占用的磁盘空间大小，选中某种文件类型的复选框，这里选择“已下载的程序文件”“Internet 临时文件”复选框，在进行磁盘清理时即可将其删除。

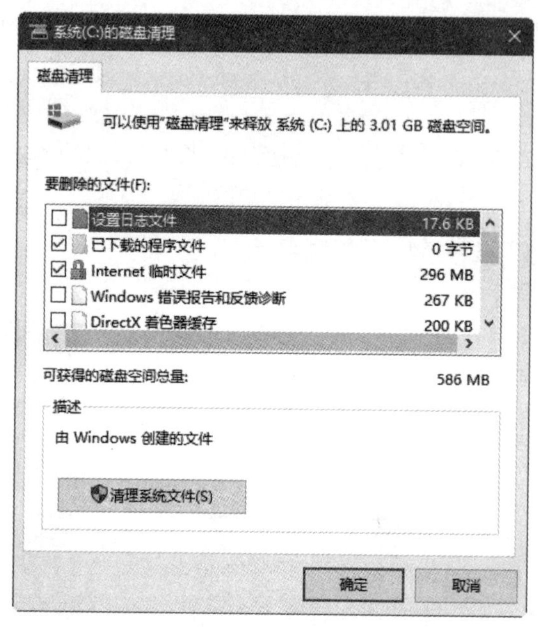

图 2-70 “系统(C:)的磁盘清理”对话框

在“系统(C:)的磁盘清理”对话框中单击“确定”按钮，将弹出如图 2-71 所示的“磁盘清理”的确认对话框，单击“删除文件”按钮，接着弹出如图 2-72 所示的“磁盘清理”的清理进程对话框，清理完成后将自动关闭对话框。

图 2-71 “磁盘清理”的确认对话框

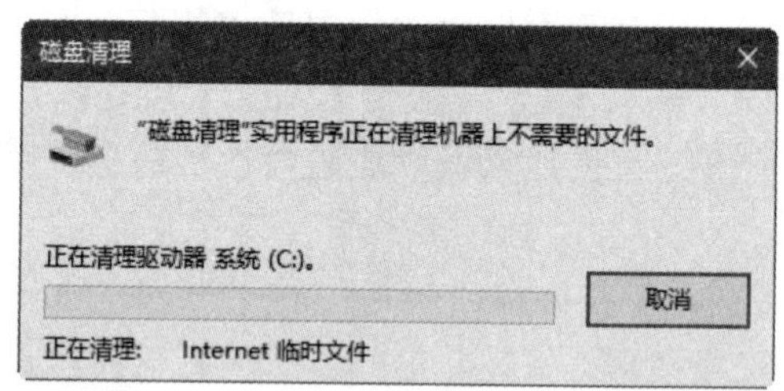

图 2-72 “磁盘清理”的清理进程对话框

2. 磁盘碎片整理

磁盘在使用过程中，由于磁盘文件大小的改变以及文件的删除等操作，使文件在磁盘上的存储空间变为不连续的区域，导致磁盘存取效率降低。优化驱动器通过对磁盘上的文件和磁盘空间的重新排列，使文件存储在一片连续区域，从而提高系统效率。

（1）打开“优化驱动器”对话框。

单击“开始”→“Windows 管理工具”→“碎片整理和优化驱动器”选项，打开“优化驱动器”对话框，如图 2-73 所示。

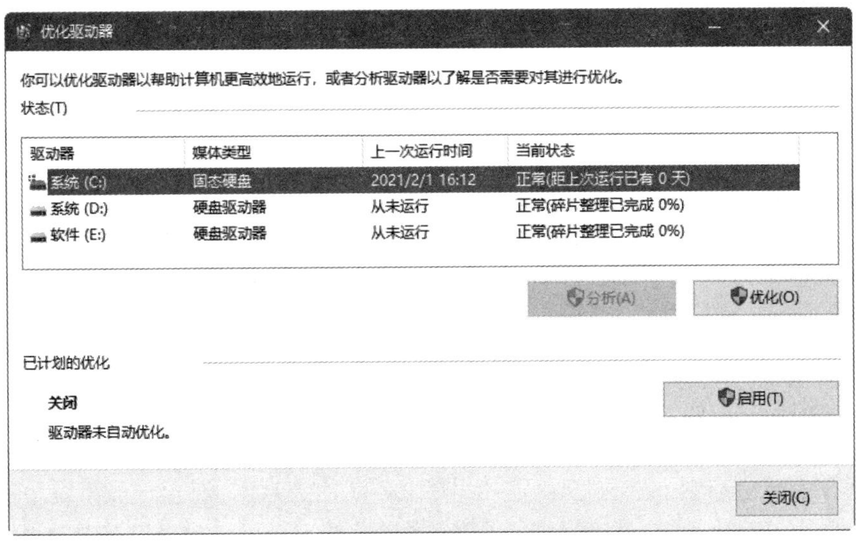

图 2-73 “优化驱动器”对话框

【提示】在“系统(C:)属性”对话框的“工具”选项卡中的“对驱动器进行优化和碎片整理”区域单击“优化”按钮，如图 2-74 所示，也会弹出“优化驱动器”对话框。

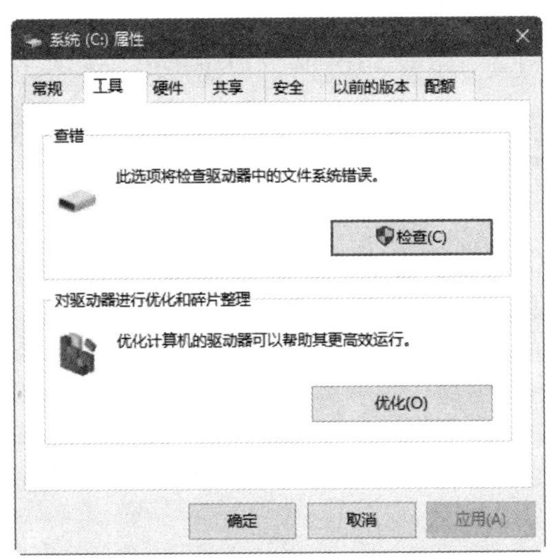

图 2-74 “系统(C:)属性”的“工具”选项卡

（2）分析磁盘。

在“优化驱动器”对话框中的磁盘列表框中选择要整理的磁盘，这里选择“D 盘”，然后单击“分析”按钮，开始对磁盘的碎片情况进行分析，并显示碎片的百分比。

（3）碎片整理。

在“优化驱动器”对话框中单击“优化”按钮，系统开始进行碎片整理，同时显示碎片整理的进程和相关提示信息，如图 2-75 所示。

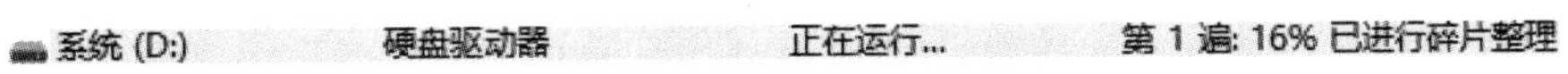

系统 (D:) 硬盘驱动器 正在运行... 第 1 遍: 16% 已进行碎片整理

图 2-75 碎片整理的进程和相关提示信息

磁盘碎片整理完成后，开始将磁盘空间进行合并，如图 2-76 所示。

系统 (D:)　硬盘驱动器　正在运行...　第 3 遍: 16% 已合并

图 2-76　磁盘空间合并的进程

磁盘碎片整理完成会显示如图 2-77 所示的提示信息。

系统 (D:)　硬盘驱动器　2021/2/1 16:29　正常(碎片整理已完成 0%)

图 2-77　磁盘整理完成的提示信息

磁盘整理完成后在“优化驱动器”对话框单击“关闭”按钮即可。

3．磁盘检查

磁盘在使用过程中，由于非正常关机，大量的文件删除、移动等操作，都会对磁盘造成一定的损坏，有时会产生一些文件错误，影响磁盘的正常使用，甚至造成系统缓慢，频繁死机等问题。使用 Windows 10 系统提供的“磁盘检查”工具，可以检查磁盘中的损坏部分，并对文件系统的损坏加以修复。以检查 C 盘为例，简述检查步骤。

打开 C 盘的磁盘“系统(C:)属性”对话框，在该对话框的“工具”选项卡中的“查错”区域单击“检查”按钮，弹出“错误检查(系统(C:))”对话框，系统开始扫描驱动器，检查磁盘，并显示检查条，如图 2-78 所示。驱动器(C:)错误检查完成后，弹出如图 2-79 所示“已成功扫描你的驱动器”提示信息对话框，在该对话框中单击“关闭”按钮即可。

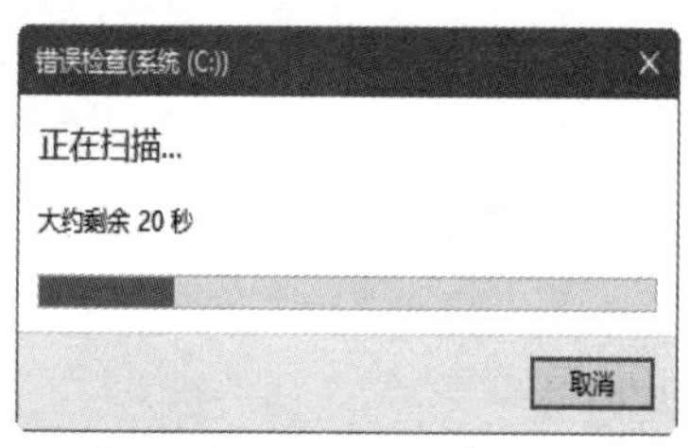

图 2-78　正在扫描

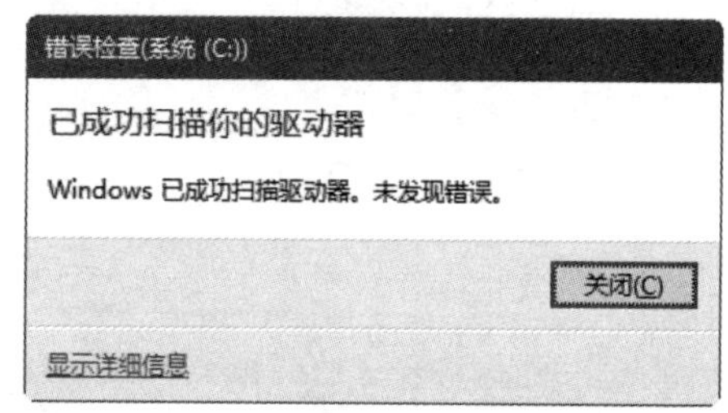

图 2-79　完成扫描

【提升学习】

【训练 2-12】妙用 Windows 10 任务管理器

“任务管理器”提供了关于当前系统中运行的应用程序和进程、性能、应用历史记录、启动、用户、详细信息、服务等信息。

扫描二维码，熟悉电子活页中的相关内容。然后使用“任务管理器”窗口完成以下操作：

（1）停止不必要的启动项。

（2）结束处于“没有响应”状态的应用程序。

（3）监视进程管理。

【训练 2-13】优化 Windows 10 系统启动性能

扫描二维码，熟悉电子活页中的相关内容。对 Windows 10 系统的启动性能进行优化：

（1）通过“服务”窗口禁用 Windows 10 自动更新服务。

（2）通过“系统配置”对话框禁用不必要的服务。

电子活页 2-23

优化 Windows 系统启动性能

【训练 2-14】启用密码策略与设置密码规则

有关账户密码复杂性的主要要求如下。

（1）不能包含用户的账户名。

（2）不能包含用户姓名中超过两个连续字符的部分。

（3）密码长度至少有 6 个字符长。

（4）密码字符至少包含以下四类字符中的三类字符：英文大写字母（A～Z）、英文小写字母（a～z）、10 个基本数字（0～9）和非字母字符（例如!、$、#、%）。

扫描二维码，熟悉电子活页中的相关内容。然后根据以上要求设置密码策略，在更改或创建密码时执行复杂性要求。

（1）启用“密码必须符合复杂性要求”。

（2）设置最短密码长度为 6 字符。

（3）设置密码最短使用期限为 100 天。

（4）设置密码最长使用期限为 150 天。

电子活页 2-24

启用密码策略与设置密码规则

【训练 2-15】巧用 Windows 10 组策略

组策略是计算机管理员为计算机和用户定义的、用来控制应用程序、系统设置和管理模板的一种机制。组策略使用更完善的管理组织方法，可以对各种对象的设置进行管理和配置，比手工修改注册表的方法要灵活，功能也更加强大。

扫描二维码，熟悉电子活页中的相关内容。使用 Windows 10 的“组策略”窗口完成以下操作。

（1）隐藏桌面图标。

（2）防止用户使用“添加与删除程序”等操作。

（3）清除“开始”菜单中最近项目列表。

电子活页 2-25

巧用 Windows 10 组策略

【训练 2-16】Windows 10 中备份与还原

在日常使用中都要注意做好系统的备份工作，防止系统崩溃后能得以有效恢复，虽然会丢失部分实时数据，但是这样可以将风险降到最低，提高工作效率。

扫描二维码，熟悉电子活页中的相关内容。在 Windows 10 中完成以下操作。

电子活页 2-26

Windows 10 中备份与还原

（1）对 D 盘的“教学素材”文件夹及其文件进行备份。

（2）恢复备份文件夹“教学素材”及其文件。

【考核评价】

【技能测试】

【测试 2-1】启动应用程序

（1）利用 Windows 10 的“开始”菜单启动“记事本”程序。

（2）利用 Word 文档启动 Word 程序。

（3）利用“运行”对话框启动“计算器”应用程序。

【提示】启动应用程序主要有以下方法。

（1）使用“开始”菜单启动。

打开“开始”菜单，在“开始”菜单中单击所需启动的应用程序，即可启动对应的应用程序。

（2）使用应用程序的快捷方式启动。

（3）通过应用程序的相关文档启动。

先找到与应用程序相关的文档，双击文档即可启动对应的应用程序，并打开该文档。

（4）使用“运行”对话框启动。

右键单击“开始”按钮，在弹出的快捷菜单中选择“运行”命令，即可打开“运行”对话框，在该对话框的“打开”下拉列表框中输入需要启动的应用程序名称，例如“calc”，然后单击“确定”按钮即可启动相应的应用程序“计算器”。

【测试 2-2】Windows 10 桌面操作

（1）选用合适的方式在 Windows 10 的桌面创建“记事本”的快捷方式。

（2）设置桌面图标的查看方式为“中等图标”，并按“名称”进行排列。

（3）在 D 盘自行创建一个文件夹“我的文件”。

（4）利用桌面快捷方式打开“记事本”应用程序，输入励志名言“Practice makes perfect”和“Provide for a rainy day”。然后以“励志名言”为名将文档保存在文件夹“我的文件”中。

（5）首先使用“Print Screen”键或者“Alt+ Print Screen”组合键，将桌面抓屏，然后利用“开始”菜单打开“画图”应用程序，并在“画图”的工具栏中单击“粘贴”选项粘贴桌面图片，然后以“我的桌面.bmp”为名保存在文件夹“我的文件”中。

【测试 2-3】Windows 10 系统环境定制

（1）在桌面上显示“此电脑”和“控制面板”图标。

（2）选择合适的桌面背景，将“开始”菜单和任务栏的颜色设置为喜好的颜色。

（3）系统等待 15 分钟后，自动启动“3D 文字”屏幕保护程序，并显示文字“请不要关机”。

【测试 2-4】文件夹和文件操作

（1）在本机 D 盘的根目录中新建 1 个文件夹“常用软件”，然后在该文件夹内分别建立 2 个子文件夹“附件”和“工具”。

（2）单击“此电脑”→“主页”→“剪贴板”→“复制”和“粘贴”选项将“C:\Windows\System32”文件夹中的 calc.exe、notepad.exe、write.exe、mspaint.exe 4 个文件复制到文件夹“附件”中。

（3）使用快捷菜单命令将“C:\Windows\System32”文件夹中的 xcopy.exe、chkdsk.exe 2 个文件复制到文件夹“工具”中。

（4）将文件夹“附件”中的文件 calc.exe 移动到文件夹“工具”中。

（5）将文件夹“附件”中的文件 notepad.exe 移动到文件夹“工具”中。

（6）使用快捷菜单命令将文件夹“工具”中的文件 notepad.exe 删除，然后再从回收站中还原。

（7）使用窗口菜单命令将文件夹“工具”中的文件 calc.exe 删除，然后再从回收站中还原。

（8）查看与设置文件夹“常用软件”“附件”和“工具”的属性。

（9）查看与设置文件 calc.exe 的属性。

（10）在文件夹“附件”中复制文件 calc.exe，并在同一个文件夹中进行粘贴，然后将被复制的文件重命名为 calc2.exe。

【测试 2-5】搜索文件夹和文件

（1）在 C 盘中搜索名称为“windows”的文件夹和文件。

（2）在 C 盘中搜索扩展名为“exe”的所有文件。

（3）在 C 盘中搜索文件名以“c”开头的所有“exe”文件。

（4）右键单击“开始”按钮，在弹出的“开始”菜单中选择“搜索”选项，打开“搜索”界面，在该界面搜索文本框中输入“calc.exe”，在搜索结果窗格中的“calc.exe”上单击鼠标右键，如图 2-80 所示，在弹出的捷菜单中选择“打开文件所在的位置”选项，打开文件“calc.exe”对应的位置，如图 2-81 所示。

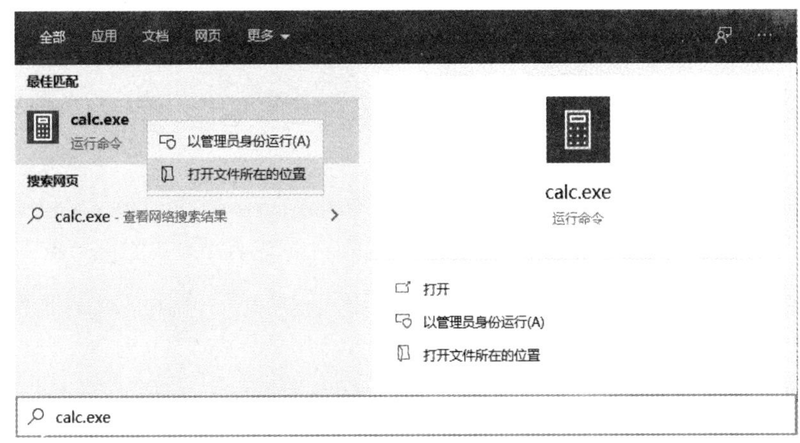

图 2-80　在“搜索”界面搜索“calc.exe”文件

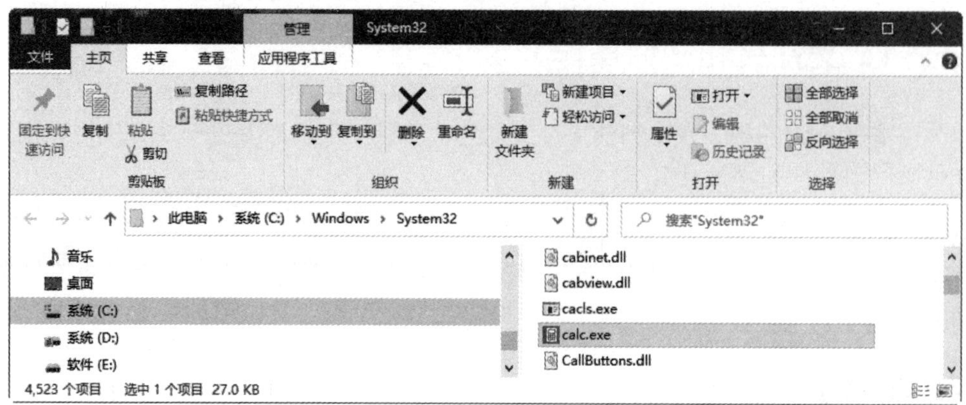

图 2-81　打开“calc.exe”文件所在的文件夹“System32”

【测试 2-6】创建与切换用户

（1）创建一个标准用户“lucky”，并自行选择用户图片。

（2）切换到新创建的用户“lucky”。

（3）尝试删除 Windows 功能，观察标准用户是否可以卸载应用程序。

【在线测试】

扫描二维码，完成本单元的在线测试。

单元3　操作与应用 Word 2016

Word 2016 可以帮助用户创建和共享文档。为 Word 文档设置合适的格式，可使文档具有更加美观的版式效果，方便阅读和理解文档的内容。文本与段落是构成文档的基本框架，对文本和段落的格式进行适当的设置，可以编排出段落层次清晰、可读性强的文档。

【在线学习】

3.1　初识 Word 2016

Word 界面友好、功能全面、操作方便、可扩展性强，是一款实用的文字处理软件。

3.1.1　Word 的主要功能与特点

Word 的主要功能与特点可以概括为如下几点：

（1）所见即所得。

（2）直观的操作界面。

（3）多媒体混排。

（4）强大的制表功能。

（5）自动检查与自动更正功能。

（6）模板与向导功能。

（7）丰富的帮助功能。

（8）Web 工具支持。

（9）超强的兼容性。

（10）强大的打印功能。

电子活页 3-1

Word 的主要功能与特点

扫描二维码，熟悉电子活页中的相关内容，了解有关“Word 的主要功能与特点”的详细介绍。

3.1.2　Word 2016 窗口的基本组成及其主要功能

1．Word 2016 窗口的基本组成

Word 2016 启动成功后，屏幕上出现 Word 2016 窗口，该窗口主要由标题栏、快速访问工具栏、功能区、导航、文本编辑区、滚动条、状态栏等元素组成，如图 3-1 所示。

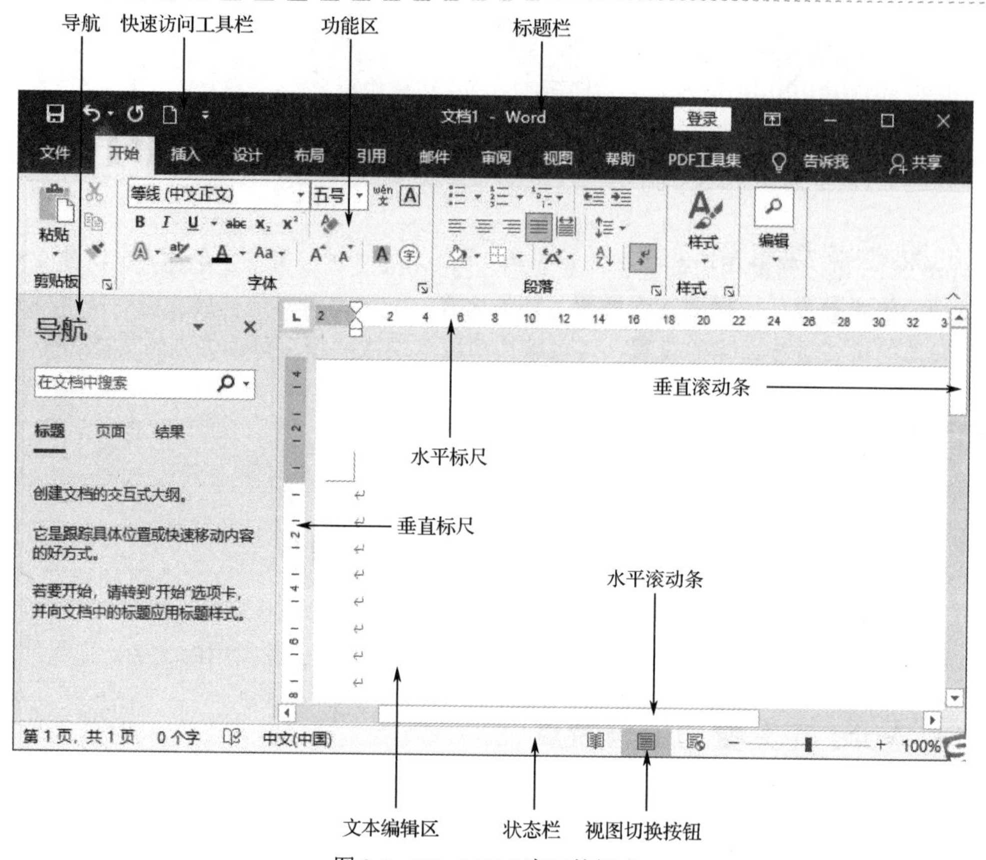

图 3-1　Word 2016 窗口的组成

2．Word 2016 窗口组成元素的主要功能

扫描二维码，熟悉电子活页中的相关内容，熟悉 Word 2016 窗口组成元素的主要功能。

3.1.3　Word 2016 的视图模式

Word 2016 提供了 5 种视图模式供用户选择，包括“阅读视图”“页面视图”“Web 版式视图”“大纲视图”和“草稿视图”。可以通过“视图”功能区按钮或者“状态栏”的视图切换按钮进行视图切换操作。

扫描二维码，熟悉电子活页中的相关内容，熟悉 Word 2016 的 5 种视图模式的特点与功用。

3.2　认知键盘与熟悉字符输入

通过向计算机中输入中英文字符，人们可在计算机中进行编辑文档、制作表格、处理数据等操作。在使用计算机时，经常用到文字输入这一功能。中英文输入是熟练操作计算机的必备技能，也是一项不能被完全替代的重要技能。

在进行中英文输入时，选择一款合适的输入法，可以让文字输入过程变得更加轻松自如，也可极大地提高中英文输入速度。不同国家或地区有着不同的语言，其输入法自然有所不同。针对中文的输入，其输入法可分为音码输入法、形码输入法和音形码输入法等，常用的中文输入法有拼音输入法和五笔字输入法。只有熟练掌握了中文输入法，才能得心应手地完成汉字输入操作。

3.2.1 熟悉键盘布局

键盘是常用的输入设备，也是常见的文字输入工具之一，英文、汉字、数字、程序等外界信息主要通过键盘输入，因此，熟悉键盘的组成、掌握正确的指法至关重要。

电子活页 3-4

键盘布局

扫描二维码，熟悉电子活页中的相关内容，熟悉键盘布局。

3.2.2 熟悉基准键位与手指分工

无论是输入英文字母还是汉字，都需要通过键盘中的字母键进行输入，但是键盘中的字母键分布并不均匀，如何才能让手指在键盘上有条不紊地进行输入操作，从而使输入速度达到最快呢？人们将 26 个英文字母键、数字键和常用的符号键分配给不同的手指，让不同的手指负责不同的按键，从而实现快速输入。

扫描二维码，熟悉电子活页中的相关内容，熟悉基准键位与手指分工。

3.2.3 掌握正确的打字姿势

掌握了键位与指法分工后，就可以开始练习输入了。要想既能快速地输入（通常称为“打字”），又使自己不感觉到疲倦，则需要掌握正确的打字姿势和击键要领。

我们进行文字输入时必须养成良好的打字姿势，如果打字姿势不正确，不仅会影响文字的输入速度，还会增加工作疲劳感，造成视力下降和腰背酸痛。养成良好的打字姿势，应注意以下几点：

（1）身体坐正，全身放松，双手自然放在键盘上，腰部挺直，上身微前倾。身体与键盘的距离大约为 20cm。

（2）眼睛与显示器屏幕的距离约为 30～40cm，且显示器的中心应与水平视线保持 15°～20° 的夹角。另外，不要长时间盯着屏幕，以免损伤眼睛。

（3）两脚自然平放于地，无悬空，大腿自然平直，小腿与大腿之间的角度近似 90°。

（4）座椅的高度应与计算机键盘、显示器的放置高度相适应。一般以双手自然垂放在键盘上时肘关节略高于手腕为宜。击键的速度来自手腕，所以手腕要下垂，不可弓起。

（5）输入文字时，文稿应置于电脑桌的左边，便于观看。

正确的打字姿势示意图如图 3-2 所示。

图 3-2　正确的打字姿势示意图

3.2.4 掌握正确击键方法

扫描二维码，熟悉电子活页中的相关内容，掌握正确的击键方法。

1. 敲击键盘时的注意事项
2. 字母键的击键要点
3. 空格键的击键要点
4. 回车键的击键要点
5. 控制键的击键要点
6. 功能键和编辑键的击键要点

3.2.5 切换输入法

1. 中文与英文输入法切换

（1）按“Ctrl+Space”组合键，可以在中文和英文输入法之间进行切换。

（2）按一下“Caps Lock”键，键盘右上角的“Caps Lock”指示灯亮，表示此时可以输入大写英文字母。

2. 输入法切换

按“Ctrl+Shift”组合键，可以在英文及各种中文输入法之间进行切换。

3. 全角与半角切换

中文输入法选定后，屏幕上会出现一个所选输入法的状态条，如图 3-3 所示为半角英文标点的输入状态，如图 3-4 所示为全角中文标点的输入状态。在全角输入状态下，输入的字母、数字和符号各占据一个汉字的位置，即 2 个字节的大小；而在半角输入状态下，输入的字母、数字和符号只占半个汉字的位置，即 1 个字节的大小。单击输入法状态条中的按钮，当其变为按钮时，即切换到全角输入状态，如图 3-4 所示。

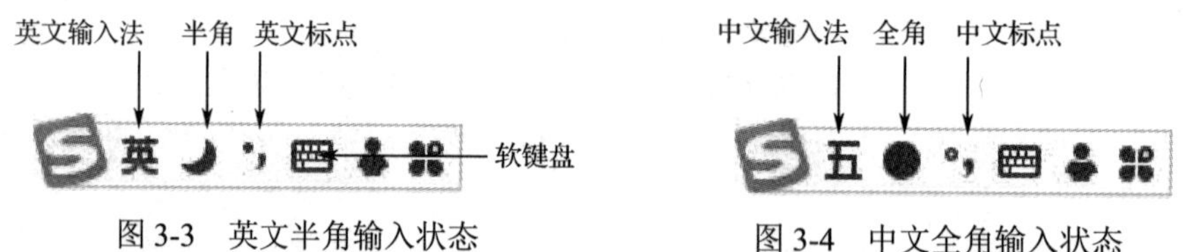

图 3-3　英文半角输入状态　　图 3-4　中文全角输入状态

4. 中文与英文标点符号切换

中文标点输入状态用于输入中文标点符号，而英文标点输入状态则用于输入英文标点符号。单击输入法状态条中的按钮，当其变为按钮时，表示可输入英文标点符号。在不同的输入状态下，中文标点符号和英文标点符号区别很大。例如，输入句号，在中文标点状态下输入为“。”，在英文标点状态下输入则为“.”。

5. 使用软键盘

通过输入法状态条还可以输入键盘无法输入的某些特殊字符，特殊符号可以通过软键盘输入。默认情况下，系统并不会打开软键盘，单击输入法状态条中的按钮，系统将自动打开默认的软键盘，如图 3-5 所示。再次单击按钮，即可关闭软键盘。

在打开的软键盘中，通过与键盘上相对应的按钮，或单击软键盘上要输入的按钮，即可输入软键盘中对应的字符。

在软件法的⌨按钮上单击鼠标右键，弹出快捷菜单，该快捷菜单包括 PC 键盘、希腊字母、俄文字母、注音符号、拼音字母、日文平假名、日文片假名、标点符号、数字序号、数字符号、制表符、中文数字和特殊符号等 13 种软键盘类型。在弹出的快捷菜单中可选择不同类型的软键盘，如图 3-6 所示。单击选择一种类型后，系统将自动打开对应的软键盘。

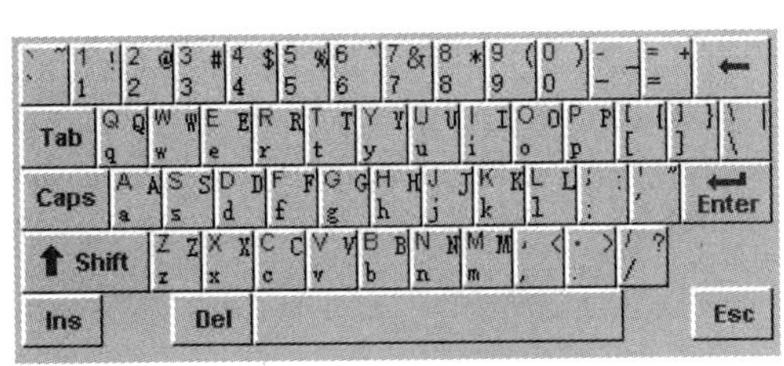

图 3-5　软键盘的默认状态

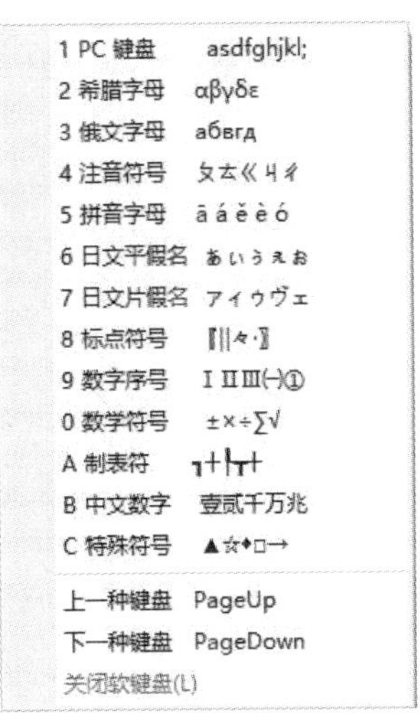

图 3-6　在快捷菜单中选择不同类型的软键盘

3.2.6　正确输入英文字母

切换到英文输入状态，按照正确的击键方法直接输入小写英文字母即可。如果需要输入大写英文字母，按一下“Caps Lock”键，键盘右上角的“Caps Lock”指示灯亮，此时可以输入大写英文字母。

在输入小写英文字母状态或者输入汉字状态下，按住“Shift”键的同时按字母键，则输入的字母为大写字母。

3.2.7　正确输入中英文标点符号

在英文输入法状态下，所有的标点符号与键盘一一对应，输入的标点符号为半角标点符号。但在中文中一般需要输入的是全角标点符号，即中文标点符号，需切换到全角标点符号状态才能输入中文标点符号。大部分的中文标点符号与英文标点符号为同一个键位，有少数标点符号特殊一些，如省略号（……）应按“Shift+6”组合键，破折号（——）应按“Shift+-”组合键。

注意：输入英文句子或文章时，应输入半角标点符号。

3.3　认知 Word 2016 的“邮件合并”

邮件合并具有很强的实用性。实际工作中经常需要快速制作邀请函、名片卡、通知、请柬、信件封面、函件、准考证、成绩单等文档，这些文档中的主要文本内容和格式基本相同，只是部分数据有变化，为了减少重复劳动，Word 提供了邮件合并功能，有效地解决了这一问题。

在批量制作格式相同，只修改少数相关内容，其他内容不变的文档时，可以灵活运用 Word 的邮件合并功能，不仅操作简便，而且还可以设置各种格式和打印效果，可以满足不同需求。

3.3.1 初识“邮件合并”

什么是“邮件合并”呢？为什么要在“合并”前加上“邮件”一词呢？其实“邮件合并”这个名称最初是在批量处理“邮件文档”时提出的。具体地说就是在邮件文档（主文档）的固定内容中，合并与发送信息相关的一组通信地址资料（数据源有 Excel 表、Access 数据表等），从而批量生成需要的邮件文档，因此可大大提高工作效率，“邮件合并”因此而得名。

显然，“邮件合并”功能除了可以批量处理信函、信封等与邮件相关的文档，还可以轻松地批量制作标签、工资条、成绩单等。

通过分析一些用“邮件合并”功能完成的任务可知，邮件合并功能一般在以下情况下使用：一是需要制作的文档数量比较大；二是这些文档内容分为固定不变的内容和变化的内容，如信封上的寄信人地址和邮编、信函中的落款等，这些都是固定不变的内容；而收信人的姓名、称谓、地址、邮编等就属于变化的内容。其中，变化的部分由数据表中含有标题行的数据记录表示，通常存储在 Excel 工作表中或数据库的数据表中。

什么是含有标题行的数据记录表呢？通常是指这样的数据表：它由字段列和记录行构成，字段列规定该列存储的信息，每条记录行存储着一个对象的相应信息。例如，“客户信息”表中包含“客户姓名”字段，每条记录则存储着每个客户的相应信息。

3.3.2 熟悉邮件合并主要过程

理解了邮件合并的基本过程，就抓住了邮件合并的“纲”，以后就可以有条不紊地运用邮件合并功能解决实际问题了。

（1）建立主文档。“主文档”就是固定不变的主体内容，如信函中的落款对每个收信人都是不变的内容。使用邮件合并功能之前先建立主文档是一个很好的习惯。一方面，可以考查预想的工作是否适合使用邮件合并；另一方面，主文档的建立为数据源的建立或选择提供了标准和思路。

（2）准备好数据源。数据源就是含有标题行的数据记录表，其中包含着相关的字段和记录内容。数据源表格可以是 Word、Excel、Access 或 Outlook 中的联系人记录表。

在实际工作中，数据源通常是现成的，例如，你要制作大量客户信封，多数情况下，客户信息可能早已制成了 Excel 表格，其中含有制作信封需要的“姓名”“地址”“邮政编码”等字段。在这种情况下，直接拿过来使用而不必重新制作。如果没有现成的数据源，则要根据主文档对数据源的要求，使用 Word、Excel、Access 建立数据源。实际工作时，常常使用 Excel 进行数据源的制作。

（3）把数据源合并到主文档中。前面两件事情都做好之后，就可以将数据源中的相应字段合并到主文档的固定内容之中了，数据源表格中的记录行数决定了主文件生成的份数。

可利用如图 3-7 所示的“邮件”选项卡中各项命令完成邮件合并的相关操作。

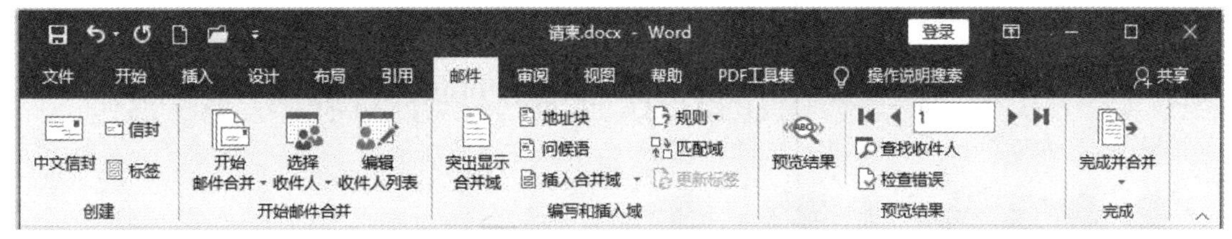

图 3-7　Word 的“邮件”选项卡

【单项操作】

3.4　Word 2016 基本操作

Word 2016 基本操作主要包括创建新文档、保存文档、关闭文档、打开文档等。

【操作 3-1】启动与退出 Word 2016

扫描二维码，熟悉电子活页中的相关内容，选择合适方法完成以下各项操作：

操作 1：使用 Windows 10 的“开始”菜单启动 Word 2016。

操作 2：单击 Word 窗口标题栏右上角的关闭按钮×退出 Word 2016。

操作 3：双击 Windows 10 桌面的快捷图标启动 Word 2016。

操作 4：利用 Word 标题栏左上角的控制菜单退出 Word 2016。

【操作 3-2】Word 文档基本操作

扫描二维码，熟悉电子活页中的相关内容，选择合适方法完成以下各项操作：

操作 1：创建新 Word 文档。

启动 Word 2016，然后创建一个新 Word 文档。

操作 2：保存 Word 文档。

在新创建的 Word 文档中输入短句“Tomorrow will be better”，然后将新创建的 Word 文档以名称“Word 文档基本操作.docx”予以保存，保存位置为“单元 3”文件夹。

操作 3：关闭 Word 文档。

将 Word 文档“Word 文档基本操作.docx”关闭。

操作 4：打开 Word 文档。

重新打开 Word 文档“Word 文档基本操作.docx”，另存为“Word 文档基本操作 2.docx”，然后退出 Word 2016。

3.5 在 Word 2016 中输入与编辑文本

对于 Word 文档而言，文本的输入与编辑是最基本的操作，在编辑过程中不可避免地会遇到各种问题。本节主要介绍如何输入与编辑文本。

3.5.1 输入文本

Word 的文本编辑区有两种常见的标识：文本插入点标识和段落标识，如图 3-8 所示。

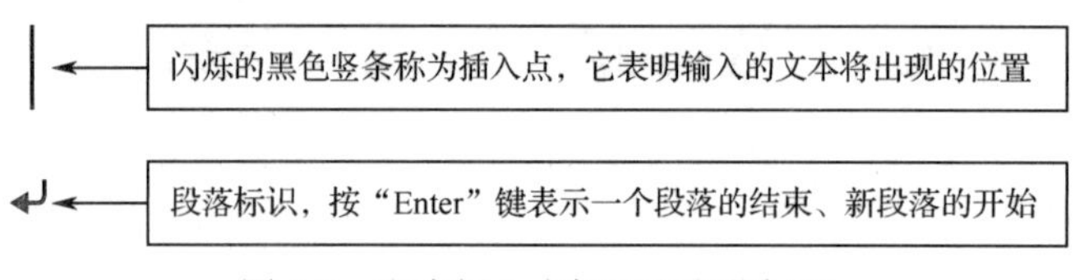

图 3-8 文本插入点标识和段落标识

【操作 3-3】在 Word 文档中输入文本

扫描二维码，熟悉电子活页中的相关内容。打开 Word 应用程序，输入以下文本内容定，然后以“文本输入.docx”为文档名称进行保存操作。

电子活页 3-9

在 Word 文档中输入文本

操作 1：输入英文和汉字。

（1）切换输入法。输入英语要切换到英语输入状态，输入汉字则切换到中文输入状态。

（2）定位插入点。

（3）输入文本内容。

姓名：丁一
邮编：410007
电话：1520733****（手机）　0731-2244****（宅电）
E-mail：dingyi@163.com

操作 2：输入特殊符号。

①‖　〖〗　【】　|
②Ⅰ　Ⅱ　Ⅲ　Ⅳ　Ⅴ　Ⅵ　Ⅶ　Ⅷ　Ⅸ　Ⅹ　Ⅺ　Ⅻ
③≈　≡　≠　≤　≥　≮　≯　∷　±
④零　壹　贰　叁　肆　伍　陆　柒　捌　玖　拾
⑤☆　★　※　→　←　↑　↓　○　◇　□　△
⑥α　β　γ　δ　ε　ζ　η　θ　λ　μ

操作 3：插入日期和时间。

2035.10.1，1949.10.1

操作 4：插入文件内容。

Practice makes perfect，熟能生巧

Provide for a rainy day，未雨绸缪

3.5.2 编辑文本

输入和编辑 Word 文档时要经常使用插入、定位、选定、复制、删除、撤销和恢复等操作对文本内容进行编辑和修改。

【操作 3-4】在 Word 文档中编辑文本

扫描二维码，熟悉电子活页中的相关内容，试用与掌握电子活页中介绍的各种编辑文本操作方法。打开 Word 文档“品经典诗词、悟人生哲理.docx”，完成以下各项操作。

操作 1：移动插入点。

将光标置于文档中的合适位置，使用多种方法移动光标插入点。

操作 2：定位操作。

定位至第 6 行。

操作 3：选定文本。

将光标置于文档中的合适位置，使用多种操作方法选择文本内容。

操作 4：复制与移动文本。

使用各种复制和移动文本内容的方法进行复制或移动文本操作。复制和移动文本内容完成后，执行撤销操作。

操作 5：删除文本。

使用“BackSpace”键和“Delete”键删除文档中的字符，然后执行撤销操作。

3.5.3 设置项目符号与编号

在 Word 文档中，为了突出某些重点内容或并列表示某些内容，会使用一些诸如“●”“■”“◆”“✓”“➢”“✧”“☑”等特殊符号加以表示，这样使得对应的内容更加醒目，便于阅读者浏览。Word 中使用编号和项目符号实现这一功能。

在 Word 文档中设置项目符号与编号时，可以先插入项目符号或编号，然后输入对应的文本内容；也可以先输入文本内容，然后添加相应的项目符号或编号。

【操作 3-5】在 Word 文档中设置项目符号与编号

扫描二维码，熟悉电子活页中的相关内容，试用与掌握电子活页中介绍的各种设置项目符号与编号的操作方法。打开 Word 文档“五四青年节活动方案提纲.docx”，完成以下操作。

操作 1：在 Word 文档中设置项目符号。

将文档“五四青年节活动方案提纲.docx”中“三、活动内容”的以下内容设置添加项目符号“✧”。

青春的纪念
青春的关爱
青春的传承
青春的风采

操作 2：在 Word 文档中设置编号。

将文档“五四青年节活动方案提纲.docx”中“五、活动要求”的以下内容设置添加编号，编号格式自行确定。

高度重视，精心组织
突出主题，体现特色
加强宣传，营造氛围

3.5.4 查找与替换文本

使用 Word 的查找与替换功能，可以在文档中查找或替换特定内容，除了普通文字，还可以查找或替换特殊字符，如段落标记，手动换行符、图形等。

【操作 3-6】在 Word 文档中查找与替换文本

扫描二维码，熟悉电子活页中的相关内容。打开 Word 文档“五四青年节活动方案提纲.docx”，试用与掌握电子活页中介绍的各种查找与替换文本的操作方法，完成以下操作。

操作 1：常规查找。

在 Word 文档中查找“青春”。

电子活页 3-12

在 Word 文档中查找与替换文本

操作 2：高级查找。

（1）查找一般内容。在 Word 文档中查找“明德学院”。

（2）查找特殊字符。在 Word 文档中查找段落标记。

（3）查找带格式文本。先设置文本格式，然后查找带格式的文本。

（4）限定搜索范围。自行指定搜索范围，然后进行查找操作。

（5）限定搜索选项。自行指定搜索选项，然后进行查找操作。

操作 3：替换操作。

（1）将“六、活动预期效果”替换为“六、预期效果”。

（2）将文档中的段落标记替换为手动换行符，然后再将手动换行符修改为段落标记。

3.6 Word 2016 格式设置

Word 文档的格式设置是指对文档中的文字进行字体、字号、段落对齐、缩进等各种修饰，另外还可以为文档设置边框、底纹，使文档变得美观和规范。

3.6.1 设置字体格式

文档中的字符是指汉字、标点符号、数字和英文字母等，字符格式包括字体、字形、字号（大小）、颜色、下画线、着重号、字符间距、效果（删除线、双删除线、下标、上标）等。

字符格式设置的有效范围如下：

（1）对于先定位插入点再进行格式设置的情况，所进行的格式设置对插入点后新输入的文本有效，直到出现新的格式设置为止。

（2）对于先选中文本内容，再进行格式设置的情况，所进行的格式设置只对所选中的文本有效。

（3）对于同一文本内容设置新的格式后，原有格式自动取消。

【操作 3-7】在 Word 文档中设置字体格式

扫描二维码，熟悉电子活页中的相关内容，试用与掌握电子活页中介绍的各种设置字体格式的操作方法。

电子活页 3-13

在 Word 文档中设置字体格式

（1）利用 Word“开始”选项卡“字体”组的命令按钮设置字符格式。

（2）利用 Word 的“字体”对话框设置字符格式。

（3）利用 Word 格式刷快速设置字符格式。

打开文件夹“单元 3”中的 Word 文档“自我鉴定 1.docx”，按照以下要求完成相应的操作：

（1）第 1 行（标题行）字体设置为黑体，字号设置为二号。

（2）正文第 1 段字体设置为楷体，字号设置为四号，字体颜色设置为红色，下画线线型选用单细实线，下画线颜色设置为绿色。

（3）正文第 2 段字体设置为隶书，字号设置为四号，字体颜色设置为蓝色。

（4）正文第 3 段字体设置为宋体，字号设置为小四号，字形设置为倾斜，字符间距为加宽 2 磅。

（5）正文第 4 段字体设置为仿宋，字号设置为小四号，添加着重号。

（6）正文第 5 段字体设置为华文行楷，字号设置为三号，字形设置为加粗。

（7）正文第 6 段字体设置为黑体，字号设置为四号。

3.6.2 设置段落格式

段落格式设置包括段落的对齐方式、大纲级别、首行缩进、悬挂缩进、左缩进、右缩进、段前间距、段后间距、行间距、换行、分页格式和中文版式等内容。

段落格式设置的有效范围如下：

（1）设置段落格式时，可以先定位插入点，再进行格式设置，所进行的格式设置对插入点之后新输入的段落有效，并会沿用到下一段落，直到出现新的格式设置为止。

（2）对于已经输入的段落，将插入点置于段落内的任意位置（无须选中整个段落），再进行格式设置，所进行的格式设置对当前段落（光标所在段落）有效。

（3）若对多个段落设置相同的格式，应先按住“Ctrl”键选中多个段落，然后再设置这些段落的格式。

设置段落的新格式将会取代该段落原有的旧格式。

【操作 3-8】在 Word 文档中设置段落格式

扫描二维码，熟悉电子活页中的相关内容，试用与掌握电子活页中介绍的各种设置段落格式的操作方法。

（1）利用“格式”工具栏设置段落格式。

（2）利用“段落”对话框设置段落格式。

（3）利用格式刷快速设置段落格式。

（4）利用水平标尺设置段落缩进。

打开文件夹“单元 3”中的 Word 文档“自我鉴定 1.docx”，按照以下要求完成相应的操作：

（1）设置第 1 行（标题行）居中对齐，鉴定人签名行和日期行右对齐，其他各行两端对齐、首行缩进 2 字符。

（2）设置第 1 行（标题行）段前间距为 6 磅，段后间距为 0.5 行。

（3）设置正文第 1 段的行距为 1.5 倍行距。

（4）设置正文第 2 段的行距为 2 倍行距。

（5）设置正文第 3 段的行距为最小值，设置值为 24 磅。

（6）设置正文第 4 段的行距为固定值，设置值为 20 磅。

（7）设置正文最后两段（鉴定人签名行和日期行）的行距为多倍行距，设置值为 2.5。

3.6.3 应用样式设置文档格式

在一篇 Word 文档中，为了确保格式的一致性，会将同一种格式重复用于文档的多处。例如，文档的章节标题采用黑体、三号、居中，段前间距 0.5 行、段后间距 0.5 行，为了避免每次输入章节标题时都重复同样的操作来设置格式，可以将这些格式设置加以命名，Word 中将这些命名的格式组合称为样式，可以直接使用这些命名的样式进行格式设置。系统提供了一些默认样式供使用，用户也可以根据需要自行定义所需的样式。

【操作 3-9】在 Word 文档中应用样式设置文档格式

扫描二维码，熟悉电子活页中的相关内容，试用与掌握电子活页中介绍的各种应用样式设置文档格式的操作方法。打开文件夹“单元 3”中的 Word 文档“关于暑假放假及秋季开学时间的通知.docx”，完成以下操作。

操作 1：定义样式。

（1）通知标题：字体为宋体，字号为小二号，字形为加粗，居中对齐，行距为最小值 28 磅，段前间距为 1 行，段后间距为 1 行，大纲级别为 1 级，不对齐网格，自动更新。

（2）通知小标题：字体为仿宋，字号为小三号，字形为加粗，首行缩进 2 字符，大纲级别为 2 级，行距为固定值 28 磅，自动更新。

（3）通知称呼：字体为仿宋，字号为小三号，行距为固定值 28 磅，大纲级别为正文文本，定义网格不调整右缩进，不对齐网格，自动更新。

（4）通知正文：字体为仿宋，字号为小三号，首行缩进 2 字符，行距为固定值 28 磅，大纲级别为正文文本，自动更新。

（5）通知署名：字体为仿宋，字号为三号，行距为 1.5 倍行距，右对齐，大纲级别为正文文本，定义网格不调整右缩进，不对齐网格，自动更新。

（6）通知日期：字体为仿宋，字号为小三号，行距为 1.5 倍行距，右对齐，大纲级别为正文文本，定义网格不调整右缩进，不对齐网格，自动更新。

操作 2：修改样式。

对定义的部分样式进行修改。

操作 3：应用样式。

（1）通知标题应用样式“通知标题”，通知小标题应用样式“通知小标题”。

（2）通知称呼应用样式“通知称呼”，通知正文应用样式“通知正文”。

（3）通知署名应用样式“通知署名”，通知日期应用样式“通知日期”。

操作 4：保存样式定义及文档的格式设置。

3.6.4 创建与应用模板

Word 模板是包括多种预设的文档格式、图形以及排版信息的文档，其扩展名为“.dotx”。Word 中系统的默认模板名称是“Normal.dotm”，其存放文件夹为“Templates”。创建文档模板的常用方法包括根据原有文档创建模板、根据原有模板创建新模板和直接创建新模板。

【操作 3-10】在 Word 文档中创建与应用模板

扫描二维码，熟悉电子活页中的相关内容，试用与掌握电子活页中介绍的创建与应用模板的操作方法，然后完成以下操作。

操作 1：创建新模板。

利用文件夹“单元 3”中的 Word 文档“通知.docx”创建模板“通知.dotx”，且保存在同一文件夹。

操作 2：打开文档与加载自定义模板。

打开文件夹“单元 3”中的 Word 文档“关于‘五一’国际劳动节放假的通知.docx”，然后套用模板“通知.dotx”，且利用模板“通知.dotx”中的样式分别设置通知标题、称呼、正文、署名和日期的格式。

3.7 Word 2016 页面设置与文档打印

页面设置主要包括页边距、纸张、版式、文档网格等方面的版面设置。页边距是指页面中文本四周距纸张边缘的距离，包括左、右边距和上、下边距。页边距可以通过“页面设置”对话框或标尺进行调整。

正式打印 Word 文档之前，可以利用“打印预览”功能预览文档的外观效果，如果不满意，可以重新编辑修改，直到满意后再进行打印。

3.7.1 文档内容分页与分节

1. 分页

当文档内容满一页时，Word 将自动插入一个分页符并生成新页。如果需要将同一页的文档内容分别放置在不同页中，可以通过插入分页符的方法来实现，具体操作方法如下：

（1）将光标移动到需要分页的位置。

（2）在“布局”选项卡“页面设置”组中单击“分隔符”按钮，在弹出的下拉菜单中选择“分页符”命令，即可插入一个分页符实现分页操作，如图 3-9 所示。

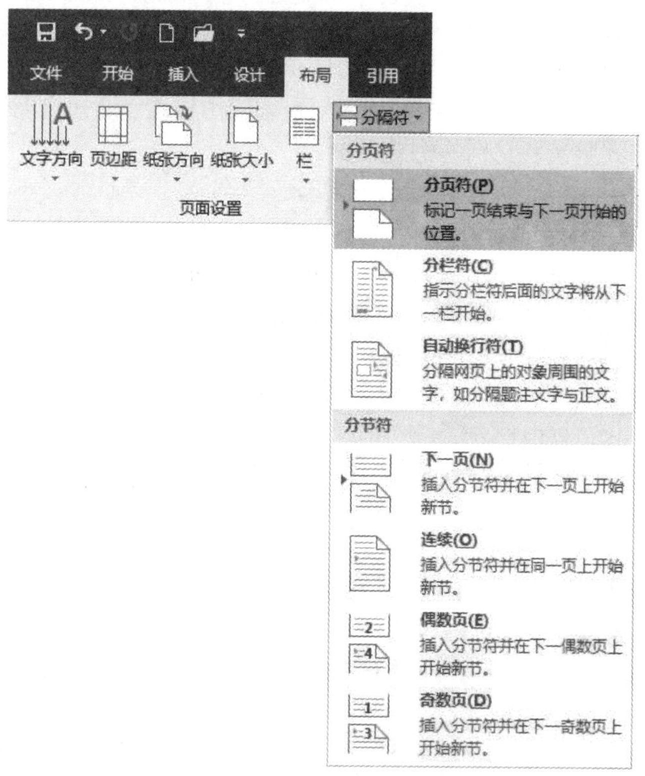

图 3-9 “分隔符”下拉列表

此时如果切换到“页面视图”方式，则会出现一个新页面；如果切换到“草稿”视图方式，则会出现一条贯穿页面的虚线。

【提示】在“插入”选项卡“页面”组中直接单击“分页”按钮，也可以插入分页符。

如果要删除分页符，只需将插入点置于分页符之前按“Delete”键即可。如果需要删除文档中多个分页符，可以使用“替换”功能实现。

【提示】按“Ctrl+Enter”组合键，也可以插入分页符。

2. 分节

“节”是文档格式设置的基本单位，Word 文档系统默认整个文档为一节。在同一节内，文档各页的页面格式完全相同。Word 中一个文档可以分为多个节，根据需要可以为每节都设置各自的格式，且不会影响其他节的格式设置。

Word 文档中可以使用“分节符”将文档进行分节，然后以节为单位设置不同的页眉或页脚。

在如图 3-9 所示的“分隔符”列表中选择一种合适的分节符类型进行分节操作。

（1）“下一页”：在插入分节符的位置进行分页，下一节从下一页开始。

（2）“连续”：分节后，同一页中下一节的内容紧接上一节的节尾。

（3）“偶数页”：在下一个偶数页开始新的一节，如果分节符在偶数页上，则 Word 会空出下一个奇数页。

（4）“奇数页”：在下一个奇数页开始新的一节，如果分节符在奇数页上，则 Word 会空出下一个偶数页。

如果要删除分节，只需将插入点置于分节符之前按“Delete”键即可。如果需要删除文档中多个分节符，可以使用“替换”功能实现。

3.7.2 设置页面边框

在页面四周可以添加边框，添加页面边框的方法如下。

在打开的“边框和底纹”对话框中切换到“页面边框”选项卡，如图 3-10 所示。在“边框和底纹”对话框的“页面边框”选项卡中，可以选择边框类型、样式、颜色、宽度和艺术型等。还可以单击“选项”按钮，在打开的“边框和底纹选项”对话框中设置边距和边框选项等，如图 3-11 所示。

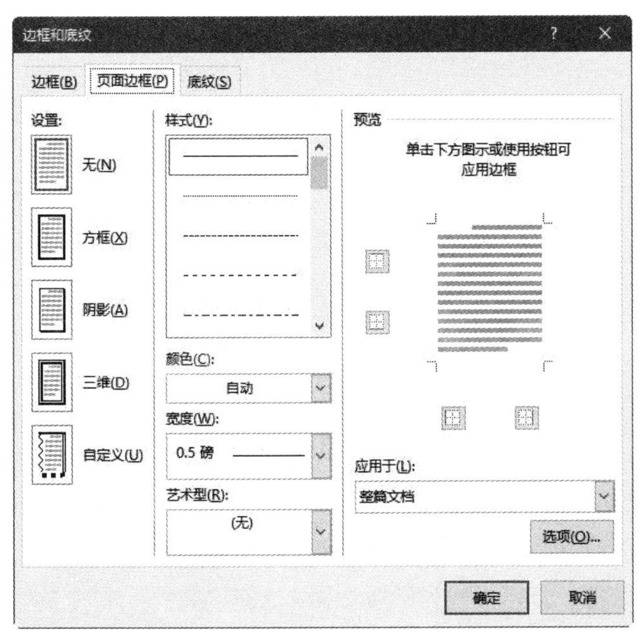

图 3-10 “边框和底纹”对话框的“页面边框”选项卡

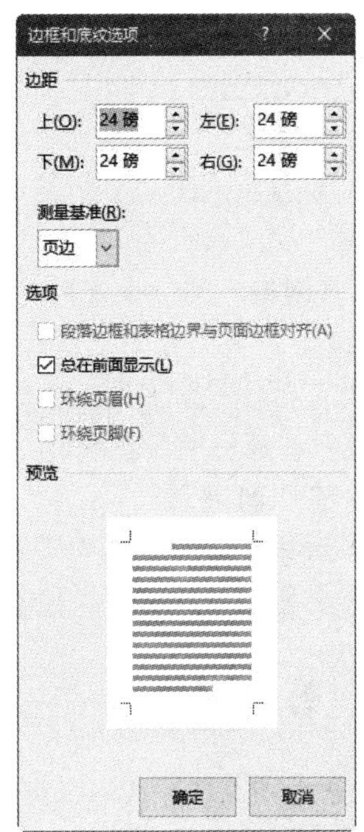

图 3-11 “边框和底纹选项”对话框

页面边框的格式设置完成后，单击“确定”按钮即可。

3.7.3 页面设置

1. 设置页边距
2. 设置纸张
3. 设置布局
4. 设置文档网格

3.7.4 设置页眉与页脚

1. 插入页眉和页脚
2. 设置页眉和页脚的格式

3.7.5 插入与设置页码

1. 插入页码
2. 设置页码格式

【操作 3-11】Word 文档页面设置与效果预览

打开文件夹“单元 3”中的 Word 文档“第 1 章数学计算应用程序设计.docx”，按照以下要求完成相应的操作：

（1）设置上、下边距为 3 厘米，左、右边距为 3.27 厘米，方向为“纵向”。

（2）设置页眉距边界距离为 2 厘米，页脚距边界距离为 2.75 厘米，设置页眉和页脚“奇偶页不同”和“首页不同”。

（3）“网格”类型设置为“指定行和字符网格”，每行 39 个字符，跨度为 10.5 磅；每页 43 行，跨度为 15.6 磅。

（4）首页不显示页眉，偶数页的页眉为“Windows 应用程序设计”，奇数页的页眉为“第 1 章　数学计算应用程序设计”。

（5）在页脚插入页码，页码居中对齐，首页不显示页码，起始页码为 1。

（6）分别以“单页”和“双页”两种方式预览文档。

（7）分别以“100%”“200%”和“60%”三种不同的显示比例预览文档。

3.7.6 打印文档

Word 文档设置完成后，可以在打印纸上打印输出为纸质文稿。选择“文件”选项卡中的“打印”命令，显示如图 3-12 所示的“打印”界面，在该界面可以进行如下设置。

（1）设置打印份数。在“份数”数字框中输入或改变数字，设置打印文稿的份数。

（2）设置打印文稿范围。在“打印”界面的设置区域选择需要打印文稿的范围，包括所有页、选定区域、当前页面和自定义打印范围等选项，如图 3-13 所示。页码范围可以指定连续的页码范围，也可以指定不连续的页码范围。

图 3-12 “打印”界面

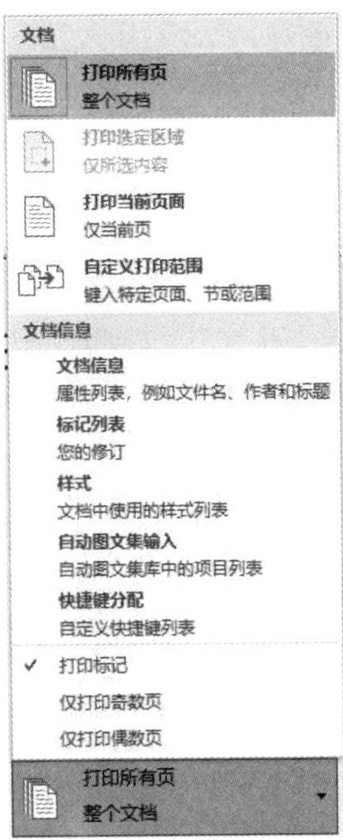

图 3-13 设置需要打印文稿的范围

（3）设置打印方式。如果打印全部页面，则选择“打印所有页”；如果只打印偶数页，则选择“仅打印偶数页”；如果只打印奇数页，则选择“仅打印奇数页”。

在“打印”对话框中还可以设置每页的页数等选项，这里不再一一说明，请参考 Word 的帮助文档。

打印机接通后，在“打印”界面中单击“确定”按钮，即可开始打印。

3.8 Word 2016 表格制作与数值计算

Word 中使用表格可以将文档内容加以分类，使内容表达更加准确、清晰和有条理。表格由多行和多列组成，水平的称为行，垂直的称为列，行与列的交叉形成表格单元格，在表格单元格中可以输入文字和插入图片。

3.8.1 创建表格

1. 使用“插入”选项卡中的“表格”按钮快速插入表格

2. 使用“插入表格”对话框插入表格

【操作 3-12】在 Word 文档中创建表格

扫描二维码，熟悉电子活页中的相关内容，试用与掌握电子活页中介绍的创建表格的操作方法，然后完成以下操作。

操作 1：使用“插入”选项卡中的“表格”按钮快速插入表格。

打开 Word 文档“学生花名册.docx”，使用“插入”选项卡中的“表格”按钮快速插入表格的方法，在表格标题“学生花名册”下一行插入 1 张 6 行 4 列的表格，表格中第一行为表格标题行，各列的标题分别为“序号”“姓名”“性别”“出生日期”。

操作 2：使用“插入表格”对话框插入表格。

打开 Word 文档“课程成绩汇总.docx”，使用“插入表格”对话框插入表格的方法，在表格标题“课程成绩汇总”下一行插入 1 张 10 行 5 列的表格，表格中第一行为表格标题行，各列的标题分别为“序号”“姓名”“课程 1 成绩”“课程 2 成绩”“平均成绩”。

3.8.2 绘制与擦除表格线

1. 绘制表格线

在“插入”选项卡的“表格”下拉菜单中选择“绘制表格”命令，移动鼠标指针定位于需要绘制表格线的位置，如第 5 列，鼠标指针变为铅笔的形状✎，按下鼠标左键并拖动鼠标，在表格内绘制表格线，如图 3-14 所示。拖动鼠标指针至合适位置，松开鼠标左键，表格线便绘制完成。然后再次单击“绘制表格”命令，返回文档编辑状态。

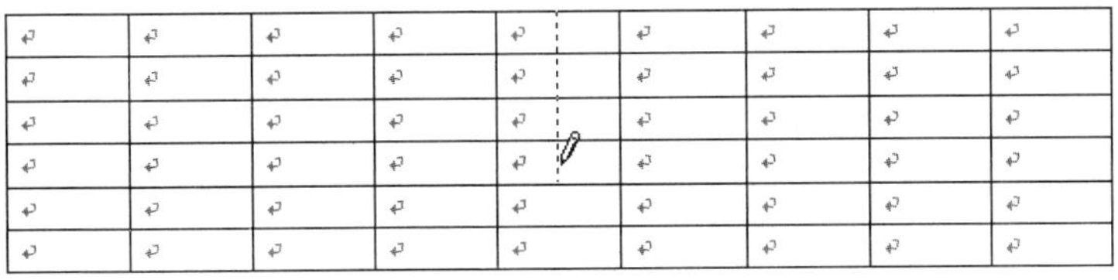

图 3-14　绘制纵向表格线

2．擦除表格线

将光标置于表格中，自动显示“表格工具—设计”选项卡，如图 3-15 所示。“表格工具—布局”选项卡如图 3-16 所示。

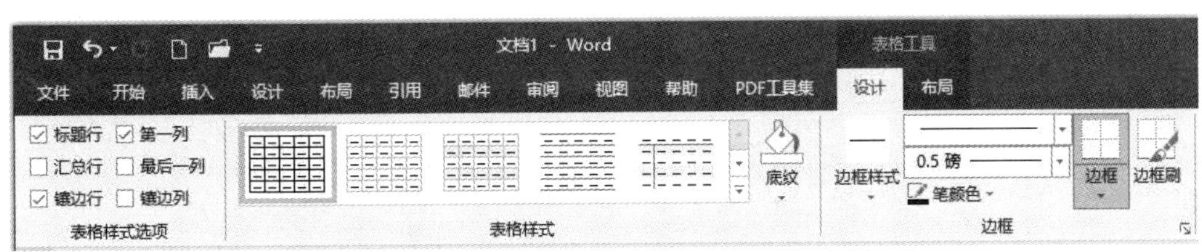

图 3-15　“表格工具—设计”选项卡

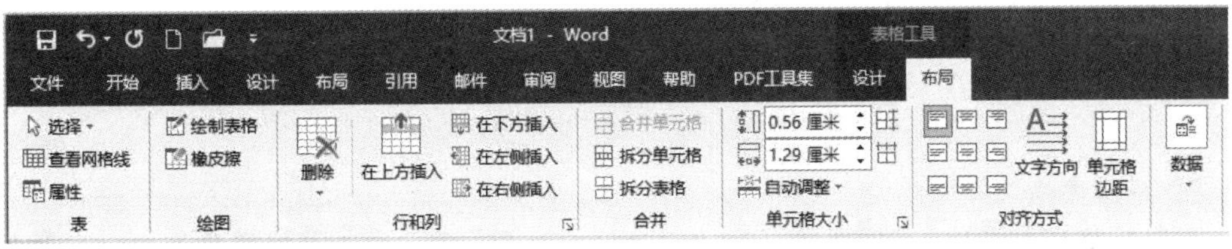

图 3-16　“表格工具—布局”选项卡

若要擦除某一条表格线，则在“表格工具—布局”选项卡中单击“橡皮擦”按钮，移动鼠标指针定位于需要擦除表格线的位置，鼠标指针变为橡皮擦的形状，按下鼠标左键并拖动鼠标，如图 3-17 所示。拖动鼠标指针至合适位置，然后松开鼠标左键，对应的表格线将被清除。再次单击“表格工具—布局”选项卡中的“橡皮擦”按钮，返回文档编辑状态。

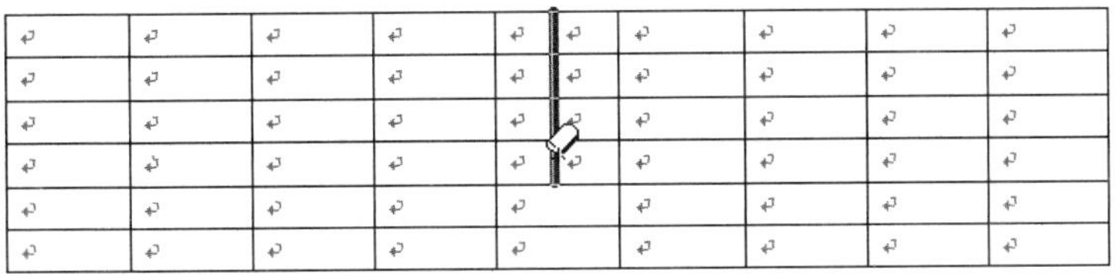

图 3-17　擦除纵向表格线

3.8.3　移动与缩放表格及行、列

1．移动表格

移动鼠标指针到表格内，表格的左上角将会出现一个带双箭头的“表格移动控制”图标，鼠标指针移到“表格移动控制”图标处，当鼠标指针变为时，按住鼠标左键并拖动鼠标可以移动表格。

在“表格属性”对话框“表格”选项卡中的“对齐方式”栏内选择“左对齐”方式，“左缩进”数字框被激活，接着输入或调整数字框中的数字以改变表格距左边界的距离，这里输入“3 厘米”，如图 3-18 所示，然后单击“确定”按钮即可调整表格在文档中的缩进距离。

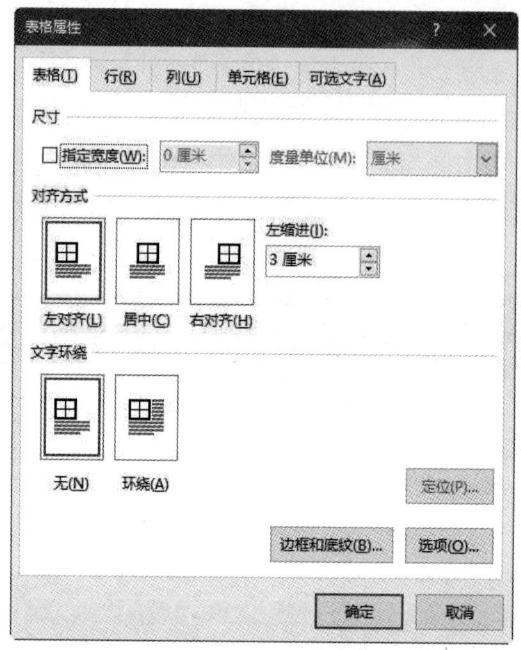

图 3-18　在“表格属性”对话框中设置表格的左缩进

2. 缩放表格

当鼠标移过表格时，表格的右下角会出现一个小正方形，鼠标指针移到该小正方形上方变为向左上方倾斜的箭头↖时，按住鼠标左键并拖动鼠标，可以改变列宽或行高，实现表格的缩放。

3.8.4　在表格中的选定操作

1. 使用鼠标选定表格

使用鼠标选定单元格、行、列和整个表格的操作方法如表 3-1 所示。

表 3-1　使用鼠标选定单元格、行、列和整个表格

选定表格对象	操 作 方 法
选定一个或多个单元格	移动鼠标指针到单元格左边框内侧处，当鼠标指针变为向右上方倾斜的黑色箭头↗时，单击鼠标左键选中当前一个单元格；按住鼠标左键并拖动鼠标，所经过的单元格都会被选中
选定一行或多行	移动鼠标指针到待选定行的左边框外侧，当鼠标指针变为向右上方的空心箭头↗时，单击鼠标左键可选定一行；上下拖动鼠标可选定连续的多行；先单击选定一行，然后按住“Ctrl”键单击，可选择不连续的多行
选定一列或多列	移动鼠标到待选定列的上边框，当鼠标指针变为向下方的黑色箭头⬇时，单击鼠标左键可选定该列；水平拖动鼠标可选定连续的多列；按住“Ctrl”键单击，可选择不连续的多列
选定整个表格	“方法 1”：移动鼠标指针到表格内，表格的左上角将会出现一个带双箭头的“表格移动控制”图标，鼠标指针移到“表格移动控制”图标处，当鼠标指针变为时，单击鼠标左键可以选定整个表格。 “方法 2”：在表格左边框外侧由下至上或由上至下拖动鼠标，通过选定所有行来选定整个表格。 “方法 3”：在表格上边框由左至右或由右至左拖动鼠标，通过选定所有列来选定整个表格

2．使用“表格工具—布局”选项卡“选择”下拉菜单中的命令选定表格

将光标置于表格中，自动显示“表格工具”，切换到“布局”选项卡，在“表”组中单击“选择”按钮打开其下拉菜单，如图 3-19 所示。

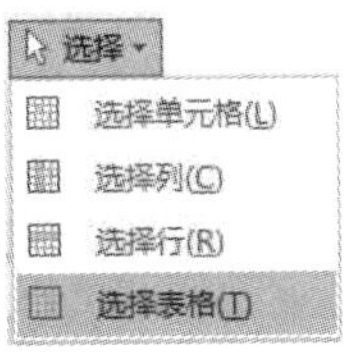

图 3-19　“表格工具—布局”选项卡中的“选择”下拉菜单

使用菜单命令选定单元格、行、列和整个表格的操作方法如表 3-2 所示。

表 3-2　使用菜单命令选定单元格、行、列和整个表格

选定表格对象	操作方法
选定一个单元格	光标移到选定的单元格中，在“表格工具—布局”选项卡“选择”下拉菜单中选择“选择单元格”命令
选定一列	光标移到待选定列的单元格中，在“表格工具—布局”选项卡“选择”下拉菜单中选择“选择列”命令
选定一行	光标移到待选定行的单元格中，在“表格工具—布局”选项卡“选择”下拉菜单中选择“选择行”命令
选定整个表格	光标移到待选定表格的一个单元格中，在“表格工具—布局”选项卡“选择”下拉菜单中选择“选择表格”命令，如图 3-19 所示

3．在表格中移动光标

在表格中输入和编辑文本时，首先要在表格中移动光标定位，最简便的方法是将鼠标指针置于选定位置单击左键即可，也可使用键盘来移动光标，如表 3-3 所示。

表 3-3　表格中移动光标的常用按键

按　键	功　能	按　键	功　能
→	至同一行的后一个单元格内	←	至同一行的前一个单元格内
↑	至同一列的上一个单元格内	↓	至同一列的下一个单元格内
Alt+Home	至同一行的第一个单元格内	Alt+End	至同一行的最后一个单元格内
Alt+Page Up	至同一列的第一个单元格内	Alt+Page Down	至同一列的最后一个单元格内
Tab	选择同一行的后一个单元格的内容	Shift+Tab	选择同一行的前一个单元格的内容

3.8.5　在表格中的插入操作

【操作 3-13】在 Word 文档表格中的插入操作

扫描二维码，熟悉电子活页中的相关内容，试用与掌握电子活页中介绍的表格中多种插入操作方法。打开已插入表格的 Word 文档“学生花名册.docx”，完成以下操作：

（1）插入行。

（2）插入列。

（3）插入单元格。

（4）插入表格。

电子活页 3-19

在 Word 文档表格中的插入操作

3.8.6 在表格中的删除操作

【操作 3-14】在 Word 文档表格中的删除操作

扫描二维码，熟悉电子活页中的相关内容，试用与掌握电子活页中介绍的表格中多种删除操作方法。打开已插入表格的 Word 文档“学生花名册.docx”，完成以下操作：

电子活页 3-20
在 Word 文档表格中的删除操作

（1）删除一行。

（2）删除一列。

（3）删除单元格。

（4）删除表格。

（5）删除表格中的内容。

3.8.7 调整表格的行高和列宽

【操作 3-15】在 Word 文档中调整表格行高和列宽

扫描二维码，熟悉电子活页中的相关内容，试用与掌握电子活页中介绍的 Word 文档中调整表格行高和列宽的操作方法。打开已插入表格的 Word 文档“学生花名册.docx”，完成以下操作：

电子活页 3-21
在 Word 文档中调整表格行高和列宽

（1）拖动鼠标粗略调整行高。

（2）拖动鼠标粗略调整列宽。

（3）平均分布各行。

（4）平均分布各列。

（5）自动调整列宽。

（6）使用“表格工具—布局”选项卡“单元格大小”组中的高度和宽度数值框精确设置行高和列宽。

（7）使用“表格属性”对话框精确调整表格的宽度、行高和列宽。

3.8.8 合并与拆分单元格

【操作 3-16】在 Word 文档中合并与拆分单元格

扫描二维码，熟悉电子活页中的相关内容，试用与掌握电子活页中介绍的 Word 文档中合并与拆分单元格的操作方法。打开已插入表格的 Word 文档“学生花名册.docx”，完成以下操作：

（1）单元格的合并。

（2）单元格的拆分。

（3）表格的拆分。

3.8.9 表格格式设置

【操作 3-17】在 Word 文档中设置表格格式

扫描二维码，熟悉电子活页中的相关内容，试用与掌握电子活页中介绍的 Word 文档中表格格式设置的操作方法。打开已插入表格的 Word 文档“学生花名册.docx”，完成以下操作：

（1）设置表格的对齐方式和文字环绕方式。

（2）设置表格的边框和底纹。

（3）设置单元格的边距。

①设置表格默认单元格边距。

②设置选定单元格的边距。

电子活页 3-23

在 Word 文档中设置表格格式

3.8.10 表格内容的输入与编辑

表格中的每个单元格都可以输入文本或者插入图片，也可以插入嵌套表格。单击需要输入内容的单元格，然后输入文本或插入图片即可，其方法与文档中相同。

若需要修改某个单元格中的内容，只需单击该单元格，将插入点置于该单元格内，在该单元格中选中文本，然后进行修改或删除，也可以复制或剪贴，其方法与文档中相同。

3.8.11 表格内容的格式设置

1. 设置表格中文字的格式

表格中的文本可以像文档段落中的文本一样进行各种格式设置，其操作方法与文档中基本相同，即先选中内容，然后进行相应的设置。

设置表格中文字格式与设置表格外文档中文字格式的方法相同，可以使用“字体”对话框或者“字体”工具按钮进行相关格式设置。

在表格中输入文字时，有时需要改变文字的排列方向，如由横向排列改为纵向排列。将文字变成纵向排列最简单的方法是将单元格的宽度调整至仅有一个汉字宽度，这时因宽度限制，强制文字自动换行，这时文字就变为纵向排列了。

还可以根据实际需要对表格中文字的方向进行设置，其方法如下：

将光标定位到需要改变文字方向的单元格，在“表格工具—布局”选项卡的“对齐方式”组中单击“文字方向”按钮，也可以单击鼠标右键，在弹出的快捷菜单中选择“文字方向”命令，打开如图 3-20 所示的“文字方向—表格单元格”对话框。在该对话框中选择合适的文字排列方向，然后单击“确定”按钮，即可改变文字排列方向，其中汉字标点符号也会改成与文字方向一致。

2. 设置表格中文字对齐方式

表格中文字对齐方式有水平对齐和垂直对齐两种。表格中文本内容对齐的设置方法如下：

选择需要设置对齐方式的单元格区域、行、列或整个表格，在“表格工具—布局”选项卡的“对齐方式”组中单击相应的对齐按钮即可，如图 3-21 所示。

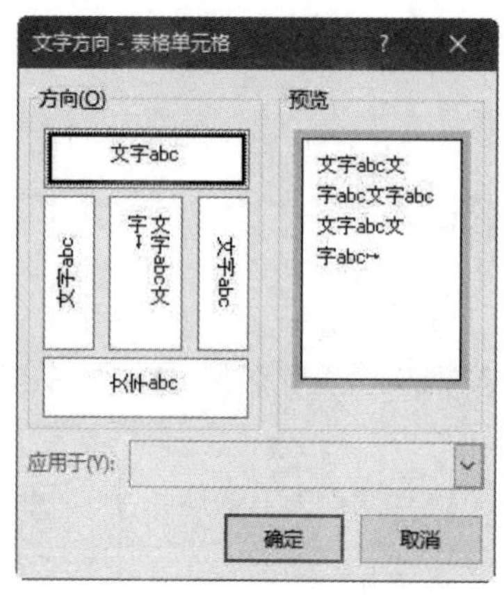

图 3-20 “文字方向—表格单元格”对话框

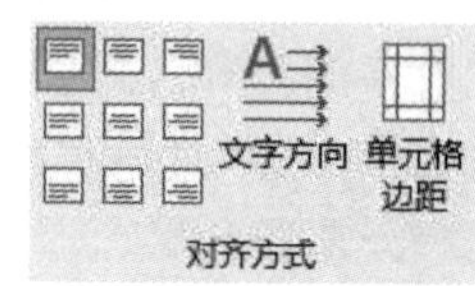

图 3-21 “表格工具—布局”选项卡“对齐方式”组中的对齐按钮

3.8.12 表格中的数值计算与数据排序

Word 提供了简单的表格计算功能，即使用公式来计算表格单元格中的数值。

1．表格行、列的编号

Word 表格中的每个单元格都对应着一个唯一的编号，编号的方法是以字母 A、B、C、D、E……表示列，以 1、2、3、4、5、6……表示行，如表 3-4 所示。

表 3-4 表格行、列的编号

	A	B	C	D
1	商品名称	价格	数量	金额
2	台式电脑	4860	2	
3	笔记本电脑	8620	5	
4	移动硬盘	780	8	
5	总计			

单元格地址由单元格所在的列号和行号组成，如 B3、C4 等。有了单元格编号，就可以方便地引用单元格中的数字用于计算，例如，B3 表示第 2 列第 3 行对应的单元格，C4 表示第 3 列第 4 行对应的单元格。

2．表格中单元格的引用

引用表格中的单元格时，对于不连续的多个单元格，各个单元格地址之间使用半角逗号（,）分隔，如(B3,C4)。对于连续的单元格区域，使用“区域左上角”单元格为“起始单元格地址”，使用“区域右下角”单元格为“终止单元格地址”，两者之间使用半角冒号（:）分隔，如(B2:D3)。对于行内的单元格区域，使用“行内第 1 个单元格地址:行内最后 1 个单元格地址”的形式引用。对于列内的单元格区域，使用“列内第 1 个单元格地址:列内最后 1 个单元格地址”的形式引用。

3．表格中应用公式计算

表格中常用的计算公式有算术公式和函数公式两种，公式的第 1 个字符必须是半角等号（=），各种运算符和标点符号必须是半角字符。

（1）应用算术公式计算。算术公式的表示方法为“=<单元格地址 1><运算符><单元格地址 2>…”。

例如，计算台式电脑的金额的公式为“=B2*C2”，计算商品总数量的公式为“=C2+C3+C4”。

（2）应用函数公式计算。函数公式的表示方法为“=函数名称(单元格区域)”，常用的函数有 SUM（求和）、AVERAGE（求平均值）、COUNT（求个数）、MAX（求最大值）和 MIN（求最小值），表示单元格区域的参数有 ABOVE（插入点上方各数值单元格）、LEFT（插入点左侧各数值单元格）、RIGHT（插入点右侧各数值单元格）。例如，计算商品总数量的公式也可以改为 SUM(ABOVE)，即表示计算插入点上方各数值之和。

4．表格中的数据排序

排序是指将一组无序的内容按从小到大或从大到小的顺序排列，其中，字母的升序按照从 A 到 Z 排列，反之是降序排列；数字的升序按照从小到大排列，反之是降序排列；日期的升序按照从最早的日期到最晚的日期排列，反之是降序排列。

将光标移动到表格中任意一个单元格中，在“表格工具—布局”选项卡“数据”组中单击“排序”按钮，打开“排序”对话框。在该对话框的“主要关键字”下拉列表框中选择排序关键字如“金额”，“类型”下拉列表框中选择“数字”类型，排序方式选择“降序”，如图 3-22 所示，最后单击“确定”按钮实现降序排序。

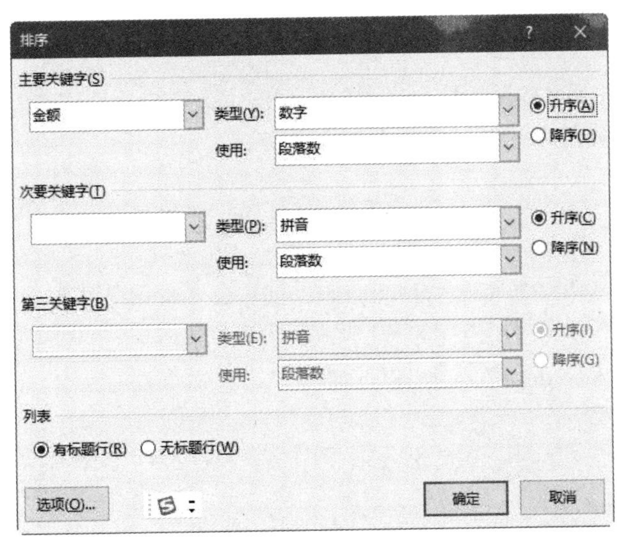

图 3-22 “排序”对话框

3.9 Word 2016 图文混排

在 Word 文档中插入必要的图片、艺术字、自制图形和文本框，实现图文混排，可达到图文并茂的效果。

3.9.1 插入与编辑图片

【操作 3-18】在 Word 文档中插入与编辑图片

扫描二维码，熟悉电子活页中的相关内容，试用与掌握电子活页中介绍的在 Word 文档中插入与编辑图片的操作方法，然后完成以下操作。

操作 1：插入图片。

创建并打开 Word 文档“插入与编辑图片.docx”，在 Word 文档“插入与编辑图片.docx”中插入 4 张图片：t01.jpg、t02.jpg、t03.jpg、t04.jpg。

电子活页 3-24

在 Word 文档中插入与编辑图片

操作 2：编辑图片。

（1）移动、复制图片。

（2）改变图片大小。

（3）删除图片。

操作 3：设置图片格式。

操作 4：设置图片的版式。

3.9.2 插入与编辑艺术字

Word 文档中，艺术字是具有特定形式的图形文字，可以实现许多特殊的文字效果，如带阴影、三维效果、旋转等。

【操作 3-19】在 Word 文档中插入与编辑艺术字

扫描二维码，熟悉电子活页中的相关内容，试用与掌握电子活页中介绍的在 Word 文档中插入与编辑艺术字的操作方法。创建并打开 Word 文档“插入与编辑艺术字.docx”，完成以下操作。

电子活页 3-25

在 Word 文档中插入与编辑艺术字

操作 1：插入艺术字。

在 Word 文档“插入与编辑艺术字.docx”中插入艺术字“循序而渐进，熟读而精思”。

操作 2：设置艺术字的样式与文字效果。

操作 3：设置艺术字的外框。

3.9.3 插入与编辑文本框

在 Word 文档中插入文本框，然后在文本框中输入文字和插入图形，可以方便地实现图文混排效果。

【操作 3-20】在 Word 文档中插入与编辑文本框

扫描二维码，熟悉电子活页中的相关内容，试用与掌握电子活页中介绍的在 Word 文档中插入与编辑文本框的操作方法。创建并打开 Word 文档“插入与编辑文本框.docx”，完成以下操作。

操作 1：插入文本框。

在 Word 文档“插入与编辑文本框.docx”中分别插入 2 个文本框，第 1 个文本框中输入文字“赏析自然之美”，第 2 个文本框中插入 1 张图片 t01.jpg。

操作 2：调整文本框大小、位置和环绕方式。

3.9.4 插入与编辑公式

利用 Word 提供的公式编辑器可以在文档中插入数学公式，具体操作方法如下：

（1）将光标插入点移至需要插入数学公式的位置。

（2）在“插入”选项卡“符号”组中单击“公式”按钮，在弹出的快捷菜单中选择“插入新公式”命令，打开公式编辑框，如图 3-23 所示。同时显示“公式工具—设计”选项卡，如图 3-24 所示。

图 3-23 文档中的公式编辑框

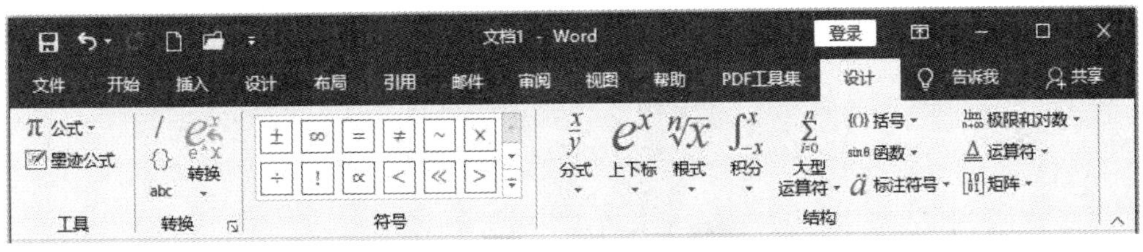

图 3-24 “公式工具—设计”选项卡

（3）在公式编辑框中输入公式即可。

【操作 3-21】在 Word 文档中输入与编辑数学公式

在文件夹“单元 3”中创建并打开 Word 文档“数学公式.docx”，输入以下两个数学公式。

计算公式 1：

$$\int_0^{\frac{\pi}{2}} \cos x \sin^4 x \mathrm{d}x$$

计算公式 2：

$$\int \frac{2x+10}{x^2+3x-10} \mathrm{d}x$$

3.9.5 绘制与编辑图形

Word 2016 文档中除了可以插入图片，还可以使用系统提供的绘图工具绘制所需的各种图形。在“插入”选项卡“插图”组中单击“形状”按钮，在弹出的如图 3-25 所示的形状工具列表中选择一种形状按钮，将鼠标指针移到文档中图形绘制的起始位置，鼠标指针变成十字形状+时，按住鼠标左键拖动鼠标，当图形大小合适后松开鼠标左键，即可绘制相应的图形。

【提示】在“形状”下拉菜单中单击“矩形”按钮，按住“Shift”键的同时按住鼠标左键拖动可绘制正方形；单击“椭圆”按钮，按住“Shift”键的同时按住鼠标左键拖动可绘制圆；单击“椭圆”按钮，按住“Ctrl”键的同时按住鼠标左键拖动可绘制以插入点为圆心的椭圆。

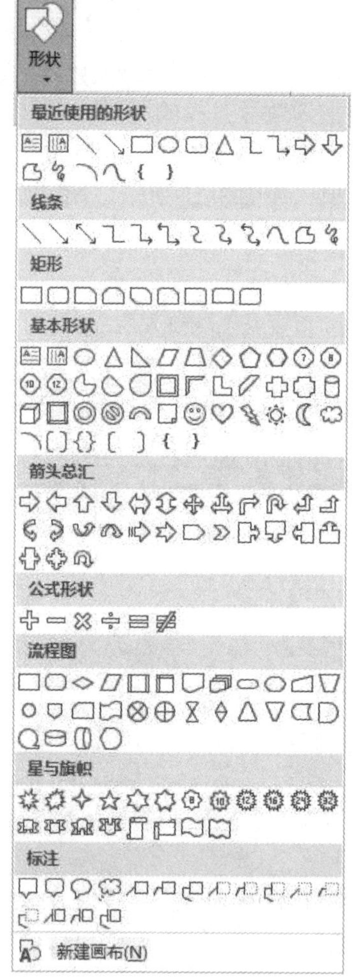

图 3-25　Word 2016 提供的各种形状绘制工具

【操作 3-22】在 Word 文档中绘制计算机工作原理图

创建与打开文件夹“单元 3”中的 Word 文档“计算机工作原理图.docx”，在该文档中绘制如图 3-26 所示计算机工作原理图。

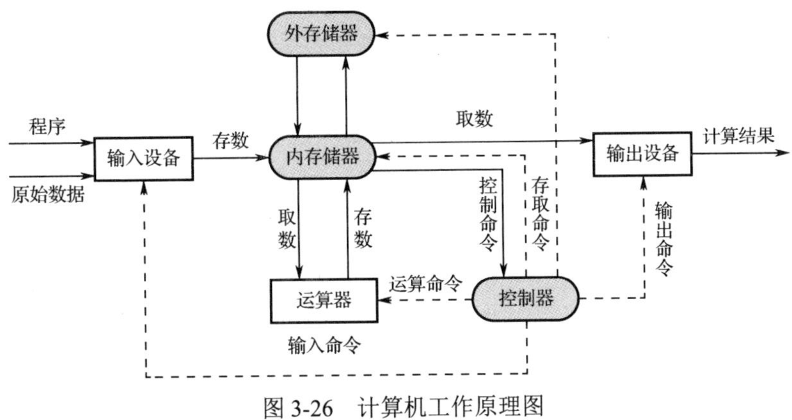

图 3-26　计算机工作原理图

3.9.6　制作水印效果

水印是文档的背景中隐约出现的文字或图案，当文档的每一页都需要水印时，可通过“页眉和页脚”和“文本框”组合制作。

（1）在“插入”选项卡“页眉和页脚”组中单击“页眉”按钮，在弹出的下拉菜单中选择“编辑页眉”命令，进入页眉编辑状态。

（2）在“页眉和页脚工具—设计”选项卡“选项”组中取消“显示文档文字”复选框的选中状态，隐藏文档中的文字和图形。

（3）在文档中合适位置（不一定是页眉或页脚区域）插入一个文本框，并设置文本框的边框为“无线条”。

（4）在文本框中输入作为水印的文字或插入图片，并设置文字或图片的格式，将该文本框的环绕方式设置为“衬于文字下方”。

（5）在“页眉和页脚工具—设计”选项卡“关闭”组中单击“关闭页眉和页脚”按钮，完成水印制作，在文档的每一页将会看到水印效果。

【操作 3-23】在 Word 文档中制作水印效果

在 Word 文档中完成以下操作：

（1）在文件夹“单元 3”中创建并打开“制作文字水印效果.docx”文档，然后按正确的步骤制作文本水印效果，水印文字为“保密”。

（2）在文件夹“单元 3”中创建并打开“制作图片水印效果.docx”文档，然后按正确的步骤制作图片水印效果，水印图片为“单元 3”中的“水印图片.jpg”。

【综合训练】

【训练 3-1】在 Word 2016 中输入英文祝愿语

【任务描述】

（1）启动 Word 2016，自动创建一个空白文档。

（2）保存新创建的 Word 文档，名称为“祝愿语.docx”，保存位置为“D:\单元 3\”。

（3）输入英文祝愿语“Good luck,Better Life,Happy every day,Always healthy”。

（4）再一次保存“祝愿语.docx”文档。

（5）退出 Word 2016。

【任务实施】

1. 启动 Word 2016

双击桌面 Word 2016 快捷图标启动 Word 2016，自动创建 1 个名称为“文档 1”的空白文档。

2. 保存 Word 文档

在“快速访问工具栏”中单击“保存”按钮，弹出“另存为”对话框，在该对话框中选择保存位置“D:\单元 3\”，在“文件名”输入框中输入文件名“祝愿语”，保存类型选择“.docx”，然后单击“保存”按钮进行保存。

3. 输入英文祝愿语

（1）左、右手的 8 个手指自然放在基准键位上，2 个大拇指放在空格键上，输入练习准备就绪。

（2）按一下“Caps Lock”键，键盘右上角的“Caps Lock”指示灯亮，然后左手食指向右伸出一个键位的距离击 1 次“G”键，击完后手指立即回基准键位“F”键。击键时，指关节用力，而不是腕用力，指尖尽量垂直键面发力。

再按一下“Caps Lock”键，键盘右上角的“Caps Lock”指示灯熄灭，然后右手的无名指向左上方移动，并略微伸直击 2 次“O”键，击完后手指立即回基准键位“L”键；左手中指击 1 次“D”键。

右手大拇指上抬 1～2cm，横着向空格键击一下，并立即抬起。

（3）右手无名指击 1 次“L”键；右手食指向上方（微微偏左）伸直击 1 次“U”键，击完后手指立即回基准键位“J”键；左手中指向右下方移动，手指微弯击 1 次“C”键，击完后手指立即回基准键位“D”键；右手中指击 1 次“K”键。

右手中指向右下方移动击 1 次“,”键，击完后手指立即回基准键位“K”键。

（4）按一下“Caps Lock”键，键盘右上角的“Caps Lock”指示灯亮，然后左手食指向右下方移动击 1 次“B”，击完后手指立即回基准键位“F”键；再按一下“Caps Lock”键，键盘右上角的“Caps Lock”指示灯熄灭，然后左手中指向上方（略微偏左方）伸击“E”键，击完后手指立即回基准键位“D”键；左手食指向右上方移动击 2 次“T”键，击完后手指立即回基准键位“F”键；左手中指向上方（略微偏左方）伸击 1 次“E”键，击完后手指立即回基准键位“D”键；左手食指向上方（略微偏左）伸直击 1 次“R”键，击完后手指立即回基准键位“F”键。右手大拇指击 1 次空格键。

（5）按一下“Caps Lock”键，键盘右上角的“Caps Lock”指示灯亮，然后右手无名指击 1 次“L”键；再按一下“Caps Lock”键，键盘右上角的“Caps Lock”指示灯熄灭，然后右手中指向上（略微偏左方）伸击 1 次“I”键，击完后手指立即回基准键位“K”键；左手食指击 1 次“F”键；左手中指向上方（略微偏左方）伸击“E”键，击完后手指立即回基准键位“D”键。

右手中指向右下方移动击 1 次“,”键，击完后手指立即回基准键位“K”键。

运用类似的击键方法，输入其他单词：Happy every day,Always healthy。

4．再一次保存“祝愿语.docx”文档

在“快速访问工具栏”中单击“保存”按钮，保存“祝愿语.docx”文档中新输入的内容。

5．退出 Word 2016

单击 Word 窗口标题栏右上角的“关闭”按钮退出 Word 2016。

【训练 3-2】在 Word 2016 中输入中、英文短句

【任务描述】

（1）在 Word 2016 中新建一个文档，保存该文档，名称为“中英文短句.docx”，保存位置为“D:\单元 3”。

（2）选择一种合适的拼音输入法，然后输入中、英文短句“祝您好运（Good luck）”。

（3）再一次保存文档“中英文短句.docx”，然后关闭该文档。

【任务实施】

1．新建与保存 Word 文档

启动 Word 2016，在“文件”选项卡中选择“保存”命令，弹出“另存为”对话框，在该对话框中选择合适的保存位置如“D:\单元 3\”，在“文件名”输入框中输入文件名“中英文短句”，保存类型选择“.docx”，然后单击“保存”按钮进行保存。

2．切换输入法与输入文本内容

将输入法切换到搜狗拼音输入法，其工具条如图 3-27 所示。

图 3-27　搜狗拼音输入法的工具条

然后在默认的文本插入点输入“祝您”的全拼编码“zhunin”，此时可以在输入提示框中看到“祝您”位于第 1 个位置处，如图 3-28 所示。

继续输入“好运”全拼编码“haoyun”，此时可以在输入提示框中看到“祝您好运”位于第 1 个位置处，如图 3-29 所示，此时按空格键选择该文本即可。

图 3-28　利用搜狗拼音输入法输入“祝您”　　图 3-29　利用搜狗拼音输入法输入“祝您好运”

接下来不必切换为英文输入状态，直接输入括号和英文单词“（Good luck）”即可。

【提示】搜狗拼音输入法的简拼功能非常强，输入“祝您好运”时，可以直接输入“zhnhy”，如图 3-30 所示。

图 3-30　简拼输入“祝您好运”

3．保存与关闭 Word 文档

在“文件”选项卡中选择“保存”命令，保存 Word 文档中输入的文本，然后选择“文件”

选项卡中的“关闭”命令关闭该文档。

【训练 3-3】设置“教师节贺信”文档的格式

【任务描述】

打开 Word 文档“教师节贺信.docx”，按照以下要求完成相应的格式设置：

（1）设置第 1 行（标题“教师节贺信”）为楷体、二号、加粗；将第 2 行“全院教师和教育工作者：”设置为仿宋、小三号、加粗；设置正文中的“秋风送爽，桃李芬芳。”“百年大计，教育为本。”“教育工作，崇高而伟大。”和“发展无止境，奋斗未有期。”等文字和标点符号设置为黑体、小四号、加粗，将正文中其他的文字设置为宋体、小四号；将贺信的落款与日期设置为仿宋、小四号。

（2）设置第 1 行居中对齐，第 2 行居左对齐且无缩进，贺信的落款与日期右对齐，其他各行两端对齐、首行缩进 2 字符。

（3）设置第 1 行的行距为单倍行距，段前间距为 6 磅，段后间距为 0.5 行；设置第 2 行的行距为 1.5 倍行距。

（4）设置正文第 3～7 段的行距为固定值，设置值为 20 磅。

（5）设置贺信的落款与日期的行距为多倍行距，设置值为 1.2。

相应格式设置完成后的“教师节贺信.docx”外观效果如图 3-31 所示。

教师节贺信

全院教师和教育工作者：

秋风送爽，桃李芬芳。在这收获的时节，我们迎来了第××个教师节。值此佳节之际，向辛勤工作在各个岗位的教师、教育工作者，向为学校的建设和发展做出重大贡献的全体离退休老教师致以节日的祝贺和亲切的慰问！

百年大计，教育为本。教育大计，教师为本。尊师重教是一个国家兴旺发达的标志，为人师表是每个教师的行为准则。“师者，所以传道、授业、解惑也”。今天我们的老师传道，就是要传爱国之道；授业，就是要教授学生建设祖国的知识和技能；解惑，就是要引导学生去思考、创新，培养学生的创造性思维。

教育工作，崇高而伟大。我院的广大教职工是一支团结拼搏、务实进取、勤奋敬业、敢于不断超越自我的优秀群体。长期以来，你们传承并发扬着“尚德、励志、精技、强能”的校训，忠于职守、默默耕耘、无私奉献，以自己高尚的职业道德和良好的专业水平教育学生。正是在广大教职工的辛勤付出和共同努力下，我院各项事业取得了长足发展。我们的党建工作不断丰富，各项文化活动全面展开，促进了社会主义核心价值观的培育践行；我们的专业建设布局更趋合理，人才培养质量不断提高；我们的科研能力大幅度提升，优势和特色进一步彰显；我们的教学、生活环境也不断得到改善。这一切成绩的取得，都凝聚了全院广大教师的心血和汗水，聪明和才智。

发展无止境，奋斗未有期。面对新的发展形势和历史机遇，希望全院广大教职工要肩负起时代的使命，为学校的发展再立新功，继续携手同行，迎难而上，团结一心，抓住发展机遇，向改革要动力，向特色要内涵，为学院更加美好的明天而努力拼搏，确保学院在深化改革、争创一流中再谱新篇，再创辉煌！

最后，祝全体教职工节日快乐！身体健康！万事如意！

明德学院

20××年 9 月 9 日

图 3-31　“教师节贺信”的外观效果

【任务实施】

1. 设置“标题”和第 2 行文字的字符格式

选择文档中的标题“教师节贺信”，然后在“开始”选项卡“字体”组的“字体”列表中选择“楷体”，在“字号”列表中选择“二号”，单击“加粗”按钮B。

选择第 2 行文字“全院教师和教育工作者：”，然后在“开始”选项卡“字体”组的“字体”列表中选择“仿宋”，在“字号”列表中选择“小三”，单击“加粗”按钮B。

2. 设置“正文”第 1 段文本内容的字符格式

首先选择正文第 1 段文本内容，然后打开“字体”对话框。

在“字体”对话框的“字体”选项卡中为所选中文本设置中文字体为“宋体”，设置字形为“常规”，设置字号为“小四”，字符颜色、下画线、着重号和效果保持默认值不变。

在“字体”对话框中切换到“高级”选项卡，对文本的缩放、间距和位置进行合理设置。

3. 利用格式刷快速设置字符格式

选定已设置格式的第 1 段文本，单击“格式刷”按钮，在需要设置相同格式的其他段落文本上按住鼠标左键并拖动鼠标，即可将格式复制到拖动过的文本上。

4. 设置“标题”的段落格式

首先将插入点移到“标题行”内，单击“格式”工具栏中的“居中”按钮，即可设置标题行为居中对齐。然后在“开始”选项卡“段落”组中单击“行和段落间距”按钮☰▾，在弹出的下拉菜单中选择“行距选项”命令，弹出“段落”对话框，在该对话框的“缩进和间距”选项卡的“间距”区域中将“段前”设置为“6 磅”，将“段后”设置为“0.5 行”，然后单击“确定”按钮使设置生效并关闭该对话框。

5. 设置正文第 1 段的段落格式

将光标插入点移到正文第 1 段内的任意位置，打开“段落”对话框。

在“段落”对话框的“缩进和间距”选项卡中，“对齐方式”选择“两端对齐”，“大纲级别”选择“正文文本”；“左侧”和“右侧”缩进为“0 字符”，“特殊格式”选择“首行缩进”，“缩进值”设置为“2 字符”；“段前”和“段后”间距设置为“0 行”，“行距”选择“固定值”，“设置值”设置为“20 磅”。

6. 利用格式刷快速设置其他各段的格式

选定已设置格式的第 1 段落，单击“格式刷”按钮，在需要设置相同格式的其他各段落上按住鼠标左键并拖动鼠标，即可将格式复制到该段落。

7. 设置正文中关键句子的字符格式

（1）选择文档中第 1 个关键句子“秋风送爽，桃李芬芳。”，然后在“开始”选项卡“字体”组的“字体”列表中选择“黑体”，在“字号”列表中选择“小四”，单击“加粗”按钮B。

（2）选定已设置格式的第 1 个关键句子“秋风送爽，桃李芬芳。”，双击“格式刷”按钮，然后在需要设置相同格式的其他关键句子“百年大计，教育为本。”“教育工作，崇高而伟大。”和“发展无止境，奋斗未有期。”上按住鼠标左键并拖动鼠标，即可将格式复制到拖动过的文本上。

8. 设置贺信的落款与日期的格式

（1）选择贺信文档中的落款与日期，然后在“开始”选项卡“字体”组的“字体”列表中选择“仿宋”，在“字号”列表中选择“小四”。

（2）选择贺信文档中的落款与日期，然后打开“段落”对话框，在该对话框的“缩进和间距”选项卡“间距”区域的“行距”列表中选择“多倍行距”，在“设置值”数字框中输入“1.2”，然后单击“确定”按钮关闭该对话框。

Word 文档“教师节贺信.docx”的最终设置效果如图 3-31 所示。

9．保存文档

在“快速访问工具栏”中单击“保存”按钮，对 Word 文档“教师节贺信.docx”进行保存操作。

【训练 3-4】创建与应用“通知”文档中的样式与模板

【任务描述】

打开 Word 文档“关于暑假放假及秋季开学时间的通知.docx”，按照以下要求完成相应的操作。

（1）创建以下各个样式。

①通知标题：字体为宋体，字号为小二号，字形为加粗，居中对齐，行距为最小值 28 磅，段前间距为 6 磅，段后间距为 1 行，大纲级别为 1 级，自动更新。

②通知小标题：字体为宋体，字号为小三号，字形为加粗，首行缩进 2 字符，大纲级别为 2 级，行距为固定值 28 磅，自动更新。

③通知称呼：字体为宋体，字号为小三号，行距为固定值 28 磅，无缩进，大纲级别为正文文本，自动更新。

④通知正文：字体为宋体，字号为小三号，首行缩进 2 字符，行距为固定值 28 磅，大纲级别为正文文本，自动更新。

⑤通知署名：字体为宋体，字号为三号，行距为 1.5 倍行距，右对齐，大纲级别为正文文本，自动更新。

⑥通知日期：字体为宋体，字号为小三号，行距为 1.5 倍行距，右对齐，大纲级别为正文文本，自动更新。

⑦文件头：字体为宋体，字号为小初，字形为加粗，颜色为红色，行距为单倍行距，居中对齐，字符间距为加宽 10 磅。

（2）应用自定义的样式。

①文件头应用样式“文件头”，通知标题应用样式“通知标题”。

②通知称呼应用样式“通知称呼”，通知正文应用样式“通知正文”。

③通知署名应用样式“通知署名”，通知日期应用样式“通知日期”。

④通知正文中“1．暑假放假时间”和“2．秋季开学时间”应用样式“通知小标题”。

（3）在文件头位置插入水平线段，并设置其线型为由粗到细的双线，线宽为 4.5 磅，长度为 15.88 厘米，颜色为红色，文件头的外观效果如图 3-32 所示。

（4）在“通知”落款位置插入如图 3-33 所示的印章，设置印章的高度为 4.05 厘米，宽度为 4 厘米。

（5）保存样式定义及文档的格式设置。

（6）利用 Word 文档“关于暑假放假及秋季开学时间的通知.docx”创建模板“通知模板.dotx”，且保存在同一文件夹。

明 德 学 院

图 3-32 文件头的外观效果

图 3-33 待插入的印章

（7）打开 Word 文档“关于‘五一’国际劳动节放假的通知.docx”，然后加载模板“通知模板.dotx”，利用模板“通知模板.dotx”中的样式分别设置通知标题、称呼、正文、署名和日期的格式。

Word 文档“关于‘五一’国际劳动节放假的通知.docx”的最终设置效果如图 3-34 所示。

明 德 学 院

关于 20××年“五一”国际劳动节放假的通知

全院各部门：

根据上级有关部门“五一”国际劳动节放假的通知精神，结合学院实际情况，我院 20××年“五一”国际劳动节放假时间为 4 月 30 日至 5 月 2 日，共计 3 天。

节假日期间，各部门要妥善安排好值班和安全、保卫等工作，遇有重大突发事件发生，要按规定及时报告并妥善处理，确保全校师生祥和平安度过节日。

特此通知。

明德学院

20××年 4 月 20 日

图 3-34 Word 文档“关于‘五一’国际劳动节放假的通知.docx”的最终设置效果

【说明】

通知的内容一般包括标题、称呼、正文和落款，其写作要求如下。

①标题：写在第一行正中。可以只写“通知”二字，如果事情重要或紧急，也可以写“重要通知”或“紧急通知”，以引起注意。有的在“通知”前面写上发通知的单位名称，还有的写上通知的主要内容。

②称呼：写被通知者的姓名或职称或单位名称，在第二行顶格写。有时，因通知事项简短，内容单一，书写时略去称呼，直起正文。

③正文：另起一行，缩进两字写正文。正文因内容而异。开会的通知要写清开会的时间、地点、参加会议的对象以及会议内容，还要写清要求。布置工作的通知，要写清所通知事件的目的、意义以及具体要求。

④落款：分两行写在正文右下方，一行署名，一行写日期。

写通知一般采用条款式行文，可以简明扼要，使被通知者一目了然，便于遵照执行。

【任务实施】

1. 打开文档

打开 Word 文档“关于暑假放假及秋季开学时间的通知.docx”。

2. 定义样式

在“开始”选项卡“样式”组中单击右下角的“样式”按钮，弹出“样式”窗格，在该窗格中单击“新建样式”按钮，打开“根据格式设置创建新样式”对话框。

（1）在“样式”窗格的“名称”文本框中输入新样式的名称“通知标题”。

（2）在“样式类型”下拉列表框中选择“段落”。

（3）在“样式基准”下拉列表框中选择新样式的基准样式，这里选择“正文”。

（4）在“后续段落样式”下拉列表框中选择“通知标题”。

（5）在“格式”区域设置字符格式和段落格式，这里设置字体为“宋体”、字号为“小二”、字形为“加粗”、对齐方式为“居中对齐”。

（6）在对话框中单击左下角“格式”按钮，在弹出的下拉菜单中选择“段落”命令，打开“段落”对话框，在该对话框中设置行距为最小值 28 磅，段前间距为 6 磅，段后间距为 1 行，大纲级别为 1 级。然后单击“确定”按钮返回“根据格式设置创建新样式”对话框。

（7）在“根据格式设置创建新样式”对话框中勾选“添加到样式库”复选框，将创建的样式添加到样式库中。然后勾选“自动更新”复选框，新定义的“通知标题”在文档中已套用样式的内容，其格式修改后，所有套用该样式的内容将同步进行自动更新。

（8）在“根据格式设置创建新样式”对话框中单击“确定”按钮，完成新样式定义并关闭该对话框，新创建的样式“通知标题”便显示在“快速样式列表”中。

应用类似方法创建“通知小标题”“通知称呼”“通知正文”“通知署名”“通知日期”和“文件头”等多个自定义样式。

3. 修改样式

在“样式”窗格中单击“管理样式”按钮，打开“管理样式”对话框。

在“管理样式”对话框中选择要编辑的样式后单击“修改”按钮，打开“修改样式”对话框，在该对话框中可对样式的属性和格式等方面进行修改，修改方法与新建样式类似。

4. 应用样式

选中文档中需要应用样式的通知标题“关于 20××年暑假放假及秋季开学时间的通知”，然后在“样式”窗格“样式”列表中选择所需要的样式“通知标题”。

应用类似方法，依次选择通知称呼、通知正文、通知署名、通知日期和文件头，分别应用对应的自定义样式即可。

5. 在文件头位置插入水平线段

在“插入”选项卡“插图”组中单击“形状”按钮，在弹出的下拉菜单中选择“直线”命令，然后在文件头位置绘制一条水平线条。选择该线条，在“绘图工具—格式”选项卡“大小”组中设置线条长度为 15.88 厘米。

右键单击该线条，在弹出的快捷菜单中选择“设置形状格式”命令，在弹出的“设置形状格式”窗格中设置线条颜色为“红色”，设置线条宽度为“4.5 磅”，设置类型为“由粗到细的双线”，如图 3-35 所示。

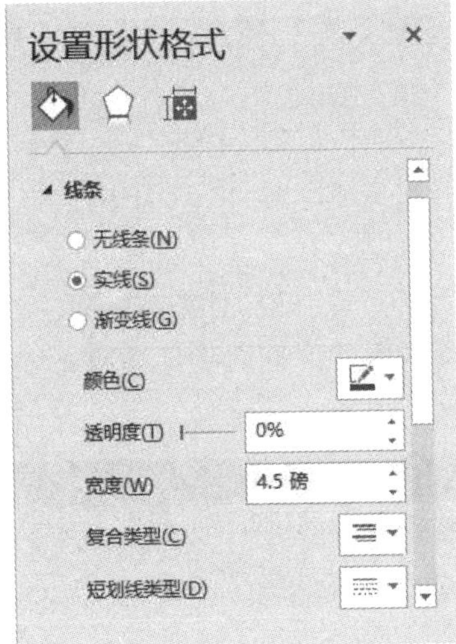

图 3-35　在“设置形状格式”窗格中设置线条的参数

6．在通知落款位置插入印章

将光标置于通知的落款位置，在“插入”选项卡“插图”组中单击“图片”按钮，在弹出的“插入图片”对话框中选择印章图片，然后单击“插入”按钮，即可插入印章图片。选择该印章图片，在“绘图工具—格式”选项卡“大小”组中设置线条高度为 4.05 厘米，宽度为 4 厘米。

7．创建新模板

选择“文件”选项卡中的“另存为”命令，打开“另存为”对话框。在该对话框的“保存类型”下拉列表框中选择“Word 模板（*.dotx）”，“保存位置”设置为“D:\单元 3”，在“文件名”下拉列表框中输入模板的名称“通知模板.dotx”，如图 3-36 所示。然后单击“保存”按钮，即创建了新的模板。

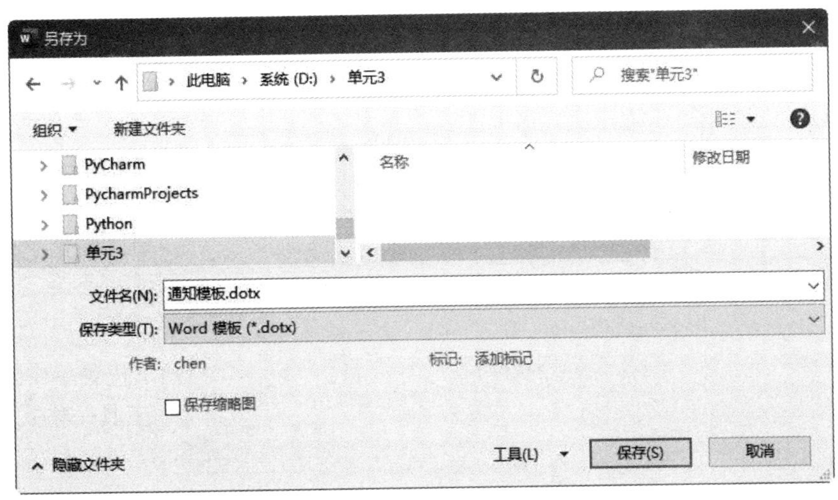

图 3-36　“另存为”对话框

8．打开文档与加载自定义模板

（1）打开 Word 文档“关于‘五一’国际劳动节放假的通知.docx”。

（2）在“文件”选项卡中选择“选项”命令，打开“Word 选项”对话框，在该对话框中选择“加载项”选项，然后在“管理”下拉列表框中选择“模板”选项，单击“转到”按钮，打开“模板和加载项”对话框。

（3）在“模板和加载项”对话框中“文档模板”区域单击“选用”按钮，打开“选用模板”对话框，在该对话框中选择文件夹“D:\单元 3”中的模板“通知模板.dotx”，然后单击“打开”按钮返回“模板和加载项”对话框。

（4）在“模板和加载项”对话框中“共用模板及加载项”区域单击“添加”按钮，打开“添加模板”对话框，在该对话框中选择文件夹“D:\单元 3”中的模板“通知模板.dotx”，如图 3-37 所示。

图 3-37　在“添加模板”对话框中选择模板“通知模板.dotx”

然后单击“确定”按钮返回“模板和加载项”对话框，且将所选的模板添加到模板列表中。在“模板和加载项”对话框中，勾选“自动更新文档样式”复选框，每次打开文档时自动更新活动文档的样式以匹配模板样式，如图 3-38 所示。

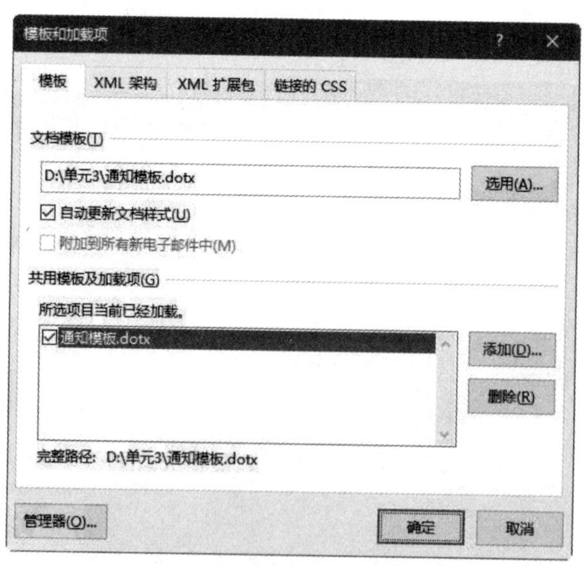

图 3-38　“模板和加载项”对话框

（5）然后单击“确定”按钮，则当前文档将加载所选用的模板。

9. 在文档“关于‘五一’国际劳动节放假的通知.docx”中应用加载模板中的样式

选中 Word 文档“关于‘五一’国际劳动节放假的通知.docx”中的通知标题“关于 20×

×年‘五一’国际劳动节放假的通知”，然后在“样式”窗格“样式”列表中选择所需要的样式“通知标题”。

应用类似方法，依次选择通知称呼、通知正文、通知署名、通知日期和文件头，分别应用对应的自定义样式即可。

Word 文档“关于‘五一’国际劳动节放假的通知.docx”的最终设置效果如图 3-34 所示。

10．保存文档

在“快速访问工具栏”中单击“保存”按钮，对 Word 文档“关于‘五一’国际劳动节放假的通知.docx”进行保存操作。

【训练 3-5】“教师节贺信”文档页面设置与打印

【任务描述】

打开 Word 文档“教师节贺信.docx”，按照以下要求完成相应的操作：

（1）设置上、下页边距为 3 厘米，左、右页边距为 3.5 厘米，方向为“纵向”，纸张大小设置为 A4。

（2）设置页眉距边界距离为 2 厘米，页脚距边界距离为 2.75 厘米，设置页眉和页脚“奇偶页不同”和“首页不同”。

（3）“网格”类型设置为“指定行和字符网格”，每行 39 个字符，跨度为 10.5 磅；每页 43 行，跨度为 15.6 磅。

（4）首页不显示页眉，偶数页和奇数页的页眉都设置为“教师节贺信”。

（5）在页脚插入页码，页码居中对齐，起始页码为 1。

（6）如果已连接打印机，则打印一份文稿。

【任务实施】

1．打开文档

打开 Word 文档“教师节贺信.docx”。

2．设置页边距

（1）打开“页面设置”对话框，切换到“页边距”选项卡。

（2）在“页面设置”对话框“页边距”选项卡中的“上”“下”两个数值框中输入“3 厘米”，在“左”“右”两个数值框中利用微调按钮调整边距值为“3.5 厘米”。

（3）在“纸张方向”区域选择“纵向”。

（4）在“应用于”列表框中选择“整篇文档”。

3．设置纸张

在“页面设置”对话框中切换到“纸张”选项卡，设置“纸张大小”为“A4”。

4．设置布局

在“页面设置”对话框中切换到“版式”选项卡，“节的起始位置”选择“新建页”，“页眉和页脚”组勾选“奇偶页不同”和“首页不同”复选框。“距边界”区域的“页眉”数值框中输入“2 厘米”，“页脚”数值框中输入“2.75 厘米”。“垂直对齐方式”选择“顶端对齐”。

5．设置文档网格

在“页面设置”对话框中切换到“文档网格”选项卡，“文字排列方向”选择“水平”单选按钮，“栏数”设置为“1”。“网络”类型选择“指定行和字符网络”，“每行字符数”设置为“39”，“跨度”设置为“10.5 磅”；“每页行数”设置为“43”，“跨度”设置为“15.6 磅”。

6．插入页眉

在“插入”选项卡的“页眉和页脚”组中单击“页眉”按钮，在弹出的下拉菜单中选择“编辑页眉”命令，进入页眉的编辑状态，在页眉区域输入页眉内容“教师节贺信”。然后对页眉的格式进行设置即可。

7．在页脚插入页码

在“插入”选项卡的“页眉和页脚”组中单击“页码”按钮，在弹出的下拉菜单中选择“页面底端”级联菜单中的“普通数字 2”子菜单。

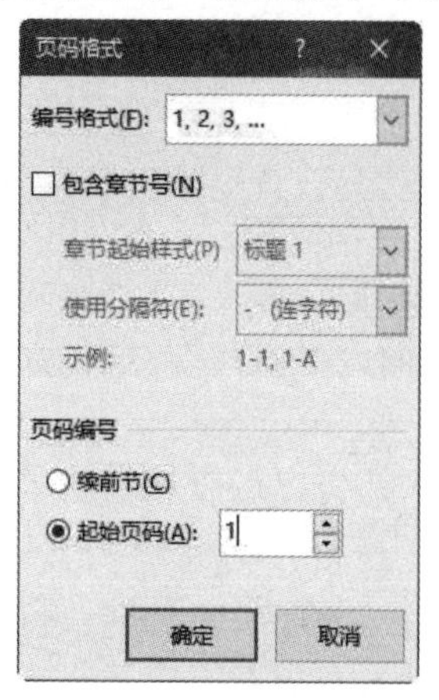

图 3-39 “页码格式”对话框

然后在“页码”下拉菜单中选择“设置页码格式”命令，打开“页码格式”对话框，在“编号格式”下拉菜单中选择阿拉伯数字“1，2，3，…”，在“页码编号”区域选择“起始页码”单选按钮，然后指定起始页码为“1”，如图 3-39 所示。

单击“确定”按钮关闭该对话框，完成页码格式设置。

8．保存文档

在“快速访问工具栏”中单击“保存”按钮，对 Word 文档“教师节贺信.docx”进行保存操作。

9．打印文档

Word 文档设置完成后，选择“文件”选项卡中的“打印”命令，显示如图 3-12 所示的“打印”界面，在该界面对打印份数、打印机、打印范围、打印方式等参数进行设置，然后单击“打印”按钮开始打印文档。

【训练 3-6】制作班级课表

【任务描述】

打开 Word 文档“班级课表.docx”，在该文档中插入一个 9 列 6 行的班级课表，该表格的具体要求如下：

（1）表格第 1 行高度的最小值为 1.61 厘米，第 2～4 行高度的固定值为 1.5 厘米，第 5 行高度的固定值为 1 厘米，第 6 行高度的固定值为 1.2 厘米。

（2）表格第 1～2 列总宽度为 2.52 厘米，第 3～8 列的宽度为 1.78 厘米，第 9 列的宽度为 1.65 厘米。

（3）将第 1 行的第 1～2 列的两个单元格合并，将第 1 列的第 2～3 行的两个单元格合并，将第 1 列的第 4～5 行的两个单元格合并。

（4）在表格左上角的单元格中绘制斜线表头。

（5）设置表格在主文档页面水平方向居中对齐。

（6）表格外框线为自定义类型，线型为外粗内细，宽度为 3 磅，其他内边框线为 0.5 磅单细实线。

（7）在表格第 1 行的第 3～9 列的单元格添加底纹，图案样式为 15%灰度，底纹颜色为橙色（淡色 40%）。

（8）在表格第 1～2 列（不包括绘制斜线表头的单元格）添加底纹，图案样式为浅色棚架，底纹颜色为蓝色（淡色 60%）。

（9）在表格中输入文本内容，文本内容的字体设置为宋体，字形设置为加粗，字号设置为小五号，单元格水平和垂直对齐方式都设置为居中。

创建的班级课表最终效果如图 3-40 所示。

星期 节次		星期一	星期二	星期三	星期四	星期五	星期六	星期日
上午	1-2							
	3-4							
下午	5-6							
	7-8							
晚上	9-10							

图 3-40　班级课表

【任务实施】

1．创建与打开 Word 文档

创建并打开 Word 文档“班级课表.docx”。

2．在 Word 文档中插入表格

（1）将插入点定位到需要插入表格的位置。

（2）打开“插入表格”对话框。

（3）在“插入表格”对话框“表格尺寸”区域的“列数”数值框中输入“9”，在“行数”数值框中输入“6”，对话框中的其他选项保持不变，如图 3-41 所示。然后单击“确定”按钮，在文档中插入点位置将插入一个 6 行 9 列的表格。

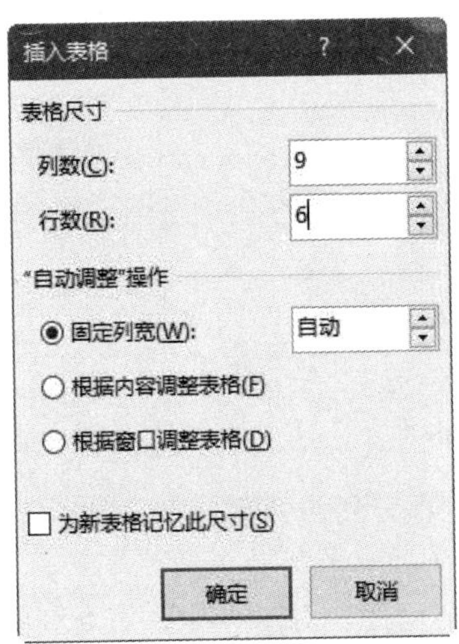

图 3-41　“插入表格”对话框

3. 调整表格的行高和列宽

将光标插入点定位到表格的第 1 行第 1 列的单元格中，在“表格工具—布局”选项卡“单元格大小”组“高度”数值框中输入“1.61 厘米”，在“宽度”数值框中输入“1.26 厘米”，如图 3-42 所示。

将光标插入点定位到表格第 1 行的单元格中，在“表格工具—布局”选项卡的“表”组中选择“属性”命令，如图 3-43 所示。或者单击右键，在弹出的快捷菜单中选择“表格属性”命令，打开“表格属性”对话框，切换到“表格属性”对话框的“行”选项卡，“尺寸”区域内显示当前行（这里为第 1 行）的行高，先勾选“指定高度”复选框，然后输入或调整高度数字为“1.61 厘米”，行高值类型选择“最小值”，也可以精确设置行高。

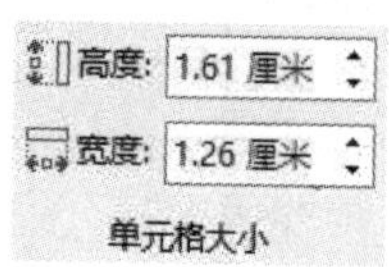

图 3-42　利用“高度”数值框和“宽度”数值框设置行高和列宽

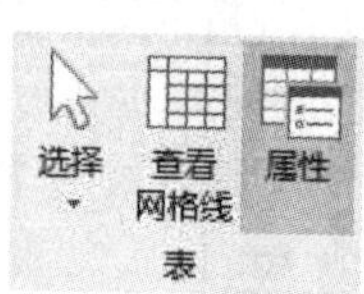

图 3-43　在“表格工具—布局”选项卡“表”组中选择“属性”命令

在“行”选项卡中单击“下一行”按钮，设置第 2 行的行高。先勾选“指定高度”复选框，然后输入高度数字为“1.5 厘米”，行高值类型选择“固定值”，如图 3-44 所示。

以类似方法设置第 3～4 行高度的固定值为 1.5 厘米，第 5 行高度的固定值为 1 厘米，第 6 行高度的固定值为 1.2 厘米。

接下来设置第 1 列和第 2 列的列宽。首先选择表格的第 1 列和第 2 列，然后打开“表格属性”对话框，切换到“列”选项卡，先勾选“指定宽度”复选框，然后输入或调整宽度数字为“1.26”（第 1～2 列的总宽度即为 2.52），“度量单位”选择“厘米”，精确设置列宽，如图 3-45 所示。

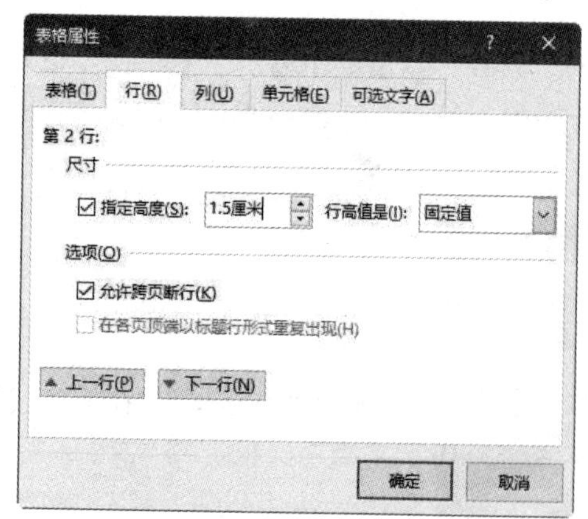

图 3-44　在“表格属性”对话框“行”选项卡中设置第 2 行的行高

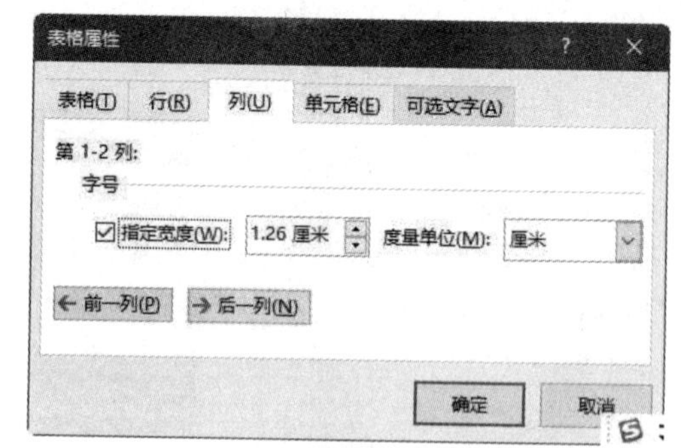

图 3-45　在“表格属性”对话框“列”选项卡中设置第 1～2 列的列宽

单击“后一列”按钮，设置第 3 列的列宽。先勾选“指定宽度”复选框，然后输入宽度数字为“1.78”，“度量单位”选择“厘米”。

以类似方法设置第 4～8 列的宽度为 1.78 厘米，第 9 列的宽度为 1.65 厘米。

表格设置完成后，单击“确定”按钮，使设置生效并关闭“表格属性”对话框。

4．合并与拆分单元格

选定第 1 行的第 1 列和第 2 列的两个单元格，然后单击鼠标右键，在弹出的快捷菜单中选择“合并单元格”命令，即可将两个单元格合并为一个单元格。

选定第 1 列的第 2～3 行的两个单元格，然后在“表格工具—布局”选项卡的“合并”组中单击“合并单元格”按钮，即可将两个单元格合并为一个单元格。

在“表格工具—设计”选项卡中单击“橡皮擦”按钮，鼠标指针变为橡皮擦的形状，按下鼠标左键并拖动鼠标将第 1 列的第 4 行与第 5 行之间的横线擦除，即将两个单元格予以合并。然后再次单击“设计”选项卡中的“橡皮擦”按钮，取消擦除状态。

5．绘制斜线表头

在“表格工具—设计”选项卡的“绘图”组单击“绘制表格”按钮，在表格左上角的单元格中自左上角向右下角拖动鼠标绘制斜线表头，如图 3-46 所示。然后再次单击“绘制表格”按钮，返回文档编辑状态。

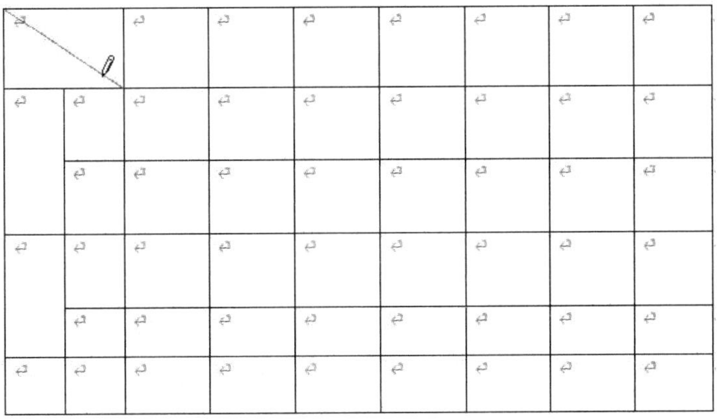

图 3-46　在表格单元格中绘制斜线

6．设置表格的对齐方式和文字环绕方式

打开“表格属性”对话框，在“表格”选项卡的“对齐方式”组中选择“居中”，在“文字环绕”组中选择“无”，然后单击“确定”按钮。

7．设置表格外框线

（1）将光标置于表格中，在“表格工具—设计”选项卡的“边框”组中单击“边框”按钮，在弹出的下拉菜单中选择“边框和底纹”命令，打开“边框和底纹”对话框，切换到“边框”选项卡。

（2）在“边框和底纹”对话框“边框”选项卡的“设置”区域选择“自定义”，在“样式”区域选择适用于上边框和左边框的“外粗内细”边框类型，在“宽度”区域选择“3.0 磅”。

（3）在“预览”区域两次单击“上框线”按钮，第 1 次单击取消上框线，第 2 次单击按自定义样式重新设置上框线。以同样的方法两次单击“左框线”按钮设置左框线。

（4）在“边框和底纹”对话框“边框”选项卡的“设置”区域选择“自定义”，在“样式”区域选择适用于下边框和右边框的“外粗内细”边框类型，在“宽度”区域选择“3.0 磅”。

（5）在“预览”区域两次单击“下框线”按钮、“右框线”按钮，分别设置对应的框线。

（6）设置的边框可以应用于表格、单元格以及文字和段落。在“应用于”列表框中选择“表格”。

对表格外框线进行设置后，“边框和底纹”对话框的“边框”选项卡如图 3-47 所示。

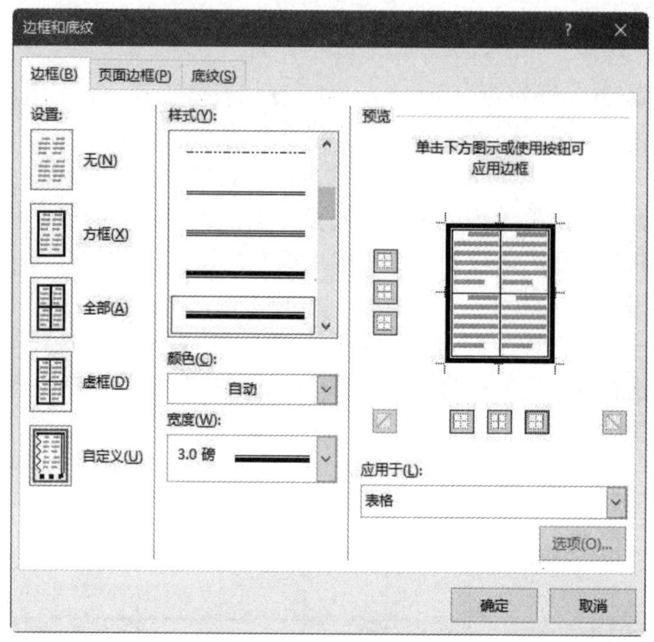

图 3-47　在“边框和底纹”对话框的“边框”选项卡中对表格外框线进行设置

这里仅对表格外框线进行了设置，其他内边框保持 0.5 磅单细实线不变。

（7）边框线设置完成后单击“确定”按钮，使设置生效并关闭该对话框。

8．设置表格底纹

（1）在表格中选定需要设置底纹的区域，这里选择表格第 1 行的第 3～9 列的单元格。

（2）打开“边框和底纹”对话框，切换到“底纹”选项卡，在“图案”区域的“样式”列表框中选择“15%”，“颜色”列表框中选择“橙色（淡色 40%）”，如图 3-48 所示，其效果可以在预览区域进行预览。

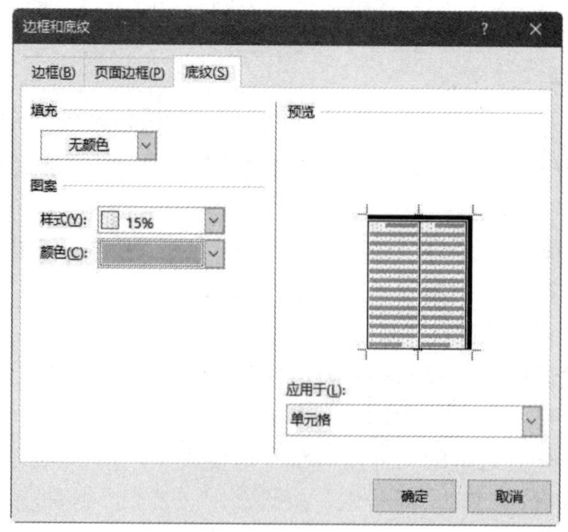

图 3-48　为表格第 1 行的第 3～9 列的单元格设置底纹

（3）底纹设置完成后，单击“确定”按钮，使设置生效并关闭该对话框。

以类似方法为表格的第 1 列和第 2 列（不包括绘制斜线表头的单元格）添加底纹。

9．在表格内输入与编辑文本内容

（1）在绘制了斜线表头单元格的右上角双击，当出现光标插入点后输入文字“星期”；然后在该单元格的左下角双击，在光标闪烁处输入文字“节次”。

（2）在其他单元格中输入如图 3-40 所示的文本内容。

10．表格内容的格式设置

（1）设置表格内容的字体、字形和字号。选中表格内容，在“开始”选项卡“字体”组的“字体”列表框中选择“宋体”，“字形”列表框中选择“加粗”，“字号”列表框中选择“小五”。

（2）设置单元格对齐方式。选中表格中所有的单元格，在“表格工具—布局”选项卡“对齐方式”组中单击“水平居中”按钮，即可将单元格的水平和垂直对齐方式都设置为居中。

11．保存文档

在“快速访问工具栏”中单击“保存”按钮，对 Word 文档“班级课表.docx”进行保存操作。

【训练 3-7】计算商品销售表中的金额和总计

【任务描述】

打开 Word 文档“商品销售数据.docx”，商品销售表如表 3-5 所示，对该表格中的数据进行如下计算：

（1）计算各类商品的金额，并将计算结果填入对应的单元格中。

（2）计算所有商品的数量总计和金额总计，并将计算结果填入对应的单元格中。

表 3-5　商品销售表

	A	B	C	D
1	商品名称	价格	数量	金额
2	台式电脑	4860	2	
3	笔记本电脑	8620	5	
4	移动硬盘	780	8	
5	总计			

【任务实施】

1．打开文档

打开 Word 文档“商品销售表.docx”。

2．应用算术公式计算各类商品的金额

将光标定位到“商品销售表”的 D2 单元格，在“表格工具—布局”选项卡“数据”组中单击“公式”按钮，在打开的“公式”对话框中清除原有公式，然后在“公式”文本框中输入新的计算公式，即“=B2*C2”，如图 3-49 所示，“编号格式”选择数字格式，这里选择“0”，即取整数。最后单击“确定”按钮，计算结果显示在 D2 中，为 9720。

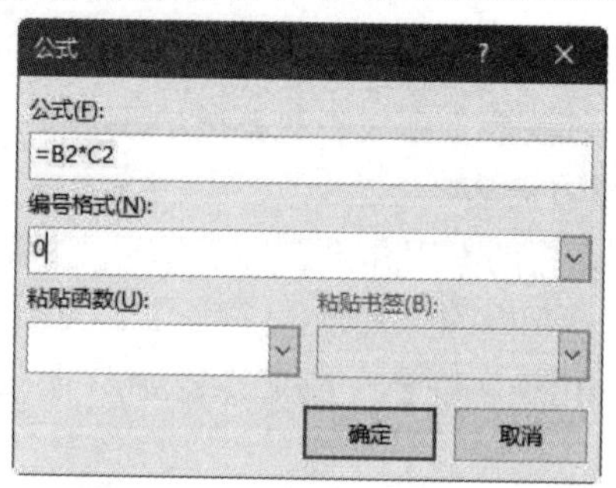

图 3-49 “公式”对话框

使用类似方法计算“笔记本电脑”的“金额”和“移动硬盘”的“金额”。

3. 应用算术公式计算所有商品的数量总计

将光标定位到“商品销售表”C5 单元格中，打开“公式”对话框，在公式文本框中输入计算公式“=C2+C3+C4”，单击“确定”按钮，计算结果显示在 C5 单元格中，为 15。

4. 应用函数公式计算所有商品的金额总计

将光标定位到“商品销售表”D5 单元格中，打开“公式”对话框，在公式文本框中输入计算公式“= SUM(ABOVE)”，单击“确定”按钮，计算结果显示在 D5 单元格中，为 59060。

商品销售表的计算结果如表 3-6 所示。

表 3-6 商品销售表的计算结果

商品名称	价格	数量	金额
台式电脑	4860	2	9720
笔记本电脑	8620	5	43100
移动硬盘	780	8	6240
总计		15	59060

5. 保存文档

在“快速访问工具栏”中单击“保存”按钮，对 Word 文档“商品销售表.docx”进行保存操作。

【训练 3-8】编辑“九寨沟风景区景点介绍”实现图文混排效果

【任务描述】

打开 Word 文档“九寨沟风景区景点介绍.docx”，在该文档中完成以下操作：

（1）将标题“九寨沟风景区景点介绍”设置为艺术字效果。

（2）将正文中小标题文字“树正群海”“芦苇海”“五花海”设置为项目列表，并将项目列表符号设置为符号☑。

（3）在正文小标题文字“树正群海”下面的左侧位置插入图片“01.jpg”，将该图片的宽度设置为 4 厘米，高度设置为 6.01 厘米，环绕方式设置为“四周型”。

（4）在正文小标题文字“芦苇海”的右侧位置插入图片“02.jpg”，将该图片的宽度设置为 3.5 厘米，高度设置为 5.26 厘米，环绕方式设置为“紧密型”，将该图片放置在靠右侧位置。

（5）在正文小标题文字“五花海”下面的左侧位置插入图片“03.jpg”，将该图片的宽度设置为 4 厘米，高度设置为 6.02 厘米，环绕方式设置为“紧密型”。

“九寨沟风景区景点介绍.docx”的图文混排效果如图 3-50 所示。

九寨沟风景区景点介绍

九寨沟以翠海、叠瀑、彩林、雪山、藏情、蓝冰“六绝”驰名中外，有“黄山归来不看山，九寨归来不看水”和“世界水景之王”之称。春看冰雪消融、山花烂漫；夏看古柏苍翠、碧水蓝天；秋看满山斑斓、层林尽染；冬看冰雪世界、圣洁天堂。

九寨沟的主要景点有树正群海、芦苇海、五花海、熊猫海、老虎海、宝镜岩、盆景滩、五彩池、珍珠滩、镜海、犀牛海、诺日朗瀑布和长海等。

☑ 树正群海

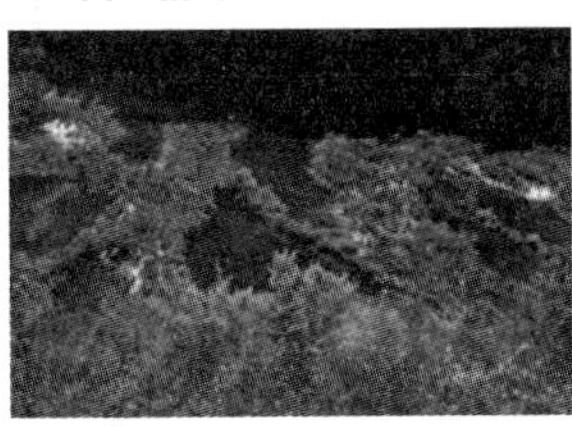

树正群海沟全长 13.8 公里，共有各种湖泊（海子）40 余个，约占九寨沟景区全部湖泊的 40%。上部海子的水翻越湖堤，从树丛中溢出，激起白色的水花，在青翠中跳跳蹦蹦，穿梭奔窜。水流顺堤跌宕，形成幅幅水帘，婀娜多姿，婉约变幻。整个群海，层次分明，那绿中套蓝的色彩，童话般地天真自然。

☑ 芦苇海

芦苇海海拔 2140 米，全长 2.2 公里，是一个半沼泽湖泊。海中芦苇丛生、水鸟飞翔、清溪碧流、漾绿摇翠、蜿蜒空行，好一派泽国风光。“芦苇海”中，荡荡芦苇，一片青葱，微风徐来，绿浪起伏。飒飒之声，委婉抒情，使人心旷神怡。

☑ 五花海

在九寨沟众多海子中，名气最大、景色最为漂亮的当数五花海。五花海变化丰富，姿态万千，堪称九寨沟景区的精华。从老虎嘴观赏点向下望去，五花海犹如一只开屏孔雀，色彩斑斓，眼花缭乱，美不胜收，这里是真正的童话世界，传说中的色彩天堂！

图 3-50 “九寨沟风景区景点介绍.docx”的图文混排效果

【任务实施】

1．打开文档

打开 Word 文档“九寨沟风景区景点介绍.docx”。

2．插入艺术字

（1）选择 Word 文档中的标题“九寨沟风景区景点介绍”。

（2）在“插入”选项卡“文本”组中单击“艺术字”按钮，打开“艺术字”样式列表。

（3）在样式列表中选择样式“填充：蓝色，主题色 1；阴影”，在文档中插入一个“艺术字”框，将所选文字设置为艺术字效果。

3．插入图片

（1）插入图片“01.jpg”。将插入点置于正文小标题文字“树正群海”右侧位置，然后插入图片“01.jpg”。

（2）插入图片“02.jpg”。将插入点置于正文小标题文字“芦苇海”上一段落的尾部位置，然后插入图片“02.jpg”。

（3）插入图片“03.jpg”。将插入点置于正文小标题文字“五花海”右侧位置，然后插入图片“03.jpg”。

4．设置图片格式

（1）在文档中选择图片“01.jpg”，然后在“绘图工具—格式”选项卡“大小”组的“高度”数值框中输入“4 厘米”，“宽度”数值框中输入“6.01 厘米”，即设置图片高度为 4 厘米，设置宽度为 6.01 厘米。

（2）在文档中选择图片“01.jpg”，然后在“绘图工具—格式”选项卡“排列”组单击“环绕文字”按钮，在其下拉菜单中选择“四周型”命令。

（3）在文档中选择图片“02.jpg”，然后在“绘图工具—格式”选项卡“大小”组的“高度”数值框中输入“3.5 厘米”，“宽度”数值框中输入“5.26 厘米”，即设置图片高度为 3.5 厘米，设置宽度为 5.26 厘米。

（4）在文档中选择图片“02.jpg”，然后在“绘图工具—格式”选项卡“排列”组单击“环绕文字”按钮，在其下拉菜单中选择“紧密型”命令。

（5）以类似方法设置图片“03.jpg”的高度为 4 厘米，设置宽度为 6.02 厘米，环绕方式为“紧密型”。

5．设置项目列表和项目符号

（1）定义新项目符号。在“开始”选项卡“段落”组中单击“项目符号”按钮旁边的三角形按钮▾，打开“项目符号库”下拉菜单。在“项目符号库”下拉菜单中选择“定义新项目符号”命令，打开“定义新项目符号”对话框。在该对话框中单击“符号”按钮，在弹出的“符号”对话框中选择所需的图片作为项目符号☑，如图 3-51 所示。

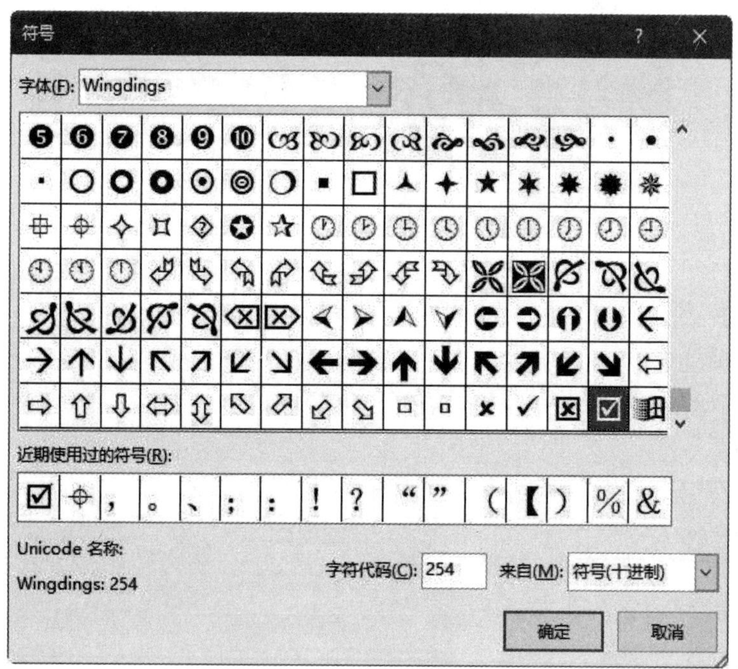

图 3-51 “符号”对话框

然后单击“确定”按钮，关闭该对话框并返回“定义新项目符号”对话框，如图 3-52 所示。在“定义新项目符号”对话框中单击“确定”按钮，关闭该对话框并将新的项目符号☑添加到“项目符号库”中。

（2）设置项目列表。选中正文中的小标题文字“树正群海”，在“开始”选项卡“段落”组中单击“项目符号”按钮旁边的三角形按钮▾，打开“项目符号”下拉菜单，在“项目符号库”中选择所需的项目符号☑，如图 3-53 所示。

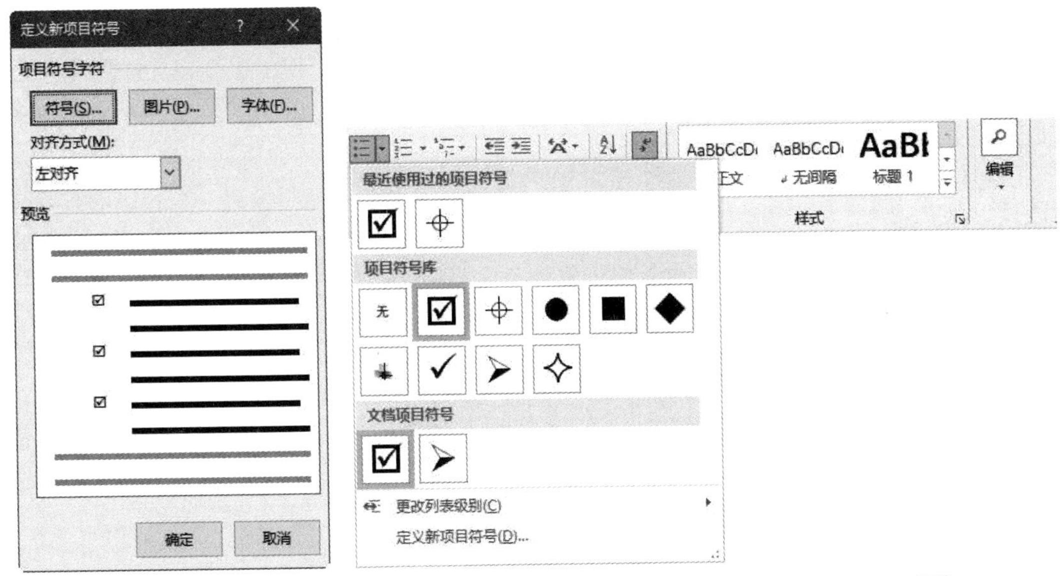

图 3-52 “定义新项目符号”对话框　　　　图 3-53 在“项目符号库”中选择项目符号☑

将正文中小标题文字“芦苇海”“五花海”也设置为项目列表形式，项目符号选择☑。

适度调整文档中图片的位置，“九寨沟风景区景点介绍.docx”的图文混排效果如图 3-50 所示。

6. 保存文档

在“快速访问工具栏”中单击“保存”按钮，对 Word 文档“九寨沟风景区景点介绍.docx”进行保存操作。

【训练 3-9】在 Word 文档中插入一元二次方程的求根公式

【任务描述】

利用 Word 提供的公式编辑器，在文档中插入一元二次方程的求根公式：

$$x_{1,2}=\frac{-b\pm\sqrt{b^2-4ac}}{2a}$$

【任务实施】

（1）将光标插入点移至需要插入数学公式的位置。

（2）在“插入”选项卡“符号”组中单击“公式”按钮，在弹出的快捷菜单中选择“插入新公式”命令，打开“公式”编辑框，同时显示“公式工具—设计”选项卡。

（3）在“公式”编辑框中输入一元二次方程的求根公式。

①在“公式工具—设计”选项卡“结构”组中单击“上下标”按钮，在弹出的列表中选择“下标”按钮，在“公式”编辑框中出现“下标”编辑框，在两个编辑框中分别输入“x”和下标“1,2”。

②按光标移动键→，使光标由下标恢复为正常光标，再输入“=”。

③在“公式工具—设计”选项卡“结构”组中单击“分数”按钮，在弹出的列表中选择“竖式分数”按钮，在“公式”编辑框中出现“分数”编辑框。

④在“分数”编辑框的分子编辑框中输入“$-b$”。

⑤在“公式工具—设计”选项卡“符号”组中单击符号按钮±，在编辑框中输入“±”运算符。

⑥在“公式工具—设计”选项卡“结构”组中单击“根式”按钮，在弹出的列表中单击“平方根”按钮$\sqrt{\square}$，出现“根式”编辑框。

⑦在“公式工具—设计”选项卡“结构”组中单击“上下标”按钮，在弹出的列表中选择“下标”按钮$\square^{\square}$，在两个编辑框中分别输入“b”和上标“2”。

⑧按光标移动键→，使光标由上标恢复为正常光标，再输入“$-4ac$”。

⑨单击“分母”编辑框，然后输入“$2a$”。

公式的最终效果如图 3-54 所示。

$$x_{1,2} = \frac{-b \pm \sqrt{b^2 - 4ac}}{2a}$$

图 3-54　在“公式”编辑框中输入公式

⑩在“公式”编辑框外单击，完成公式输入。

【训练 3-10】利用邮件合并功能制作并打印研讨会请柬

【任务描述】

以 Word 文档“请柬.docx”作为主文档，以同一文件夹中的 Excel 文档“邀请单位名单.xlsx”作为数据源，使用 Word 的邮件合并功能制作研讨会请柬，其中“联系人姓名”和“称呼”利用邮件合并功能动态获取。要求插入 2 个域的主文档外观如图 3-55 所示，然后打印请柬。

请柬

«联系人姓名»«称呼»：

感谢您一直以来对我院工作的大力支持，兹定于 20××年 12 月 18 日在天台山庄会议中心召开校企合作研讨会，敬请您光临指导。

明德学院

20××年 12 月 6 日

图 3-55　插入 2 个域的主文档外观

【任务实施】

1．创建主文档

创建并保存“请柬.docx”作为邮件合并的主文档。

2．建立数据源

在 Excel 中建立作为数据源的 Excel 文档“邀请单位名单.xlsx”，输入序号、单位名称、联系人姓名、称呼等数据，保存备用。

3．实现邮件合并

（1）打开 Word 文档“请柬.docx”。

（2）在“邮件”选项卡“开始邮件合并”组中单击“开始邮件合并”按钮右侧的▾按钮，

在弹出的下拉菜单中选择“邮件合并分步向导”命令，如图 3-56 所示。弹出“邮件合并”窗格，如图 3-57 所示。

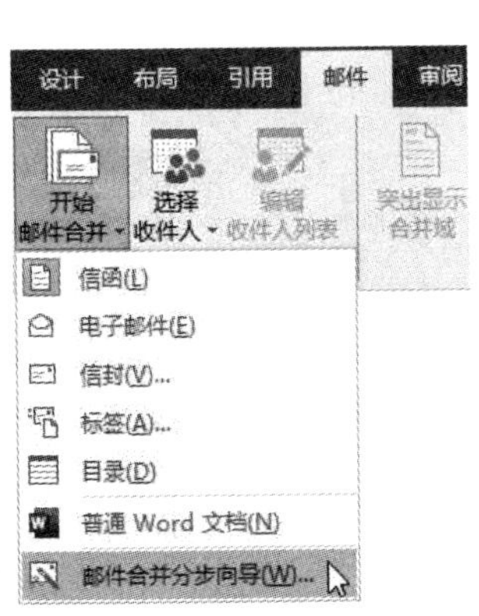

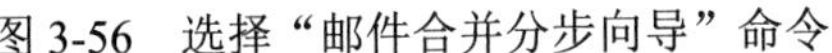
图 3-56 选择“邮件合并分步向导”命令

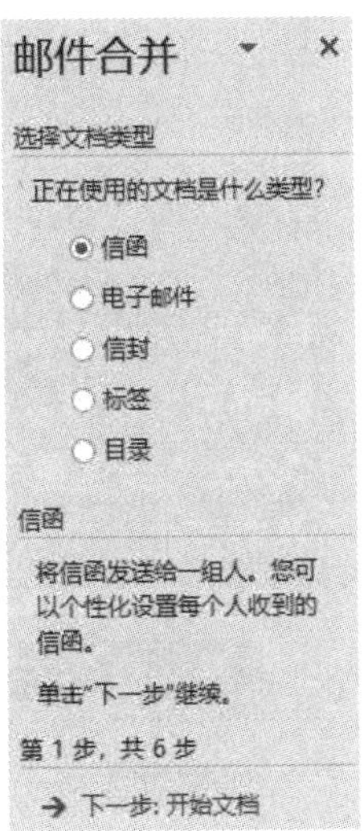

图 3-57 “邮件合并”窗格

（3）在“邮件合并”窗格“选择文档类型”区域中，选择“信函”单选按钮，然后单击“下一步：开始文档”超链接，进入“选择开始文档”步骤。由于事前准备好了所需的 Word 文档，这里直接选择默认项“使用当前文档”单选按钮，如图 3-58 所示。

单击“下一步：选择收件人”超链接，进入“选择收件人”步骤，如图 3-59 所示。

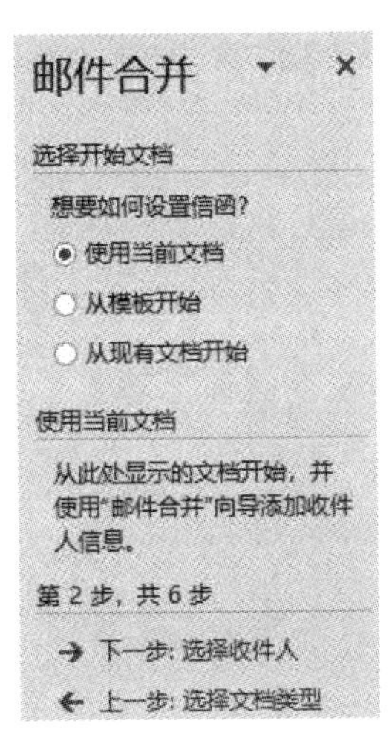

图 3-58 在“邮件合并”窗格选择开始文档

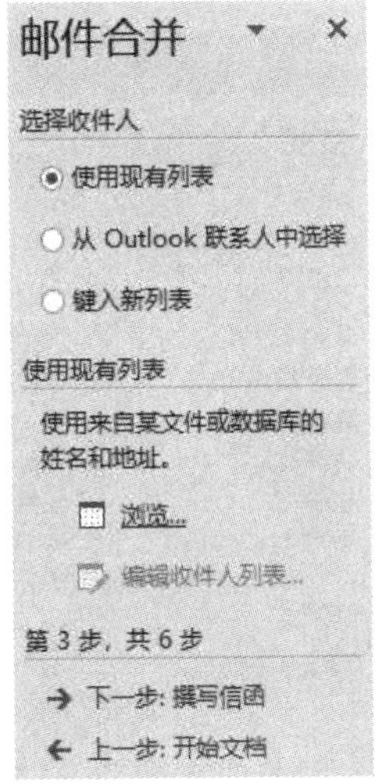

图 3-59 在“邮件合并”窗格选择收件人

（4）由于事前准备好了所需的 Excel 文件即数据源电子表格，所以在“选择收件人”区域选择“使用现有列表”单选按钮即可。也可以在此新建列表。单击“使用现有列表”下方的“浏览”超链接，打开“选取数据源”对话框，在该对话框中选择现有的 Excel 文件“邀请单位名单.xlsx”，如图 3-60 所示。

单击“打开”按钮，打开“选择表格”对话框，选择“Sheet1$”表格，如图 3-61 所示。

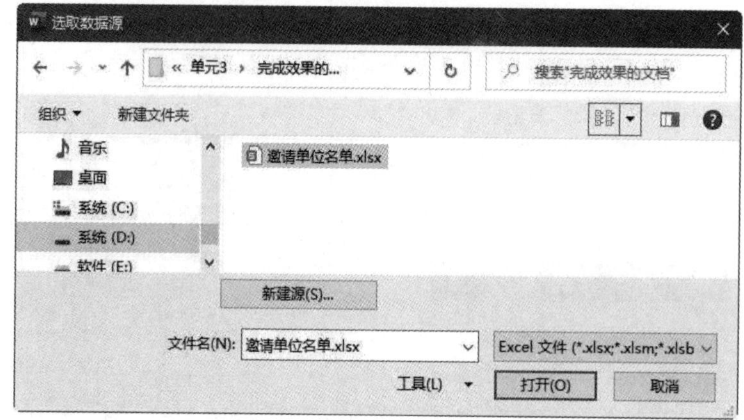

图 3-60 “选取数据源”对话框

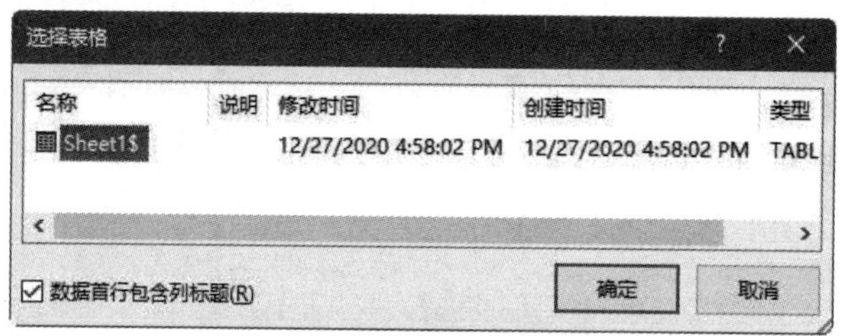

图 3-61 “选择表格”对话框

单击“确定”按钮，打开“邮件合并收件人”对话框，在该对话框中选择所需的“收件人”，如图 3-62 所示，对不需要的数据将“√”去掉即可。

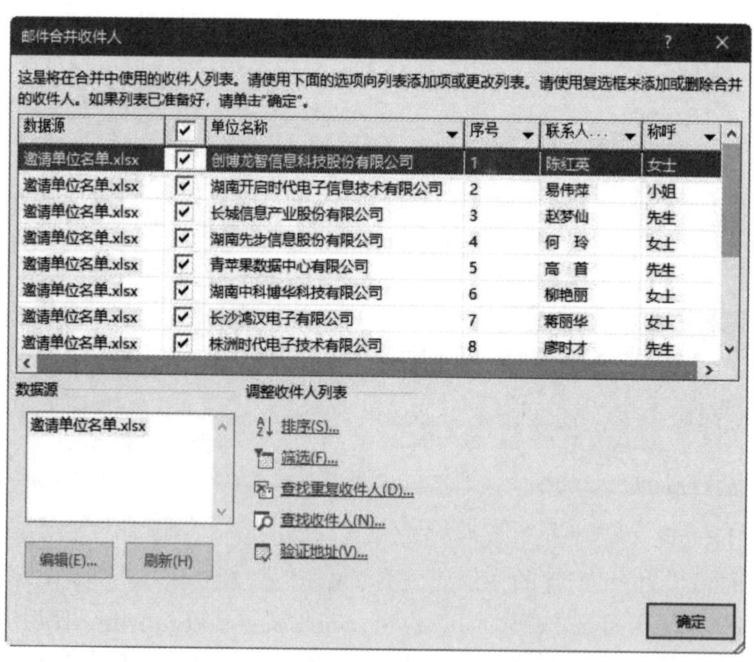

图 3-62 “邮件合并收件人”对话框

单击“确定”按钮返回“邮件合并”窗格，在该窗格“使用现有列表”区域显示“您当前的收件人选自：“邀请单位名单.xlsx”中的[Sheet1$]，如图 3-63 所示。

（5）在“邮件合并”窗格中单击“下一步：撰写信函”，进入如图 3-64 所示的“撰写信函”步骤。

（6）将光标插入点定位到主文档中插入域的位置，在“撰写信函”区域单击“其他项目”超链接，弹出“插入合并域”对话框。在“域”列表框中选择 1 个域“联系人姓名”，如图 3-65 所示，然后单击“插入”按钮，在主控文档光标位置插入域“«联系人姓名»”。接着关闭“插入合并域”对话框。

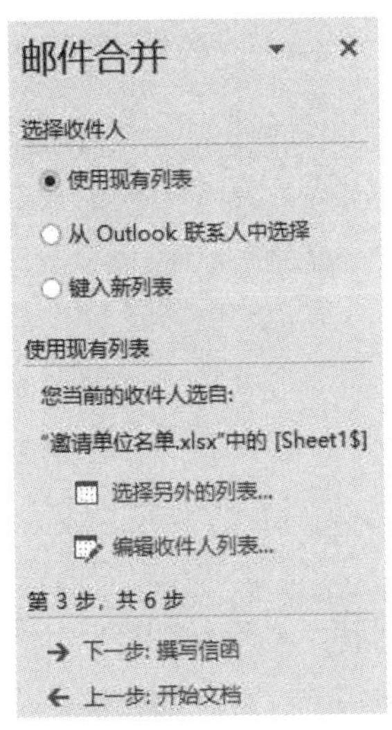

图 3-63　在“邮件合并”窗格中显示当前的收件人选自的列表

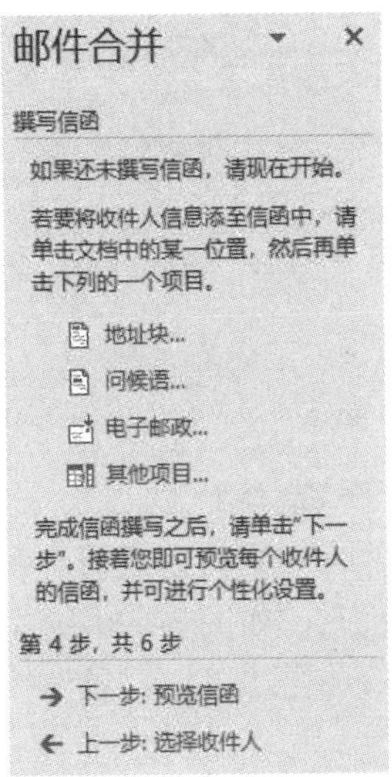

图 3-64　在“邮件合并”窗格撰写信函

将光标插入点定位到主文档中插入域“«联系人姓名»”之后，在“邮件”选项卡“编写和插入域”组中单击“插入合并域”按钮，在弹出的下拉菜单中选择“称呼”选项，如图 3-66 所示，在主控文档光标位置插入域“«称呼»”。

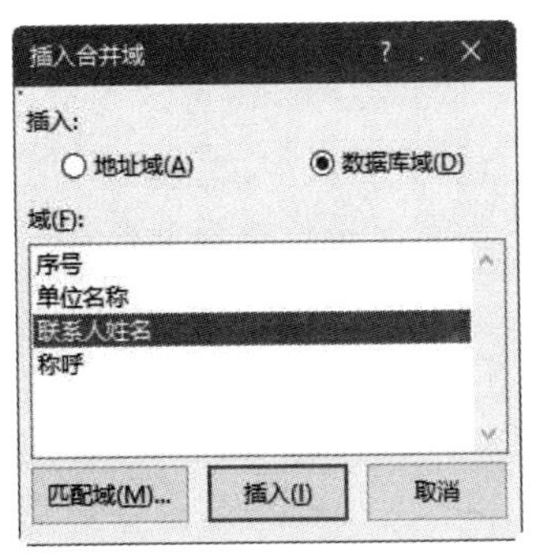

图 3-65　“插入合并域”对话框

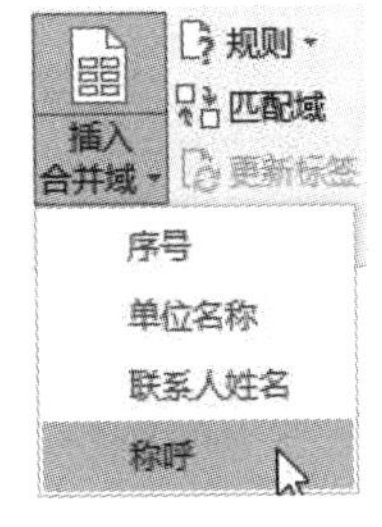

图 3-66　在“插入合并域”下拉菜单中选择“称呼”选项

（7）单击“下一步：预览信函”超链接，进入“预览信函”步骤，如图 3-67 所示。

在该窗格中单击“下一个”按钮»可以在主控文档中查看下一个收件人信息，单击“上一个”按钮«可以在主控文档中查看上一个收件人信息。

在该窗格中也可以单击“查找收件人”超链接，打开“查找条目”对话框，并在该对话框中选择域预览信函，还可以编辑收件人列表等。

（8）单击“下一步：完成合并”，进入“完成合并”步骤，如图 3-68 所示。至此完成了邮件合并操作，关闭“邮件合并”窗格即可。

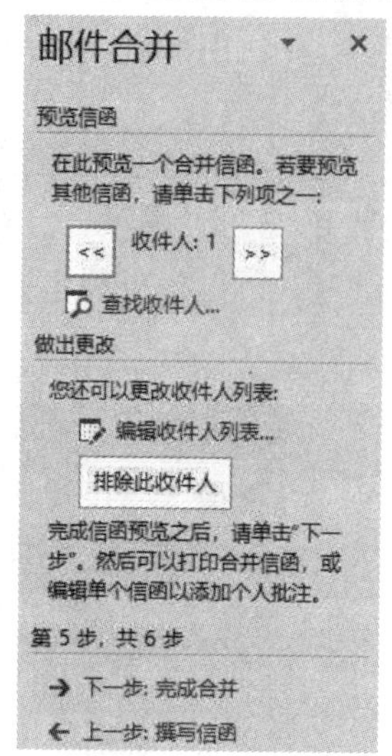

图 3-67　在“邮件合并”窗格预览信函

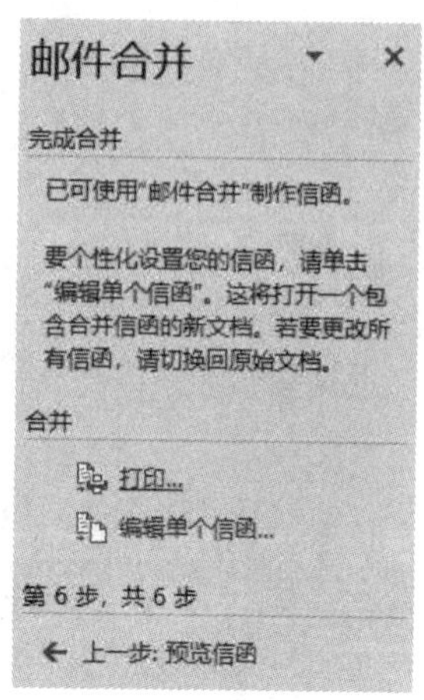

图 3-68　“邮件合并”窗格的“完成合并”界面

4．预览文档

邮件合并操作完成后，在“邮件”选项卡“预览结果”组中单击“预览结果”按钮，进入预览状态，如图 3-69 所示。

然后单击“下一记录”按钮▶，预览第 2 条记录的联系人姓名和称呼，如图 3-70 所示。

图 3-69　“邮件”选项卡“预览结果”组工具按钮

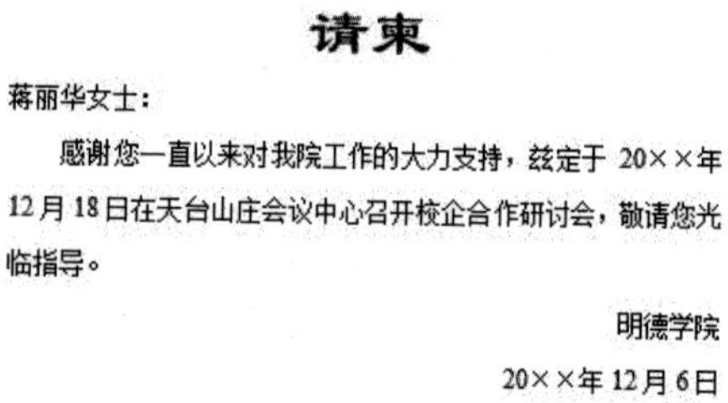

请柬

蒋丽华女士：

感谢您一直以来对我院工作的大力支持，兹定于 20××年 12 月 18 日在天台山庄会议中心召开校企合作研讨会，敬请您光临指导。

明德学院

20××年 12 月 6 日

图 3-70　第 2 条记录的预览结果

还可以单击“上一记录”按钮◀查看当前记录的前一条记录的联系人姓名和称呼，单击“首记录”按钮⏮查看第 1 条记录的联系人姓名和称呼，单击“尾记录”按钮⏭查看最后一条记录的联系人姓名和称呼。

5．合并到新文档

在“邮件”选项卡“完成”组中单击“完成并合并”按钮，在弹出的下拉菜单中选择“编辑单个文档”命令，如图 3-71 所示。在打开的“合并到新文档”对话框中选择“全部”单选按钮，如图 3-72 所示，然后单击“确定”按钮。

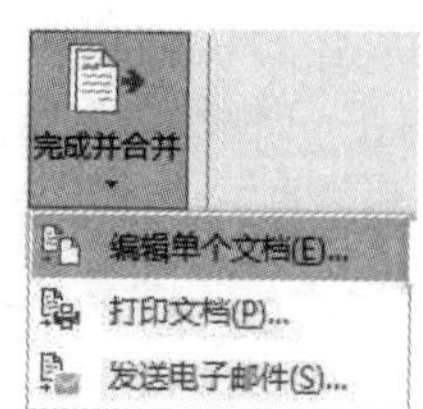

图 3-71　在“完成并合并”下拉菜单中选择“编辑单个文档”命令

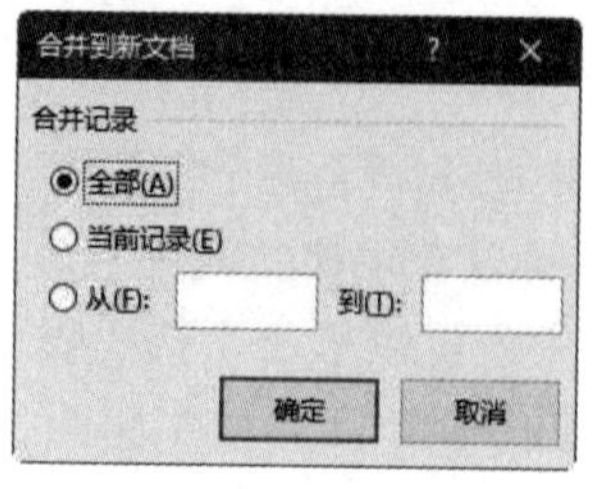

图 3-72　在“合并到新文档”对话框中选择“全部”单选按钮

此时会自动生成一个新文档，该文档包括数据源“邀请单位名单.xlsx”中所有被邀请对象的请柬信息。单击“保存”按钮，以名称“所有请柬.docx”对所有请柬进行保存，保存后文档如图 3-73 所示。

请柬

柳艳丽女士：

感谢您一直以来对我院工作的大力支持，兹定于 20××年 12 月 18 日在天台山庄会议中心召开校企合作研讨会，敬请您光临指导。

明德学院

20××年 12 月 6 日

请柬

蒋丽华女士：

感谢您一直以来对我院工作的大力支持，兹定于 20××年 12 月 18 日在天台山庄会议中心召开校企合作研讨会，敬请您光临指导。

明德学院

20××年 12 月 6 日

图 3-73　数据源“邀请单位名单.xlsx”中所有被邀请对象的请柬信息

6．打印文档

在“邮件”选项卡“完成”组中单击“完成并合并”按钮，在弹出的下拉菜单中选择“打印文档”命令，打开“合并到打印机”对话框。

【**说明**】在如图 3-68 所示的“邮件合并”窗格“完成合并”界面中，单击“打印”超链接，也可以打开“合并到打印机”对话框。

在“合并到打印机”对话框中选择需要打印的记录，这里选择“全部”单选按钮，如图 3-74 所示。然后单击“确定”按钮，打开“打印”对话框，如图 3-75 所示，在该对话框进行必要的设置后，单击“确定”按钮开始打印请柬。

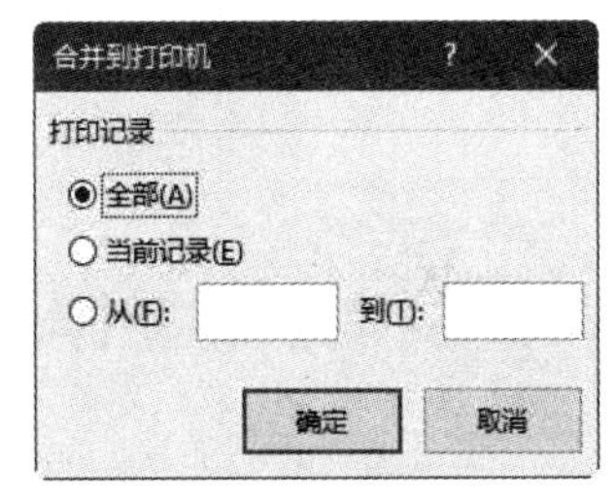

图 3-74　“合并到打印机”对话框

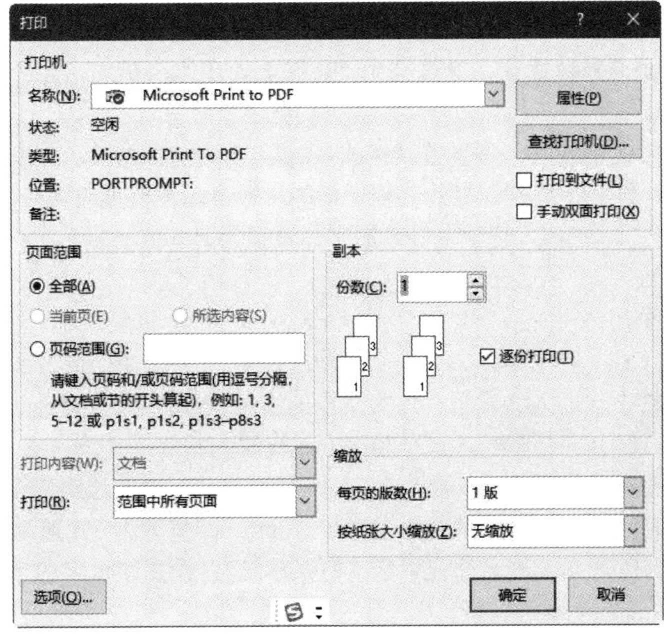

图 3-75　“打印”对话框

【提升学习】

【训练 3-11】在 Word 文档中绘制闸门形状和尺寸标注示意图

扫描二维码，熟悉电子活页中的相关内容，然后利用 Word 提供的各种形状绘制工具，绘制如图 3-76 所示的闸门形状和尺寸标注示意图，该示意图包括多种图形，如直线、箭头、矩形、三角形等。

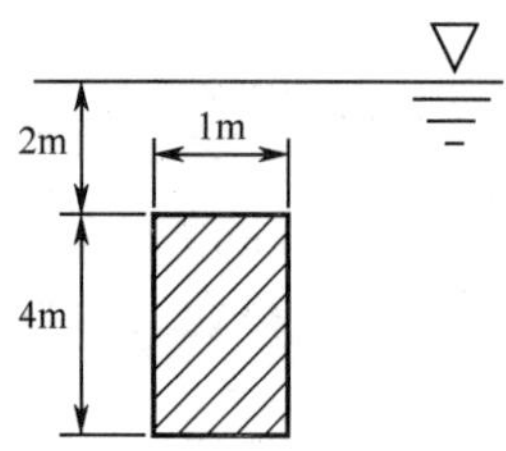

图 3-76　闸门形状和尺寸标注的示意图

【训练 3-12】利用邮件合并功能制作毕业证书

扫描二维码，熟悉电子活页中的相关内容。打开 Word 文档“毕业证书.docx”，按照以下要求完成相应的操作：

（1）将纸张方向设置为“横向”，纸张大小设置为“16 开（18.4 厘米×26 厘米）”，上、下页边距和左、右页边距都设置为 2 厘米。

（2）将文档页面平分为 2 栏，宽度都为 28 字符，两栏之间的间距为 3.4 字符。

（3）输入所需的文本内容，并设置其格式。

（4）证书编号、姓名、性别、专业名称、学制、学习起止日期对应内容的字形都设置为“加粗”，将学生姓名的字体设置为“华文行楷”，字号设置为“小二”，字形设置为“加粗”。

电子活页 3-28

利用邮件合并功能制作毕业证书

（5）页脚位置的左端插入文字“中华人民共和国教育部学历证书查询网址：http://www.chsi.com.cn”，右端插入文字“明德学院监制”，中间按 Tab 键进行分隔。

（6）在页面左栏中部插入文本框，该文本框的高度设置为“5.5 厘米”，宽度设置为“3.7 厘米”；环绕方式设置为“四周型”，水平对齐方式设置为相对于栏“居中”，垂直对齐方式设置相对于“页面”的绝对位置为“7 厘米”；左、右、上、下内部边距都设置为 0。在文本框内插入证件照片，证件照片的尺寸设置为 3.5cm×5.3cm，即宽度为 3.5 厘米，高度为 5.3 厘米。

（7）在“校名”位置插入校名的艺术字“明德学院”，设置艺术字的字体为“华文行楷”，字号为“初号”，字形为“加粗”。

（8）在校名“明德学院”位置插入印章图片，该印章的环绕方式设置为“浮动文字上方”，大小缩放的高度和宽度都设置为“30%”。

（9）以本文档为主文档，以同一文件夹中的 Excel 文档“毕业生名单.xlsx”作为数据源，在本文档的证书编号、姓名、性别、出生年、出生月、出生日、学习开始年份、开始月份、学习结束年份、结束月份、专业名称、学制对应位置插入 12 个域，实现邮件合并功能。要求在毕业证书中显示的年、月、日、学制均为汉字数字。

（10）插入“链接和引用”域“IncludePicture”，该域用于插入证件照片。然后插入嵌套合并域，实现邮件合并功能。

（11）预览毕业证书的外观效果，最终外观效果示例如图 3-77 所示。

普通高等学校

毕业证书

学生 赵琼玉，性别 女， 一九九九年 一二 月 二一 日生。于 二〇一七 年 九 月至 二〇二〇 年 六 月在本校 信息管理 专业 三 年制专科学习，修完教学计划规定的全部课程，成绩合格，准予毕业。

校　　名：

校（院）长：

二〇二〇年六月十八日

证书编号：123021201806000054

中华人民共和国教育部学历证书查询网址：http://www.chsi.com.cn　　明德学院监制

图 3-77　毕业证书的外观效果

【训练 3-13】编辑制作悠闲居创业计划

打开 Word 文档“悠闲居创业计划书.docx”，完成以下任务：

（1）设置创业计划书文档的页面格式，纸张设置为 A4，左边距设置为 3.0 厘米，右边距设置为 2.0 厘米，上边距设置为 2.6 厘米，下边距设置为 2.6 厘米，页眉设置为 1.5 厘米，页脚设置为 1.75 厘米。

（2）参考如表 3-7 所示的样式定义创建创业计划书的各个样式，文字颜色自行设置。

表 3-7　参考样式

标题名或级别	大纲级别	字体			段落			
		字体	字号	粗细	对齐方式	缩进	行距	段前后间距
一级标题	1 级	黑体	三号	常规	居中	（无）	单倍	30 磅
二级标题	2 级	宋体	小二	加粗	居中	首行 2 字符	单倍	15 磅
三级标题	3 级	黑体	四号	常规	左	首行：2 字符	单倍	6 磅
四级标题	4 级	宋体	小四	加粗	左	首行：2 字符	单倍	6 磅
小标题	5 级	宋体	小四	加粗	两端	首行：2 字符	单倍	默认值

续表

标题名或级别	大纲级别	字体				段落		
		字体	字号	粗细	对齐方式	缩进	行距	段前后间距
正文中的步骤	6 级	宋体	小四	常规	左	首行：2 字符	单倍	默认值
正文	正文文本	宋体	小四	常规	两端	（无）	23 磅	默认值
表格标题		宋体	五号	常规	居中	（无）	23 磅	默认值
表格居中文字		宋体	小五	常规	居中	（无）	单倍	默认值
表格左对齐文字		宋体	小五	常规	左	（无）	单倍	默认值
图格式		宋体	小五	常规	居中	（无）	单倍	6 磅
图中文字		宋体	小五	常规	居中	（无）	单倍	默认值
图标题		宋体	小五	常规	居中	（无）	单倍	6 磅
封面标题 1		宋体	三号	加粗	居中	（无）	2 倍	默认值
封面标题 2		隶书	二号	加粗	居中	（无）	2 倍	默认值
封面标题 3		宋体	四号	常规	居中	（无）	1.5 倍	默认值
封面标题 4		宋体	四号	下画线	两端	（无）	1.5 倍	默认值

（3）在创业计划书文档各个部分的结束位置插入“下一页”分节符。

（4）对创业计划书文档中的各级标题、正文套用合适的样式。

（5）对创业计划书文档中的表格标题、表中文字套用对应的样式。

（6）对创业计划书文档中的图、图标题套用对应的样式。

（7）在文档“偶数页”中的页眉位置插入创业计划书标题“悠闲居创业计划书”，在文档“奇数页”中的页眉位置插入各部分的标题，首页不插入页眉。

（8）在创业计划书文档的正文插入阿拉伯数字（1、2、3、4、5、6 等）页码，且要求连续编写页码，首页不插入页码。

（9）在悠闲居创业计划书的目录页面提取并生成标题目录。

（10）为悠闲居创业计划书全文的表格插入自动编号的题注，并在表目录页提取和生成表目录。

（11）为悠闲居创业计划书添加封面，在封面插入艺术字、图片并输入文字，对封面文字套用合适的样式。

【操作提示】

（1）悠闲居创业计划书的目录外观效果如图 3-78 所示。

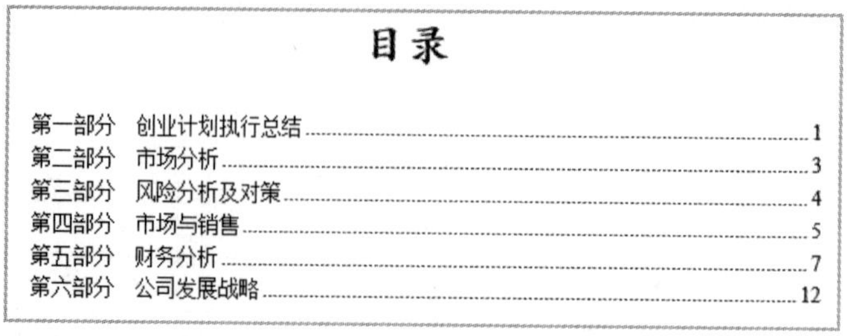
目录

第一部分　创业计划执行总结........1
第二部分　市场分析........3
第三部分　风险分析及对策........4
第四部分　市场与销售........5
第五部分　财务分析........7
第六部分　公司发展战略........12

图 3-78　悠闲居创业计划书的目录外观效果

（2）为悠闲居创业计划书全文的表格插入自动编号的题注，并在表目录页提取和生成表目录。悠闲居创业计划书的表目录外观效果如图 3-79 所示。

表目录

图 3-79　悠闲居创业计划书的表目录外观效果

（3）参考图 3-80，在悠闲居创业计划书封面中插入艺术字、图片并输入文字，对封面文字套用合适的样式。

图 3-80　悠闲居创业计划书的封面外观效果

【考核评价】

【技能测试】

【测试 3-1】合理设置 Word 选项

在 Word 主界面的“文件”选项卡中单击“选项”命令即可打开“Word 选项”设置界面，如图 3-81 所示，利用“Word 选项”设置界面进行如下设置：

（1）在功能区下方显示快速访问工具栏。
（2）启动实时预览功能。
（3）设置自动折叠功能区。
（4）将文件保存格式设置为“*.docx”。
（5）将“最近使用的文档”显示个数调整为 20 个。
（6）将保存自动恢复信息时间间隔调整为 15 分钟。
然后恢复系统的默认设置。

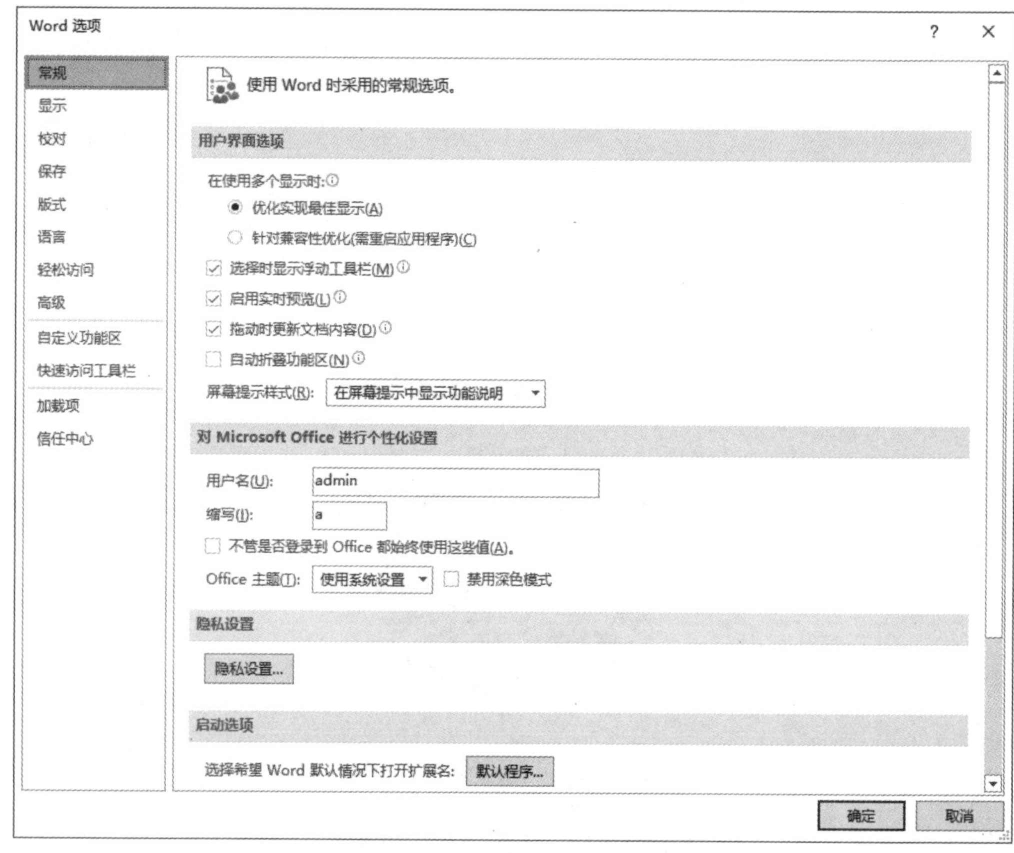

图 3-81　“Word 选项”设置界面

【测试 3-2】在 Word 2016 中输入中英文和特殊字符

训练 1：打开文件夹“单元 3”的 Word 文档“联系方式.docx”，然后在文本区输入以下内容。

联系方式
姓名：丁一
地址：长沙时代大道×××号
邮编：410007
电话：1520733****（手机）　　0731-2244****（宅电）
E-mail：dingyi@163.com

训练 2：在文件夹“单元 3\测试 3-2”中创建一个 Word 文档“特殊字符.docx”，在文本区输入以下内容：

①‖ 々～ 〖〗 【】 「」 『』 ︱

②Ⅰ Ⅱ Ⅲ Ⅳ Ⅴ Ⅵ Ⅶ Ⅷ Ⅸ Ⅹ Ⅺ Ⅻ

③≈ ≡ ≠ ≤ ≥ ≮ ≯ ∷ ± ∫ ∮ ∝ ∞ ∧ ∨ ∑ ∏ ∪ ∩ ∈
∵ ∴ ⊥ ∥ ∠ ⌒ ⊙ ≌ ∽ √

④° ′ ″ ＄ ￡ ￥ ‰ ％ ℃ ¤ ￠ 零 壹 贰 叁 肆 伍 陆 柒 捌 玖 拾

⑤┌┬┐ ├┤ │┼┆ ─

⑥§ № ☆ ★ ※ → ← ↑ ↓ ○ ◇ □ △

⑦α β γ δ ε ζ η θ λ μ ν ξ ο π ρ σ τ υ φ χ ψ ω

⑧ā ò ě ì ū

⑨© ® ™ ¥ $ € ♂ ♀ ↖ ↗ ↘ ↙

【测试 3-3】Word 文档定义样式与模板

打开 Word 文档“五四青年节活动方案 1.docx”，按照以下要求完成相应的操作：

（1）定义多个样式，名称分别为“01 一级标题”“02 二级标题”“03 三级标题”“04 小标题”“05 正文”“06 表格标题”“07 表格内容”“08 图片”“09 图片标题”“10 落款”。

（2）将定义的样式应用到 Word 文档“五四青年节活动方案 3.docx”中的各级标题、正文、表格、图片和落款文本。

（3）将 Word 文档“五四青年节活动方案 3.docx”保存为 Word 模板，该模板命名为“活动方案模板.dotx”。

（4）打开 Word 文档“五四青年节活动方案 4.docx”，加载自定义模板“活动方案模板.dotx”，然后应用该模板中的样式。

【测试 3-4】在 Word 文档中制作个人基本信息表

打开 Word 文档“个人基本信息表.docx”，按照以下要求完成相应的操作：

（1）在标题“个人基本信息表”下面插入 1 个 12 行 7 列的表格，表格宽度设置为“16 厘米”，各行的高度最小值为“0.9 厘米”。表格的对齐方式设置为“居中”，单元格的垂直对齐方式设置为“居中”，文字环绕设置为“无”。

（2）根据需要进行单元格的合并或拆分，例如，“学历学位”为 2 个单元格合并，“照片”为 4 个单元格合并，“家庭主要成员社会关系”为 4 个单元格合并。

（3）适当调整表格各行的高度和各列的宽度。

（4）在表格中输入必要的文字。

“个人基本信息表”的外观效果如图 3-82 所示。

【操作提示】

“个人基本信息表”中第 1 列上面 6 行中的宽度与下面 6 行宽度不同，只需独立选择第 1 列下面 6 行，然后通过拖动鼠标的方式调整列宽即可。

最后 4 行的纵向表格线也可以先选择这 4 行，然后通过拖动鼠标的方式调整列宽即可。

个人基本信息表

<table>
<tr><td>姓名</td><td></td><td>性别</td><td></td><td>出生年月
（岁）</td><td>（　　）岁</td><td rowspan="4">照

片</td></tr>
<tr><td>民族</td><td></td><td>籍贯</td><td></td><td>健康状况</td><td></td></tr>
<tr><td>参加工
作时间</td><td></td><td>身份证号</td><td colspan="3"></td></tr>
<tr><td>专业技术
职务</td><td></td><td>熟悉专业</td><td></td><td>有何专长</td><td></td></tr>
<tr><td rowspan="2">学历
学位</td><td>全日制
教育</td><td colspan="2"></td><td>毕业院校
系及专业</td><td colspan="2"></td></tr>
<tr><td>在职
教育</td><td colspan="2"></td><td>毕业院校
系及专业</td><td colspan="2"></td></tr>
<tr><td>简

历</td><td colspan="6"></td></tr>
<tr><td>曾获
荣誉</td><td colspan="6"></td></tr>
<tr><td rowspan="4">家庭主要成员社会关系</td><td>称谓</td><td>姓名</td><td>年龄</td><td>政治面貌</td><td colspan="2">工作单位及职务</td></tr>
<tr><td></td><td></td><td></td><td></td><td colspan="2"></td></tr>
<tr><td></td><td></td><td></td><td></td><td colspan="2"></td></tr>
<tr><td></td><td></td><td></td><td></td><td colspan="2"></td></tr>
</table>

图 3-82　“个人基本信息表”的外观效果

【测试 3-5】Word 表格操作与数据计算

在文件夹“单元 3”中创建并打开 Word 文档“信息技术应用基础成绩表.docx”，在该文档中插入如图 3-83 所示的 11 行 12 列表格，该表格的具体要求如下：

（1）表格外边框线为 1.5 磅的单粗实线，内边框线为 0.5 磅的单细实线。

（2）将表格第 1 列的第 1～2 行两个单元格合并，将第 2 列的第 1～2 行两个单元格合并，将第 1 行的第 3～10 列的 8 个单元格合并，将第 11 列的第 1～2 行两个单元格合并，将第 12 列的第 1～2 行两个单元格合并，分别将第 9～11 行的第 1～11 列的 11 个单元格合并。

（3）设置表格第 1～2 行行高的固定值为 0.5 厘米，其他各行行高的最小值为 0.6 厘米。设置表格中“学号”列的宽度为 18.2%，“姓名”列的宽度为 10.6%，“综合考核”列的宽度为 11%，“成绩”列的宽度为 11.1%。

（4）设置表格单元格默认的左、右边距为 0.15 厘米，“综合考核”对应单元格的左、右边距为 0.1 厘米。

（5）利用公式“=SUM(LEFT)”计算“成绩”列的第 2～7 行的成绩数值，数字格式为“0.0”。

（6）利用公式“=SUM(ABOVE)”计算“总分”，数字格式为“0.0”。

（7）利用公式“=COUNT(L3:L8)”计算“小组人数”，数字格式为“0”。

（8）利用公式“=AVERAGE(L3:L8)”计算“平均成绩”，数字格式为“0.00”。

学号	姓名	过程考核(80%)								综合考核(20%)	成绩
		1	2	3	4	5	6	7	8		
20115901080201	夏纯	9	9	9	9	10	9	9	9	19	92.0
20115901080202	谭智超	9.5	9	9	8	9	8	9	9	20	90.5
20115901080203	夏奥	8	4	6	7	9.5	8	8	7	16	73.5
20115901080204	刘毅	9	8	9	8	8	7	8.5	8	18	83.5
20115901080205	吴羽霄	5	9	6	7	10	6	7	6	16	72.0
20115901080206	欧阳俊	6	7	7	7	9	6	8	7	14	71.0
总分											482.5
小组人数											6
平均成绩											80.42

图 3-83 信息技术应用基础成绩表

【测试 3-6】在 Word 文档中插入与设置图片

打开文件夹“单元 3”中的 Word 文档“关于‘五一’国际劳动节放假的通知.docx”，在该文档中“通知”主标题之前插入如图 3-32 所示的文件头，在“通知”落款位置插入如图 3-33 所示的印章，其具体要求如下：

（1）插入艺术字“明德学院”，字体为宋体，字号为 36，颜色为红色。

（2）水平线段的线型为双线，线宽为 5.5 磅，颜色为红色。

（3）印章的高度为 3.04 厘米，宽度为 3 厘米。

【测试 3-7】在 Word 文档中绘制计算机硬件系统基本组成的图形

创建与打开文件夹“单元 3”中的 Word 文档“计算机硬件系统的基本组成.docx”，在该文档中绘制如图 3-84 所示的计算机硬件系统的基本组成。

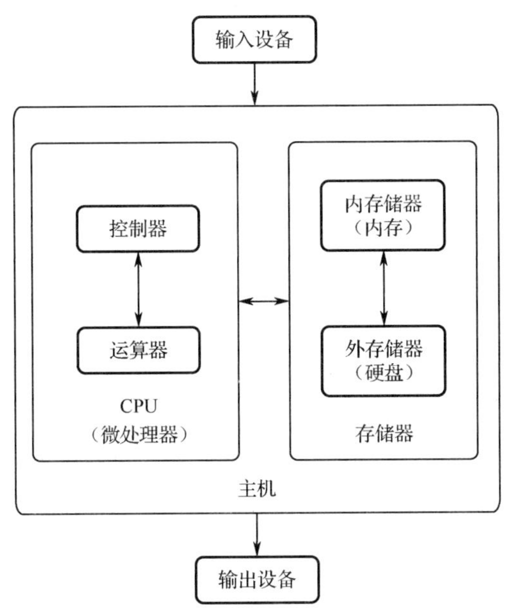

图 3-84 计算机硬件系统的基本组成

【测试 3-8】在 Word 文档中制作准考证

以文件夹“单元 3”中的 Word 文档“大学英语四级考试准考证.docx”作为主文档，利用同一文件夹中的 Excel 文档“大学英语四级考试学生名单.xlsx”作为数据源，使用 Word 的邮件合并功能制作准考证。插入了多个域的主文档外观如图 3-85 所示，准考证的预览效果如图 3-86 所示。

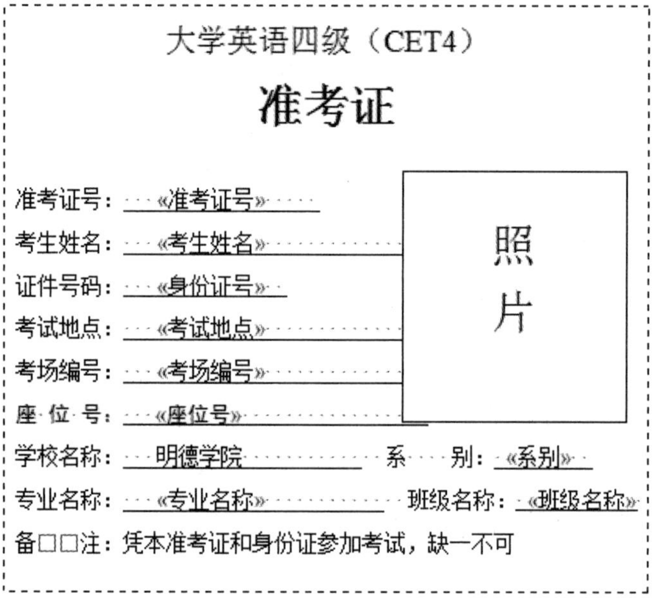

大学英语四级（CET4）

准考证

准考证号：«准考证号»

考生姓名：«考生姓名»

证件号码：«身份证号»

考试地点：«考试地点»

考场编号：«考场编号»

座 位 号：«座位号»

学校名称：明德学院　系　别：«系别»

专业名称：«专业名称»　班级名称：«班级名称»

备□□注：凭本准考证和身份证参加考试，缺一不可

照片

图 3-85　插入多个域的主文档外观

大学英语四级（CET4）

准考证

准考证号：430451111100530

考生姓名：赵琼玉

证件号码：430[illegible]3225

考试地点：J1-209

考场编号：005

座 位 号：30

学校名称：明德学院　系　别：信息工程系

专业名称：信息管理　班级名称：信息管理 01

备　注：凭本准考证和身份证参加考试，缺一不可

图 3-86　准考证的预览效果

【在线测试】

扫描二维码，完成本单元的在线测试。

单元 4　操作与应用 Excel 2016

Excel 2016 具有计算功能强大、使用方便、有较强的智能性等优点，不仅可以制作各种精美的电子表格和图表，也可以对表格中的数据进行分析和处理，是提高办公效率的得力工具，被广泛应用于财务、金融、统计、人事、行政管理等领域。

【在线学习】

4.1　初识 Excel 2016

Excel 在我们日常学习和生活中扮演着重要的角色，在学习使用这个软件之前，有必要先了解其基本组成和主要功能。

4.1.1　Excel 2016 窗口的基本组成及其主要功能

1．Excel 2016 窗口的基本组成

Excel 2016 启动成功后，屏幕上出现 Excel 2016 窗口，该窗口主要由标题栏、快速访问工具栏、功能区、编辑栏、工作表、行号、列标、滚动条、状态栏等元素组成，如图 4-1 所示。

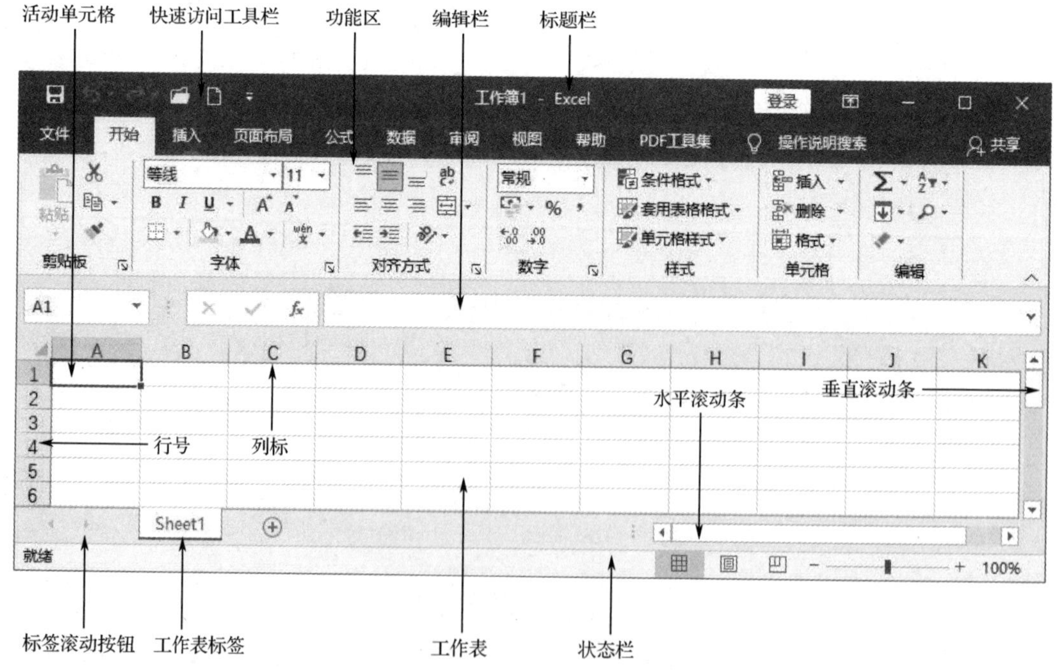

图 4-1　Excel 2016 窗口的基本组成

2. Excel 2016 窗口组成元素的主要功能

扫描二维码，熟悉电子活页中的相关内容，掌握 Excel 窗口的各个组成元素的主要功能。

4.1.2 Excel 的基本工作对象

1. 工作簿

Excel 的文件形式是工作簿，一个工作簿即为一个 Excel 文件，平时所说的 Excel 文件实际上是指 Excel 工作簿。创建新的工作簿时，系统默认的名称为“工作簿 1”，这也是 Excel 的文件名。工作簿的扩展名为“.xlsx”，工作簿模板文件扩展名是“.xltx”。

工作簿窗口是用户的工作区，以工作表的形式提供给用户一个工作界面。

一本会计账簿有很多页，每一页都是记账表格，表格包括多行或多列。工作簿与会计账簿一样，1 个工作簿可以包含多个工作表，用于存储表格和图表，每个工作表包含多行和多列，行或列包含多个单元格。

2. 工作表

工作表是工作簿文件的组成部分，由行和列组成，又称为电子表格，是存储和处理数据的区域，也是用户主要操作的对象。

单击工作表标签左侧的滚动按钮，可以查看前一个、后一个工作表。

3. 单元格

工作表中行、列交叉处的长方形称为单元格，它是工作表中用于存储数据的基本单元。每个单元格有一个固定的地址，地址编号由“列标”和“行号”组成，如 A1、B2、C3 等。单元格区域是指多个单元格组成的矩形区域，其表示方法是由左上角单元格地址和右下角单元格地址加“:”组成，例如，A1:C5 表示从 A1 单元格到 C5 单元格之间的矩形区域。

4. 行

由行号相同、列标不同的多个单元格组成行。

5. 列

由列标相同、行号不同的多个单元格组成列。

6. 当前工作表（活动工作表）

正在操作的工作表称为当前工作表，也可以称为活动工作表。当前工作表的名称下有一下画线，用以区别于其他工作表。创建新工作簿时系统默认名为“Sheet1”的工作表为当前工作表。单击工作表标签可以切换当前工作表。

7. 活动单元格

活动单元格是指当前正在操作的单元格，与其他非活动单元格的区别是，活动单元格呈现为粗线边框▭，它是工作表中数据编辑的基本单元。活动单元格的右下角处有一个小黑方块，称为填充柄。

4.1.3 单元格地址与引用

Excel 2016 可以方便、快速地进行数据计算与统计，数据计算与统计时一般需要引用单元格中的数据。单元格的引用是指在计算公式中使用单元格地址作为运算项，单元格地址代表了单元格的数据。

1. 单元格地址

单元格地址由“列标”和“行号”组成，列标在前、行号在后，如 A1、B4、D8 等。

2. 单元格区域地址

（1）连续的矩形单元格区域。连续的矩形单元格区域的地址引用为：单元格区域左上角的单元格地址:单元格区域右下角的单元格地址，中间使用半角冒号（:）分隔，例如 B3:E12，其中 B3 表示单元格区域左上角的单元格地址，E12 表示单元格区域右下角的单元格地址。

（2）不连续的多个单元格或单元格区域。多个不连续的单元格或单元格区域的地址引用为：使用半角逗号（,）分隔多个单元格或单元格区域的地址，例如 A2,B3:D12,E5,F6:H10，其中 A2、E5 表示 2 个单元格的地址，B3:D12 和 F6:H10 表示 2 个单元格区域的地址。

3. 单元格引用

（1）相对引用。相对引用是指单元格地址直接使用“列标”和“行号”表示，如 A1、B2、C3 等。含有单元格相对地址的公式移动或复制到一个新位置时，公式中的单元格地址会随之发生变化。例如，单元格 F3 应用的公式中包含了单元格 D3 的相对引用，将 F3 中的公式复制到单元格 F4 时，公式所包含的单元格相对引用会自动变为 D4。

（2）绝对引用。绝对引用是指单元格地址中的“列标”和“行号”前各加一个“$”符号，如$A$1、$B$2、$C$3 等。含有单元格绝对地址的公式移动或复制到一个新的位置时，公式中的单元格地址不会发生变化。例如，单元格 F32 应用的公式中包含了单元格 F31 的绝对引用$F$31，将 F32 中的公式复制到单元格 F33 时，公式所包含的单元格绝对引用不变，为同一个单元格 F31 中的数据。

（3）混合引用。混合引用是指单元格地址中，“列标”和“行号”中有一个使用绝对地址，而另一个却使用相对地址，如$A1、B$2 等。对于混合引用的地址，在公式移动或复制时，绝对引用部分不会发生变化，而相对引用部分会随之变化。

如果列标为绝对引用，行号为相对引用，如$A1，那么在公式移动或复制时，列标不会发生变化（例如 A），但行号会发生变化（例如 1、2、3……），即为同一列不同行对应单元格的数据（例如 A1、A2、A3……）。

如果行号为绝对引用，列标为相对引用，如 A$1，那么在公式移动或复制时，行号不会发生变化（例如 1），但列标会发生变化（例如 A、B、C……），即为同一行不同列对应单元格的数据（例如 A1、B1、C1……）。

（4）跨工作表的单元格引用。公式中引用同一工作簿中其他工作表中单元格的形式：<工作表名称>!<单元格地址>，“工作表名称”与“单元格地址”之间使用半角感叹号（!）分隔。

（5）跨工作簿的单元格引用。公式中引用不同工作簿中单元格的形式：<[工作簿文件名]><工作表名称>!<单元格地址>。

【注意】“工作簿文件名”加半角中括号（[ ]），要使用绝对路径且带扩展名；“工作表名称”与“单元格地址”之间使用半角感叹号（!）分隔，<[工作簿文件名]><工作表名称>还需要半角单引号，如'E:\[考核成绩.xlsx]sheet1'!A6。

4.1.4 初识数据透视表和数据透视图

数据透视表是最常用、功能最全的 Excel 数据分析工具之一，其有机地综合了数据排序、筛选、分类汇总等数据统计分析功能。

Excel 的数据透视表和数据透视图比普通的分类汇总功能更强，可以按多个字段进行分类，便于从多方向分析数据。例如，分析集团公司的商品销售情况，可以按不同类型的商品进行分类汇总，也可以按不同的销售员进行分类汇总，还可以综合分析某一种商品不同销售员的销售业绩，或者同一位销售员销售不同类型商品的情况，前两种情况使用普通的分类汇总即可实现，后两种情况则需要使用数据透视表或数据透视图实现。

数据透视表是对 Excel 数据表中的各个字段进行快速分类汇总的一种分析工具，是一种交互式报表。利用数据透视表可以方便地调整分类汇总的方式，灵活地以多种不同方式展示数据的特征。

一张数据透视表仅靠鼠标拖动字段位置，即可变换出各种类型的分析报表。用户只需指定所需分析的字段、数据透视表的组织形式，以及要计算类型（求和、计、求平均值）。如果原始数据发生更改，则可以刷新数据透视表更改汇总结果。

【单项操作】

4.2 Excel 2016 基本操作

4.2.1 启动与退出 Excel 2016

【操作 4-1】启动与退出 Excel 2016

扫描二维码，熟悉电子活页中的相关内容，然后选择合适方法完成以下各项操作：

（1）使用 Windows 10 的“开始”菜单启动 Excel 2016。

（2）单击 Excel 窗口标题栏右侧的“关闭”按钮 × 退出 Excel 2016。

（3）双击 Windows 10 的桌面快捷图标启动 Excel 2016。

（4）利用 Excel 标题栏左上角的控制菜单按钮退出 Excel 2016。

4.2.2 Excel 工作簿基本操作

【操作 4-2】Excel 工作簿基本操作

扫描二维码，熟悉电子活页中的相关内容，然后选择合适方法完成以下各项操作：

（1）在文件夹“单元 4”中创建并打开 Excel 工作簿文件“应聘企业通信录 1.xlsx”，然后另存为“应聘企业通信录 2.xlsx”。

（2）将 Excel 工作簿“应聘企业通信录 1.xlsx”关闭。

（3）打开 Excel 工作簿文件“应聘企业通信录 2.xlsx”。

（4）退出 Excel 2016。

4.2.3 Excel 工作表基本操作

Excel 2016 中，默认情况下一个工作簿包括 1 个工作表，可以插入、删除多个工作表，还可以对工作表进行复制、移动和重命名等操作。

【操作 4-3】Excel 工作表基本操作

扫描二维码，熟悉电子活页中的相关内容，然后启动 Excel 2016 时，创建并保存 Excel 工作簿“Excel 工作表基本操作.xlsx”。选择合适方法完成以下各项操作。

操作 1：插入工作表。

（1）在该工作簿默认添加的工作表“Sheet1”右侧再插入 2 个工作表“Sheet2”和“Sheet3”。

（2）利用 Excel 窗口的功能区选项在工作表“Sheet1”之前插入 1 个新工作表“Sheet4”，在工作表“Sheet2”之前插入 1 个新工作表“Sheet5”。

（3）利用工作表标签的快捷菜单在工作表“Sheet3”之前插入 1 个新工作表“Sheet6”。

操作 2：复制与移动工作表。

（1）在 Excel 工作簿“Excel 工作表基本操作.xlsx”中复制工作表“Sheet2”，然后将复制工作表“Sheet2 (2)”移动到工作表“Sheet3”右侧。

（2）将 Excel 工作簿“Excel 工作表基本操作.xlsx”中的工作表“Sheet4”移到“Sheet3”的左侧。

操作 3：选定工作表。

（1）选定工作表“Sheet1”。

（2）选定工作表“Sheet1”和“Sheet3”。

（3）选定 Excel 工作簿“Excel 工作表基本操作.xlsx”中所有的工作表。

操作 4：切换工作表。

先选定工作表“Sheet1”，然后切换到工作表“Sheet3”。

操作 5：重命名工作表。

在 Excel 工作簿“Excel 工作表基本操作.xlsx”中，利用 Excel 窗口的功能区选项将工作表“Sheet1”重命名为“第 1 次考核成绩”，利用工作表标签的快捷菜单将工作表“Sheet2”重命名为“第 2 次考核成绩”。

操作 6：删除工作表。

在 Excel 工作簿“Excel 工作表基本操作.xlsx”中，利用 Excel 窗口的功能区选项将工作表“Sheet5”删除，利用工作表标签的快捷菜单将工作表“Sheet6”删除。

操作 7：数据查找与替换。

打开 Excel 工作簿“客户通信录.xlsx”，在工作表“Sheet1”中查找“长沙市”“数据中心”，将“187 号”替换为“188 号”。

4.2.4 工作表窗口基本操作

如果在滚动工作表时需要始终显示某一列或某一行的标题，Excel 允许将工作表分区，这样就可以在一个工作区域内滚动时，在另一个分割区域中显示标题。

如果需要让工作表中的某些部分固定不动，可以使用“冻结窗格”命令。可以先将窗口拆分成区域，也可以单步冻结工作表标题。如果在冻结窗格之前拆分窗口，窗口将冻结在拆分位置，而不是冻结在活动单元格位置。

【操作 4-4】Excel 工作表窗口拆分与冻结

扫描二维码，熟悉电子活页中的相关内容，然后启动 Excel 2016 时，创建并保存 Excel 工作簿“Excel 工作表基本操作.xlsx”。选择合适方法完成以下各项操作。

电子活页 4-5

Excel 工作表窗口拆分与冻结

（1）将 Excel 工作簿“Excel 工作表基本操作.xlsx”中的工作表“第 1 次考核成绩”拆分为上下 2 个水平窗口。

（2）将 Excel 工作簿“Excel 工作表基本操作.xlsx”中的工作表“第 2 次考核成绩”拆分为左右 2 个垂直窗口。

（3）将 Excel 工作簿“Excel 工作表基本操作.xlsx”中的工作表“第 1 次考核成绩”中的标题行冻结。

4.2.5 Excel 行与列基本操作

Excel 行与列的基本操作主要包括选定行、选定列、插入行与列、复制行与列、移动行与列、删除行与列、调整行高和调整列宽等。

【操作 4-5】Excel 行与列基本操作

扫描二维码，熟悉电子活页中的相关内容，然后打开文件夹“单元 4”中 Excel 工作簿文件“应聘企业通信录 1.xlsx”，选择合适方法完成以下各项操作。

电子活页 4-6

Excel 行与列基本操作

操作 1：选定行。

（1）先后选定标题行和序号为“2”的行。

（2）选定序号分别为 2、3、4、5 相邻的 4 行。

（3）选定序号分别为 1、3、5、7 不相邻的 4 行。

操作 2：选定列。

（1）先后选定标题为“企业名称”、“地址”和“办公电话”的列。

（2）选定标题分别为“企业名称”、“应聘职位”和“地址”相邻的 3 列。

（3）选定标题分别为“企业名称”、“地址”和“电子邮箱”不相邻的 3 列。

操作 3：插入行与列。

（1）在序号为 4 的行之前插入一行，在序号为 7 的行之后插入一行。

（2）在标题为“联系人”的左侧插入一列，在标题为“企业名称”的右侧插入一列。

操作 4：复制整行与整列。

（1）复制序号为“3”的行，然后在序号为“8”之后的行进行粘贴操作。

（2）复制标题为“电子邮箱”的列，然后在标题为“办公电话”之后的列进行粘贴操作。

操作 5：移动整行与整列。

（1）将序号为“5”的行移动到行号为 12 的行。

（2）将标题为“联系人”的列移动到“I”列。

操作 6：删除整行与整列。

（1）删除新插入的行和列。

（2）删除复制后重复的行和列。

操作 7：调整行高。

（1）调整标题行的行高为“20”。

（2）调整非标题行的行高为“16”。

操作 8：调整列宽。

使用鼠标拖动方法将各数据列的宽度设置为至少能容纳单元格中的内容。

4.2.6 Excel 单元格基本操作

Excel 单元格的基本操作主要包括选定单元格、选定单元格区域、插入单元格、复制与移动单元格、复制与移动单元格中的数据、删除单元格等。

【操作 4-6】Excel 单元格基本操作

扫描二维码，熟悉电子活页中的相关内容，然后打开文件夹“单元 4”中的 Excel 工作簿“应聘企业通信录 2.xlsx”，选择合适方法完成以下各项操作。

操作 1：选定单元格。

（1）使用鼠标选定应聘职位为“网站开发”的单元格（其地址为 C6），然后使用键盘移动单元格指针到联系人为“金先生”的单元格和序号为“7”的单元格。

电子活页 4-7

Excel 单元格基本操作

（2）使用菜单命令选定“D8”单元格。

（3）使用“名称框”选定“E6”单元格。

操作 2：选定单元格区域。

选定单元格区域“E6:D8”。

操作 3：插入与删除单元格。

（1）在应聘职位为“网站开发”的单元格上方插入 1 个单元格，然后删除新插入的单元格。

（2）删除应聘职位为“网站开发”的单元格，然后执行撤销操作。

（3）在应聘职位为“网站开发”的单元格上方插入 1 个单元格，然后删除新插入的单元格。

（4）在应聘职位为“网站开发”的单元格左侧插入 1 个单元格，然后删除新插入的单元格。

操作 4：复制单元格。

将应聘职位为“网站开发”的单元格复制到单元格“C12”的位置。

操作 5：移动单元格数据。

删除 C6 单元格中的数据，然后将 C12 单元格中的数据移动到 C6 单元格中。

操作 6：复制单元格数据。

先插入工作表“Sheet2”，然后将“Sheet1”工作表中 D3 单元格的内容复制到工作表“Sheet2”的 D3 单元格中。

4.3 在 Excel 2016 工作表中输入与编辑数据

在工作表中输入与编辑数据是 Excel 工作表最基本的操作。选定要输入数据的单元格后即可开始输入数字或文字，按“Enter”键确认所输入的内容，活动单元格自动下移一行。也可以按“Tab”键确认所输入的内容，活动单元格自动右移一列。如果在按下“Enter”键之前按“Esc”键，则可以取消输入的内容；如果已经按“Enter”键确认了，则可以选择“撤销”命令。

在单元格中输入数据时，其输入的内容同时也显示在编辑栏的“编辑框”中，因此，也可以在编辑框中向活动单元格输入数据。当在编辑框中输入数据时，编辑栏左侧显示出“输入”按钮✓和“取消”按钮×，单击“输入”✓按钮，将编辑栏中数据输入到当前单元格中；单击“取消”×按钮，取消输入的数据。

4.3.1 输入文本数据

对于一般的文本数字直接选定单元格输入即可；对于纯文本形式的数字数据，如邮政编码、身份证号，应先输入半角单引号“'”，然后输入对应的数字，表示所输入的数字作为文本处理，不可参与求和之类的数学计算。

电子活页 4-8

在 Excel 工作表中输入与编辑数据

4.3.2 输入数值数据

1. 输入数字字符
2. 输入数字符号
3. 输入特殊形式的数值数据

4.3.3 输入日期和时间

输入日期时，按照年、月、日的顺序输入，并且使用斜杠（/）或连字符（-）分隔表示年、月、日的数字。输入时间时按照时、分、秒的顺序输入，并且使用半角冒号（:）分隔表示时、分、秒的数字。在同一单元格同时输入日期和时间时，必须使用空格分隔。

【操作 4-7】在 Excel 2016 工作表中输入与编辑数据

扫描二维码，熟悉电子活页中的相关内容，打开 Excel 工作簿“客户通信录.xlsx”，选择合适方法在该工作表“Sheet1”中输入表 4-1 所示“客户通信录”的“客户名称”“通信地址”“联系人”“联系电话”和“邮政编码”5 列数据。

表 4-1 “客户通信录”数据

序号	客户名称	通信地址	联系人	称呼	联系电话	邮政编码
1	蓝思科技（湖南）有限公司	湖南浏阳长沙生物医药产业基地	蒋鹏飞	先生	8328****	410311
2	高期贝尔数码科技股份有限公司	湖南郴州苏仙区高期贝尔工业园	谭琳	女士	8266****	413000
3	长城信息产业股份有限公司	湖南长沙经济技术开发区东三路 5 号	赵梦仙	先生	8493****	410100
4	湖南宏梦卡通传播有限公司	长沙经济技术开发区贺龙体校路 27 号	彭运泽	先生	5829****	411100
5	青苹果数据中心有限公司	湖南省长沙市青竹湖大道 399 号	高首	先生	8823****	410152
6	益阳搜空高科软件有限公司	益阳高新区迎宾西路	文云	女士	8226****	413000
7	湖南浩丰文化传播有限公司	长沙市芙蓉区嘉雨路 187 号	陈芳	女士	8228****	410001
8	株洲时代电子技术有限公司	株洲市天元区黄河南路 199 号	廖时才	先生	2283****	412007

4.3.4 输入有效数据

在 Excel 工作表中输入数据时，可以限制输入数据的类型和范围，还可以设置数据输入时的提示信息和出现错误时的警告信息。

【操作 4-8】在 Excel 2016 工作表中输入有效数据设置

扫描二维码，熟悉电子活页中的相关内容，然后选择合适方法完成以下各项操作：

（1）打开 Excel 工作簿“输入有效数据.xlsx”，设置数据输入的限制条件为：最小值为 0，最大值为 100。设置提示信息标题设置为“输入成绩时：”，提示信息内容设置为“必须为 0～100 的整数”。

（2）如果在设置了数据有效性的单元格中输入不符合限定条件的数据，弹出“警告信息”对话框，该对话框标题设置为“不能输入无效的成绩”，提示信息设置为“请输入 0～100 的整数”。

4.3.5 自动填充数据

在 Excel 工作表中，如果输入的数据是一组有规律的数值，可以使用系统提供的“自动填充”功能进行填充。使用鼠标拖动单元格右下角的填充柄，可在连续多个单元格中填充数据。

【操作 4-9】在 Excel 2016 工作表中自动填充数据

扫描二维码，熟悉电子活页中的相关内容，然后打开 Excel 工作簿“客户通信录.xlsx”，选择合适方法填充数据，“客户通信录”数据如表 4-1 所示。

（1）“序号”列数据“1～8”使用鼠标拖动填充方法输入。

（2）“称呼”列第 2 行到第 9 行的数据先使用命令方式复制填充，内容为“先生”，然后修改部分称呼不是“先生”的数据，2 个单元格中的“女士”文字使用鼠标拖动方式复制填充。

4.3.6 自定义填充序列

Excel 2016 中可以根据实际需要自定义填充序列。

【操作 4-10】在 Excel 2016 工作表中自定义填充序列

扫描二维码，熟悉电子活页中的相关内容，然后创建并打开 Excel 工作簿“技能竞赛抽签序号.xlsx”，在工作表“Sheet1”第 1 列输入序号数据“1、2、3、4”，第 2 列输入序列数据“A1　A2　A3　A4”，然后完成以下操作：

（1）将工作表中已有的序列“1、2、3、4”导入定义成序列。

（2）删除自定义序列“1、2、3、4”。

4.3.7 编辑工作表中的内容

1. 编辑单元格中的内容

（1）将光标插入点定位到单元格或编辑栏中。

“方法 1”：将鼠标指针✚移至待编辑内容的单元格上，双击鼠标左键或者按“F2”键即可进入编辑状态，在单元格内鼠标指针变为I形状。

“方法 2”：将鼠标指针移到编辑栏中单击。

（2）对单元格或编辑栏中的内容进行修改。

（3）确认修改的内容。

按“Enter”键确认所做的修改，按“Esc”键则取消所做的修改。

2. 清除单元格或单元格区域

清除单元格，只是删除单元格中的内容、格式或批注，清除内容后的单元格仍然保留在工作表中。而删除单元格时，将会从工作表中移去单元格，并调整周围单元格填补删除的空缺。

“方法 1”：先选定需要清除的单元格或单元格区域，再按“Delete”键或“Backspace”键，只清除单元格的内容，而保留该单元格的格式和批注。

“方法 2”：先选定需要清除的单元格或单元格区域，在“开始”选项卡“编辑”组中单击“清除”按钮，弹出如图 4-2 所示的下拉菜单，在该下拉菜单中选择“全部清除”或“清除格式”或“清除内容”或“清除批注”或“清除超链接”命令，即可清除单元格或单元格区域中的全部（包括内容、格式和批注）或格式或内容或批注或超链接。

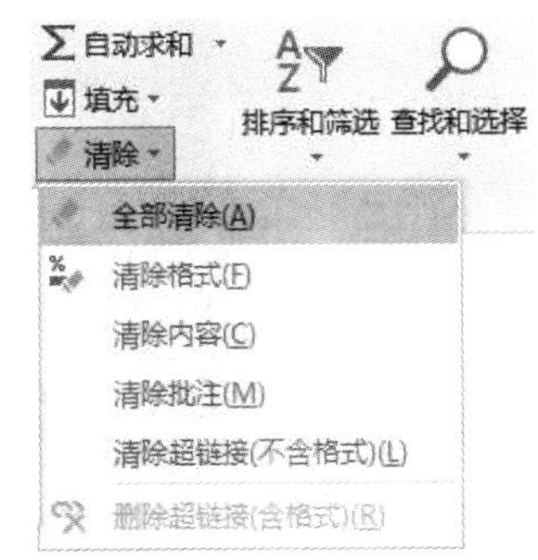

图 4-2 “清除”下拉菜单

4.4 Excel 2016 工作表格式设置

在 Excel 2016 中，可以自动套用系统提供的格式，也可以自行定义格式。单元格的格式决定了数据在工作表中的显示方式和输出方式。

单元格的格式包括数字格式、对齐方式、字体、边框、底纹等方面。单元格的格式可以使用“开始”选项卡的命令按钮进行常见的格式设置，也可以使用“设置单元格格式”对话框进行单元格的格式设置。

4.4.1 设置数字格式

1. 使用“会计数字格式”下拉菜单中的命令设置单元格中数字的货币格式。
2. 使用“开始”选项卡“数字”组中的按钮设置单元格中数字的其他格式。
3. 使用“设置单元格格式”对话框的“数字”选项卡设置数字的格式。

4.4.2 设置对齐方式

1. 使用“开始”选项卡“对齐方式”组的按钮设置单元格文本的对齐方式。
2. 使用“设置单元格格式”对话框的“对齐”选项卡设置单元格文本的对齐方式。

4.4.3 设置字体格式

可以直接使用“开始”选项卡“字体”组中的“字体”列表框、“字号”列表框、“加粗”按钮、“倾斜”按钮、“下画线”按钮、“字体颜色”按钮设置字体格式。也可以在“开始”选项卡“字体”组中单击“字体设置”按钮，打开“设置单元格格式”对话框，利用该对话框的“字体”选项卡进行字体设置，如图 4-3 所示。

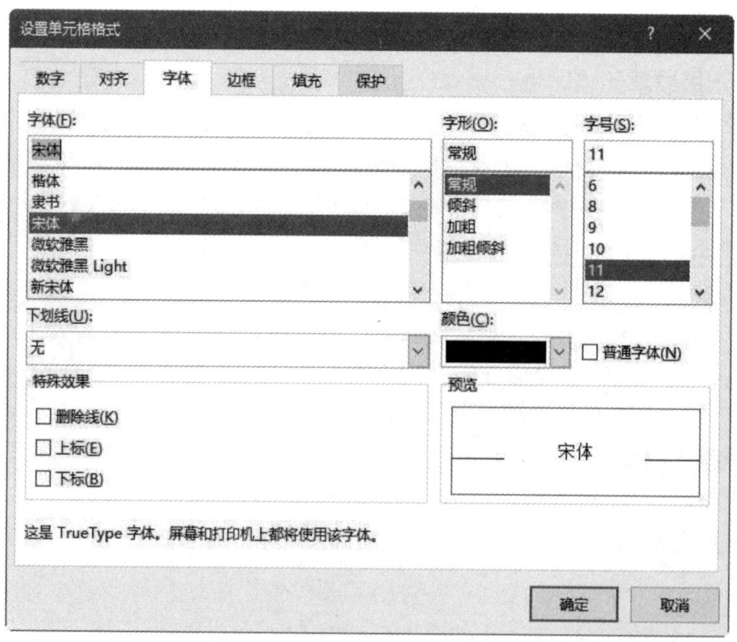

图 4-3 “设置单元格格式”对话框的“字体”选项卡

【操作 4-11】Excel 2016 工作表的格式设置

扫描二维码，熟悉电子活页中的相关内容，试用与掌握电子活页中介绍的各种 Excel 工作表格式设置方法。然后打开文件夹“单元 4”中的 Excel 工作簿“重要客户通信录.xlsx”，按照以下要求进行操作：

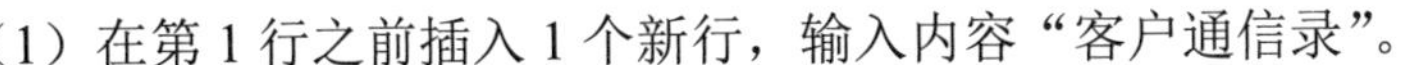

（1）在第 1 行之前插入 1 个新行，输入内容“客户通信录”。

（2）使用“设置单元格格式”对话框设置第 1 行“客户通信录”的字体为宋体、字号为 20、加粗，水平对齐方式设置为跨列居中，垂直对齐方式设置为居中。

（3）使用“开始”选项卡中的命令按钮设置其他行文字的字体为仿宋、字号为 10，垂直对齐方式设置为居中。

（4）使用“开始”选项卡中的命令按钮将“序号”所在标题行数据的水平对齐方式设置为“居中”。

（5）使用“开始”选项卡中的命令按钮将“序号”“称呼”“联系电话”和“邮政编码”四列数据的水平对齐方式设置为“居中”。

（6）使用“开始”选项卡中“数字格式”下拉菜单将“联系电话”和“邮政编码”两列数据设置为“文本”类型。

（7）使用“行高”对话框将第 1 行（标题行）的行高设置为“35”，其他数据行（第 2～第 10 行）的行高设置为“20”。

（8）使用功能区选项或“列宽”对话框将各数据列的宽度自动调整为至少能容纳单元格中的内容。

（9）使用“设置单元格格式”对话框的“边框”选项卡为包含数据的单元格区域设置边框线。

（10）设置纸张方向为“横向”，然后预览页面的整体效果。

（11）预览最终的页面整体效果。

4.4.4　设置单元格边框

在“设置单元格格式”对话框中切换到“边框”选项卡，可以为所选定的单元格添加或去除边框，可以对选定单元格的全部边框线进行设置，也可以选定单元格的部分边框线（上、下、左、右边框线，外框线，内框线和斜线）进行独立设置，在该选项卡的“线条”区域可以设置边框的形状、粗细和颜色，如图 4-4 所示。

4.4.5　设置单元格的填充颜色和图案

在“设置单元格格式”对话框中切换到“填充”选项卡，可以从“背景色”列表中选择所需的颜色，从“图案颜色”下拉列表框中选择所需的图案颜色，从“图案样式”下拉列表框中选择所需的图案样式，如图 4-5 所示。

单元格的格式设置完成后，单击“确定”按钮即可。

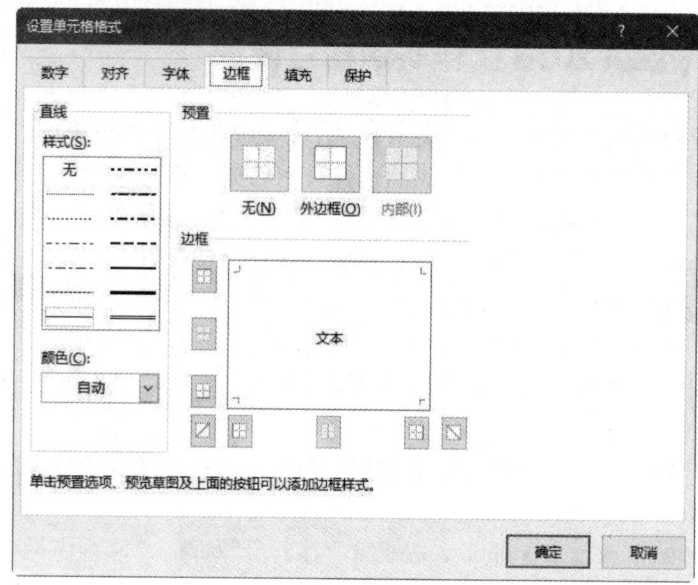

图 4-4　“设置单元格格式”对话框的“边框”选项卡

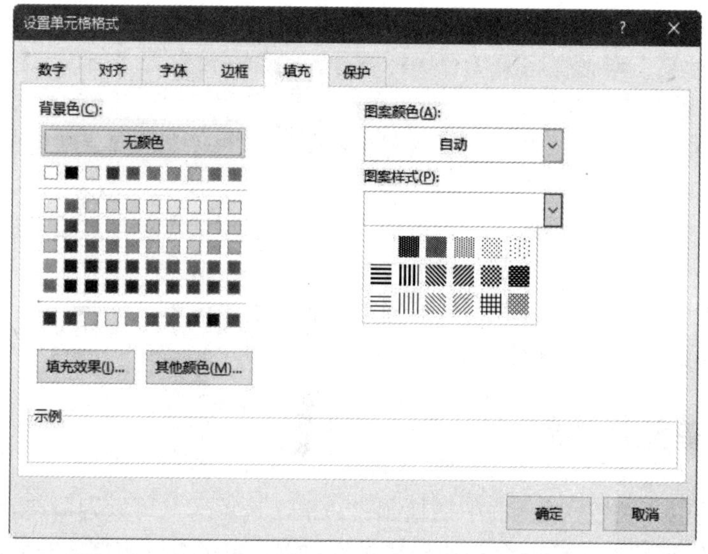

图 4-5　“设置单元格格式”对话框的“填充”选项卡

4.4.6　自动套用表格格式

Excel 2016 提供了自动套用表格格式功能，通过此项功能可以快速地为表格设置格式，非常地方便快捷。“套用表格格式”可自动用于工作表中选定的单元格区域，这些格式为工作表设置了专业化的外观，使数据的表示更加清楚，可读性更强。自动套用表格格式是数字格式、字体、对齐、边框、图案、列宽、行高和颜色的组合。

在“开始”选项卡“样式”组中单击“套用表格格式”按钮，在弹出的表格样式列表选择一种合适的表格样式，如图 4-6 所示；弹出“套用表格式”对话框，勾选“表包含标题”复选框，如图 4-7 所示，单击“确定”按钮，即可完成套用表格格式。

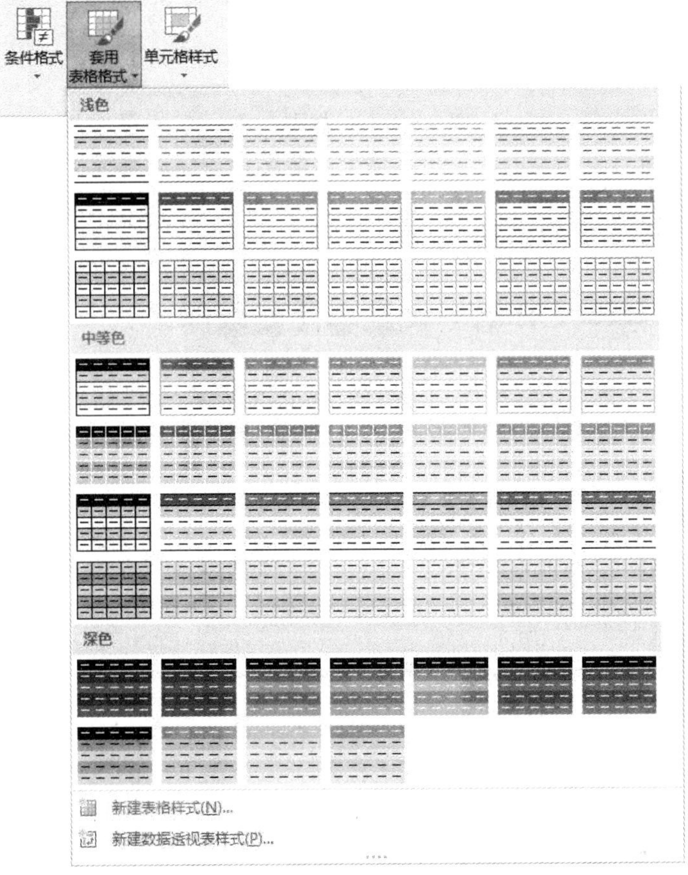

图 4-6　可套用的表格样式列表

可以发现，在工作表中选中的单元格区域$A$1:$E$6 已套用了选择的表格格式，如图 4-8 所示。拖动套用格式区域右下角的按钮可以将区域变大。

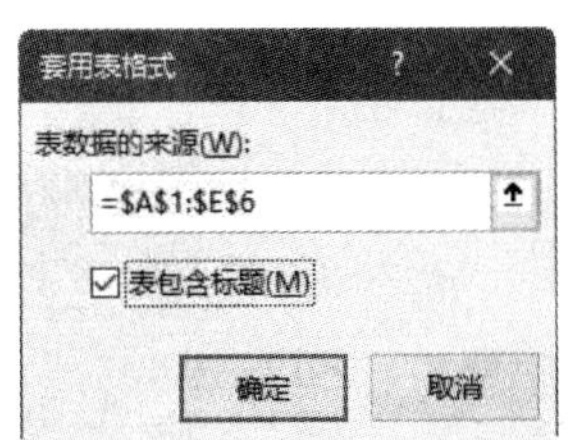

图 4-7　“套用表格式”对话框

	A	B	C	D	E
1	列1	列2	列3	列4	列5
2					
3					
4					
5					
6					

图 4-8　套用了表格格式的单元格区域$A$1:$E$6

选中套用了表格格式的单元格区域，在“表格工具—设计”选项卡的“表格样式”组中有多种表格格式和颜色，方便选择其他表格格式和颜色，如图 4-9 所示。

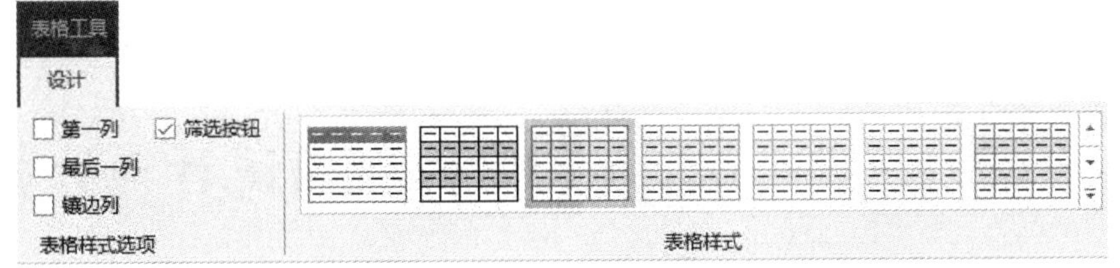

图 4-9　“表格工具-设计”选项卡的“表格样式”组

4.4.7 设置单元格条件格式

在工作表中，有时为突出显示满足条件的数据，可以设置单元格的条件格式，例如，对负数或不及格的成绩突出显示。无论单元格中的数据是否满足条件格式，条件格式在被删除之前会一直对单元格起作用。如果单元格中数据的值发生更改而不满足或满足设定的条件时，Excel 会自动停用或启用突出显示的格式。

【操作 4-12】Excel 工作表中设置单元格条件格式

扫描二维码，熟悉电子活页中的相关内容，试用与掌握电子活页介绍的 Excel 工作表中设置单元格条件格式的方法。然后打开 Excel 工作簿“第 1 小组考核成绩.xlsx”，完成以下各项操作。

操作 1：设置单元格的条件格式。

选择单元格区域“A1:B6”，设置所有小于 60 的数据都会显示为条件格式的效果，即为“浅红填充色深红色文本”。

操作 2：清除规则。

清除单元格区域“A1:B6”设置的规则。

4.5 Excel 2016 工作表中的数据计算

数据计算与统计是 Excel 的重要功能，能根据各种不同要求，通过公式和函数完成各类计算和统计。

【操作 4-13】Excel 2016 工作表中的数据计算

扫描二维码，熟悉电子活页中的相关内容，试用与掌握电子活页中介绍的 Excel 工作中的数据计算方法。然后打开 Excel 工作簿“计算销售额.xlsx”，完成以下各项操作：

电子活页 4-14

Excel 工作表中的数据计算

（1）使用“开始”选项卡“编辑”区域中的“自动求和”按钮，计算产品销售总数量，将计算结果存放在单元格 E31 中。

（2）在“编辑栏”常用函数列表中选择所需的函数，计算产品销售总额，将计算结果存放在单元格 F31 中。

（3）使用“插入函数”对话框和“函数参数”对话框计算产品的最高价格和最低价格，计算结果分别存放在单元格 D33 和 D34 中。

（4）手工输入计算公式，计算产品平均销售额，计算结果存放在单元格 F35 中。

4.6 Excel 2016 工作表中的数据统计与分析

Excel 提供了极强的数据排序、筛选以及分类汇总等功能，使用这些功能可以方便地统计与分析数据。排序是指按照一定的顺序重新排列工作表的数据，通过排序，可以根据其特定列的内容来重新排列工作表的行。排序并不改变行的内容，当两行中有完全相同的数据或内容时，Excel 会保持它们的原始顺序。筛选是查找和处理工作表中数据子集的快捷方法，筛选结果仅显示满足条件的行，该条件由用户针对某列指定。筛选与排序不同，它并不重排工作表中的行，而只是将不必显示的行暂时隐藏。可以使用“自动筛选”或“高级筛选”功能将那些符合条件的数据显示在工作表中。分类汇总是对工作表中某个关键字段进行分类，相同值的分为一类，然后对各类进行汇总。利用分类汇总功能，可以对一项或多项指标进行汇总。

4.6.1 数据的排序

数据的排序是指对选定单元格区域中的数据以升序或降序方式重新排列，以便于浏览和分析。

【操作 4-14】Excel 工作表中的数据排序

扫描二维码，熟悉电子活页中的相关内容，试用与掌握电子活页中介绍的 Excel 工作中的数据排序方法。然后打开 Excel 工作簿“产品销售数据排序.xlsx”，在工作表 Sheet1 中按“产品名称”升序和“销售额”降序排列。

4.6.2 数据的筛选

如果用户需要浏览或者操作的只是数据表中的部分数据，为了方便操作，加快操作速度，往往把需要的记录数据筛选出来作为操作对象，而将无关的记录数据隐藏起来，使之不参与操作。

Excel 同时提供了自动筛选和高级筛选两种命令来筛选数据。自动筛选可以满足大部分需求，然而，当需要按更复杂的条件来筛选数据时，则需要使用高级筛选。

【操作 4-15】Excel 工作表中的数据筛选

扫描二维码，熟悉电子活页中的相关内容，试用与掌握电子活页中介绍的 Excel 工作中的数据筛选方法。然后打开 Excel 工作簿“产品销售数据筛选.xlsx”，完成以下各项操作。

操作 1：自动筛选。

筛选出价格在 3000～5000 元（包含 5000 元，但不包 3000 元）之间的产品。

操作 2：高级筛选。

筛选出价格大于 900 元并且小于等于 3000 元，同时销售额在 20160 元以上的洗衣机，以及价格低于 7000 元的空调。

4.6.3 数据的分类汇总

对工作表中的数据按列值进行分类，并按类进行汇总（包括求和、求平均值、求最大值、求最小值等），可以提供清晰且有价值的报表。

在进行分类汇总之前，应对工作表中的数据进行排序，将要分类字段相同的记录集中在一起，并且工作表中第一行里必须有列标题。

打开文件“产品销售情况表.xlsx”，将光标置于待分类汇总数据区域的任意一个单元格中，在“数据”选项卡“分级显示”组中单击“分类汇总”按钮，打开“分类汇总”对话框。

【操作 4-16】Excel 工作表中的数据分类汇总

扫描二维码，熟悉电子活页中的相关内容，试用与掌握电子活页中介绍的 Excel 工作中的数据分类汇总方法。然后打开 Excel 工作簿“产品销售数据分类汇总.xlsx”，完成分类汇总操作，要求分类字段为“产品名称”，汇总方式为“求和”，汇总项分别为“数量”和“销售额”。

电子活页 4-17

Excel 工作表中的数据分类汇总

4.7 Excel 2016 管理数据

对工作簿、工作表和单元格中的数据进行有效保护，可以防止他人不经允许地打开和修改。

电子活页 4-18

Excel 数据安全保护

4.7.1 Excel 数据安全保护

扫描二维码，熟悉电子活页中的相关内容，熟悉有关 Excel 数据安全保护的相关内容。

1. 保护单元格中的数据

2. 保护工作表

设置密码为“123456”。

3. 撤销对工作表的保护

撤销对工作表的保护时，输入密码“123456”。

4. 保护工作簿

设置密码为“123456”。

5. 撤销对工作簿的保护

撤销对工作簿的保护时，输入密码“123456”。

6. 对 Excel 文档进行加密处理

设置密码为“123456”。

7. 撤销 Excel 文档的密码

4.7.2 隐藏工作表及行与列

扫描二维码，熟悉电子活页中的相关内容，熟悉有关隐藏工作表及行与列的相关内容。

电子活页 4-19

隐藏工作表及行与列

1. 隐藏行
2. 隐藏列
3. 隐藏工作表

4.8 Excel 2016 展现与输出数据

Excel 提供的图表功能，可以将系列数据以图表的方式表现出来，使数据更加清晰易懂，使数据表示的含义更加形象直观，并且用户可以通过图表直接了解数据之间的关系和变化趋势。

图表是 Excel 的一个重要对象，图表以图形方式来表示工作表中数据之间的关系和数据变化的趋势。在工作表中创建一个合适的图表，有助于直观、形象地分析对比数据，更容易理解主题和观点，通过对图表中的数据的颜色和字体等信息的设置，可以把问题的重点有效地传递给读者或观众。

Excel 提供了多种类型的图表，如柱形图、折线图、饼图、条形图、面积图、XY（散点图）、股价图、曲面图、圆环图、气泡图、雷达图等。

【操作 4-17】Excel 2016 展现与输出数据

扫描二维码，熟悉电子活页中的相关内容，试用与掌握电子活页中介绍的 Excel 2016 展现与输出数据的方法。然后打开 Excel 工作簿“产品销售情况表.xlsx”，完成以下操作：

（1）打开文件夹“单元 4”中的 Excel 工作簿“产品销售情况表.xlsx”，在工作表“Sheet1”中创建图表，图表类型为“簇状柱形图”，图表标题为“第 1、2 季度产品销售情况”，分类轴标题为“月份”，数值轴标题为“销售额”，并在图表中添加图例。图表创建完成后，对其格式进行设置。

（2）将图表类型更改为“带数据标记的折线图”，并使用鼠标拖动方式调整图表大小以及移动图表到合适的位置。

（3）Excel 工作表页面设置。设置页面的方向、缩放、纸张大小、打印质量和起始页码，设置合适的页边距，设置页眉和页脚，定义合适的打印区域和打印标准。

（4）打印预览，将工作表打印为 PDF 文档。

【综合训练】

【训练 4-1】Excel 工作簿“企业通信录.xlsx”基本操作

【任务描述】

（1）打开 Excel 文件“企业通信录.xlsx”，然后另存为“企业通信录 2.xlsx”。

（2）在工作表“Sheet1”之前插入新工作表“Sheet2”和“Sheet3”，将工作表“Sheet2”

移到“Sheet3”的右侧。

（3）将工作表“Sheet1”重命名为“企业通信录”。

（4）将工作表“Sheet2”删除。

（5）在序号为 4 的行下面插入一行。

（6）在标题为“联系人”的左侧插入一列。

（7）删除新插入的行和列。

（8）打开 Excel 工作簿“企业通信录 2.xlsx”，在企业名称为“鹰拓国际广告有限公司”的单元格上方插入 1 个单元格，然后删除新插入的单元格。

（9）将企业名称为“鹰拓国际广告有限公司”的单元格复制到单元格 B12 的位置。

【任务实施】

（1）打开 Excel 文件“企业通信录.xlsx”。

①启动 Excel 2016。

②选择“文件”选项卡中的“打开”命令，弹出“打开”对话框，在该对话框中选择待打开的 Excel 文件“企业通信录.xlsx”，单击“打开”按钮即可打开 Excel 文件。

（2）将 Excel 文件“企业通信录.xlsx”另存为“企业通信录 2.xlsx”。

①打开 Excel 文件“企业通信录.xlsx”。

②在“文件”选项卡中选择“另存为”命令，弹出“另存为”对话框，在该对话框的“文件名”列表框中输入“企业通信录 2.xlsx”，然后单击“保存”按钮即可。

（3）插入与移动工作表。

①选定工作表“Sheet1”，然后在“开始”选项卡的“单元格”组中单击“插入”按钮，在打开的下拉列表中选择“插入工作表”命令，即可在工作表“Sheet1”之前插入一个新工作表“Sheet2”。以同样的方法再次插入一个新工作表“Sheet3”。

②选定工作表标签“Sheet2”，然后按住鼠标左键拖动到工作表“Sheet3”的右侧即可。

（4）工作表的重命名。使用鼠标左键双击工作表标签“Sheet1”，当“Sheet1”变为选中状态时，直接输入新的工作表标签名称“企业通信录”，确定名称无误后按回车键即可。

（5）删除工作表。在工作表“Sheet2”的标签位置单击鼠标右键，在弹出的快捷菜单中选择“删除”命令即可删除该工作表。

（6）插入与删除行。

①在序号为 5 的行中选定一个单元格。

②在“开始”选项卡“单元格”组的“插入”下拉列表中选择“插入工作表行”命令，在选中的单元格的上边插入新的一行。

③单击选中新插入的行，然后在“删除”下拉列表中选择“删除工作行”命令，选定的行将被删除，其下方的行自动上移一行。

（7）插入与删除列。

①在标题为“联系人”的列中选定一个单元格。

②在“插入”下拉列表中选择“插入工作表列”命令，在选中单元格的左边插入新的一列。

③先选中新插入的列，然后在“删除”下拉列表中选择“删除工作列”命令，选定的列将被删除，其右侧的列自动左移一列。

（8）插入与删除单元格。

①选择企业名称为“鹰拓国际广告有限公司”的单元格。

②右键单击，在弹出的快捷菜单中选择“插入”命令，打开“插入”对话框。

③在“插入”对话框中选择“活动单元格下移”选项。

④单击“确定”按钮，则在选中单元格上方插入新的单元格。

⑤先选中新插入的单元格，再单击鼠标右键，在弹出的快捷菜单中选择“删除”命令，弹出“删除”对话框，在该对话框中选择“下方单元格上移”单选按钮，单击“确定”按钮，即可完成单元格的删除操作。

（9）复制单元格数据。

①先选定企业名称为“鹰拓国际广告有限公司”的单元格。

②移动鼠标指针到选定单元格的边框处，鼠标指针呈空心箭头时，按住“Ctrl”键的同时按住鼠标左键拖动鼠标到单元格 C12，松开鼠标左键即可。

【训练 4-2】在 Excel 工作簿中输入与编辑“客户通信录 1”数据

【任务描述】

创建 Excel 工作簿“客户通信录 1.xlsx”，在工作表“Sheet1”中输入如图 4-10 所示的“客户通信录 1”数据。要求：“序号”列的数据“1～8”使用鼠标拖动填充方法输入，“称呼”列第 2～9 行的数据先使用命令方式复制填充，内容为“先生”，然后修改部分称呼不是“先生”的数据，E7、E8 两个单元格中的“女士”文字使用鼠标拖动方式复制填充。

	A	B	C	D	E	F	G
1	序号	客户名称	通信地址	联系人	称呼	联系电话	邮政编码
2	1	蓝思科技（湖南）有限公司	湖南浏阳长沙生物医药产业基地	蒋鹏飞	先生	8328****	410311
3	2	高期贝尔数码科技股份有限公司	湖南郴州苏仙区高期贝尔工业园	谭琳	女士	8266****	413000
4	3	长城信息产业股份有限公司	湖南长沙经济技术开发区东三路5号	赵梦仙	先生	8493****	410100
5	4	湖南宏梦卡通传播有限公司	长沙经济技术开发区贺龙体校路27号	彭运泽	先生	5829****	411100
6	5	青苹果数据中心有限公司	湖南省长沙市青竹湖大道399号	高首	先生	8823****	410152
7	6	益阳搜空高科软件有限公司	益阳高新区迎宾西路	文云	女士	8226****	413000
8	7	湖南浩丰文化传播有限公司	长沙市芙蓉区嘉雨路187号	陈芳	女士	8228****	410001
9	8	株洲时代电子技术有限公司	株洲市天元区黄河南路199号	廖时才	先生	2283****	412007

图 4-10　“客户通信录 1.xlsx”的数据

【任务实施】

（1）创建 Excel 工作簿“客户通信录 1.xlsx”。

①启动 Excel 2016，自动创建一个名为“工作簿 1”的空白工作簿。

②在“快速访问工具栏”中单击“保存”按钮，弹出“另存为”对话框，在该对话框的“文件名”编辑框中输入文件名称“客户通信录 1”，保存类型默认为“.xlsx”，然后单击“保存”按钮进行保存。

（2）输入数据。在工作表“Sheet1”中输入如图 4-10 所示的“客户通信录 1”数据，这里暂不输入“序号”和“称呼”两列的数据。

（3）自动填充数据。

①自动填充“序号”列数据。在“序号”列的首单元格 A2 中输入数据“1”并确认，选中数据序列的首单元格，按住“Ctrl”键的同时按住鼠标左键拖动填充柄到末单元格，自动生

成步长为 1 的等差序列。

②自动填充“称呼”列数据。选定“称呼”列的首单元格 E2，输入起始数据“先生”，选定序列单元格区域 E2:E9；然后在“开始”选项卡的“编辑”组中单击“填充”按钮 填充 ，在弹出的下拉列表中选择“向下”命令，系统自动将首单元格中的数据“先生”复制填充到选中的各个单元格中。

（4）编辑单元格中的内容。将单元格 E3 中的“先生”修改为“女士”，将单元格 E7 中的“先生”修改为“女士”，然后使用鼠标拖动方式将 E7 单元格的“女士”复制填充至 E8 单元格。

（5）保存 Excel 工作簿。在“快速访问工具栏”中单击“保存”按钮，对工作表输入的数据进行保存。

【训练 4-3】Excel 工作簿“客户通信录 2.xlsx”的格式设置与效果预览

【任务描述】

打开文件夹“单元 4”中的 Excel 工作簿“客户通信录 2.xlsx”，按照以下要求进行操作：

（1）在第 1 行之前插入一行，输入内容“客户通信录”。

（2）使用“设置单元格格式”对话框设置第 1 行“客户通信录”的字体为“宋体”、字号为“20”、字形为加粗，水平对齐方式设置为“跨列居中”，垂直对齐方式设置为“居中”。

（3）使用“开始”选项卡中的命令按钮设置其他行文字的字体为“仿宋”、字号为“10”，垂直对齐方式设置为“居中”。

（4）使用“开始”选项卡中的命令按钮将“序号”所在的工作表标题行数据的水平对齐方式设置为“居中”。

（5）使用“开始”选项卡中的命令按钮将“序号”“称呼”“联系电话”和“邮政编码”四列数据的水平对齐方式设置为“居中”。

（6）使用“开始”选项卡中“数字格式”下拉列表将“联系电话”和“邮政编码”两列数据设置为“文本”类型。

（7）使用“行高”对话框将第 1 行（标题行）的行高设置为“35”，其他数据行（第 2～10 行）的行高设置为“20”。

（8）使用菜单命令将各数据列的宽度自动调整为至少能容纳单元格中的内容。

（9）使用“设置单元格格式”对话框的“边框”选项卡为包含数据的单元格区域设置边框线。

（10）设置纸张方向为“横向”，然后预览页面的整体效果。

【任务实施】

（1）打开 Excel 文件“客户通信录 2.xlsx”。

（2）插入新行。

①选中“序号”所在的标题行。

②在“开始”选项卡“单元格”组的“插入”下拉列表中选择“插入工作表行”命令，完成在“序号”所在的标题行上边插入新行的操作。

③在新插入行的单元格 A1 中输入“客户通信录”。

（3）使用“设置单元格格式”对话框设置单元格格式。

①选择 A1～G1 单元格区域，单击右键，在弹出的快捷菜单中选择“设置单元格格式”命令，打开“设置单元格格式”对话框，切换到“字体”选项卡。在“字体”选项卡中依次设置字体为“宋体”，字形为“加粗”，字号为“20”。

②切换到“对齐”选项卡，设置水平对齐方式为“跨列居中”，垂直对齐方式为“居中”。

③设置完成后，单击“确定”按钮即可。

（4）使用“开始”选项卡中的命令按钮设置单元格格式。

①选中 A2～G10 单元格区域，然后在“开始”选项卡“字体”组中设置字体为“仿宋”，字号为“10”；在“对齐方式”组中单击“垂直居中”按钮，设置该单元格区域的垂直对齐方式为“居中”。

②选中 A2～G2 单元格区域，即“序号”所在的标题行数据，然后在“对齐方式”组中单击“居中”按钮，设置该单元格区域的水平对齐方式为“居中”。

③选中 A3～A10、E3～G10 两个不连续的单元格区域，即“序号”“称呼”“联系电话”和“邮政编码”四列数据，然后在“对齐方式”组中单击“居中”按钮，设置两个单元格区域的水平对齐方式为“居中”。

④选中 F3～G10 单元格区域，即“联系电话”和“邮政编码”两列数据，在“开始”选项卡“数字”组中单击“数字格式”按钮，在弹出的下拉列表中选择“文本”命令。

（5）使用“行高”对话框设置行高。

①选中第 1 行（“客户通信录”标题行），单击鼠标右键，在弹出的快捷菜单中选择“行高”命令，打开“行高”对话框，在“行高”文本框中输入“35”，然后单击“确定”按钮即可。

以同样的方法设置其他数据行（第 2～10 行）的行高为“20”。

②选中 A～G 列，然后在“开始”选项卡“单元格”组中单击“格式”按钮，在弹出的下拉列表中选择“自动调整列宽”命令即可。

（6）使用“设置单元格格式”对话框设置边框线。选中 A2～G10 单元格区域，单击鼠标右键，在弹出的快捷菜单中选择“设置单元格格式”命令，打开“设置单元格格式”对话框，切换到“边框”选项卡，然后在“预置”区域中单击“外边框”和“内部”按钮，为包含数据的单元格区域设置边框线，如图 4-11 所示。

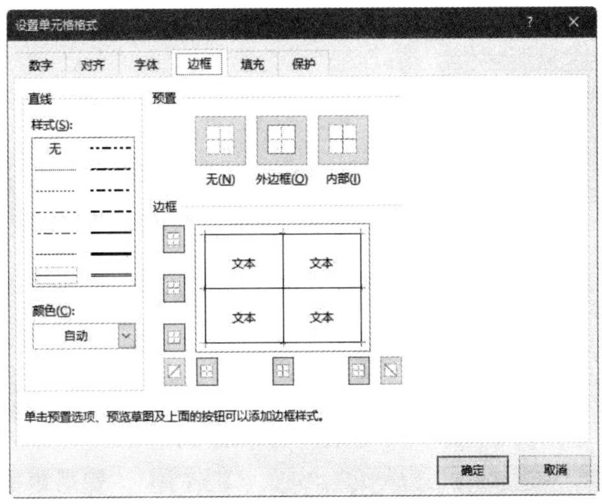

图 4-11 “设置单元格格式”对话框“边框”选项卡

（7）页面设置与页面整体效果预览。

①在“页面布局”选项卡的“页面设置”组中单击“纸张方向”按钮，在下拉列表中选择“横向”命令，如图 4-12 所示。

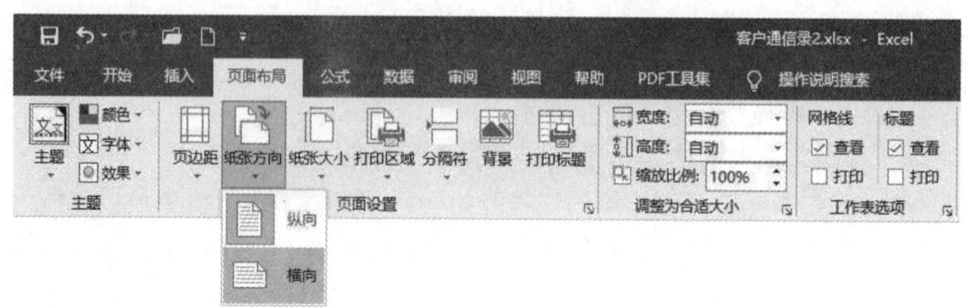

图 4-12　在“纸张方向”下拉列表中选择“横向”命令

②在 Excel 2016 窗口单击“文件”菜单，在弹出窗口单击“打印”按钮，切换到打印预览窗口，即可预览页面的整体效果。

在“快速访问工具栏”中单击“保存”按钮，对工作表的格式设置进行保存。

【训练 4-4】产品销售数据处理与计算

【任务描述】

打开 Excel 工作簿“蓝天易购电器商城产品销售情况表 1.xlsx”，按照以下要求进行计算与统计：

（1）使用“开始”选项卡“编辑”组中的“自动求和”按钮，计算产品销售总数量，将计算结果存放在单元格 E31 中。

（2）在“编辑栏”常用函数列表中选择所需的函数，计算产品销售总额，将计算结果存放在单元格 F31 中。

（3）使用“插入函数”对话框和“函数参数”对话框计算产品的最高价格和最低价格，计算结果分别存放在单元格 D33 和 D34 中。

（4）手工输入计算公式，计算产品平均销售额，计算结果存放在单元格 F35 中。

【任务实施】

打开 Excel 工作簿“蓝天易购电器商城产品销售情况表 1.xlsx”，然后完成以下操作：

（1）计算产品销售总数量。

方法 1：将光标插入点定位在单元格 E31 中，在“开始”选项卡“编辑”组中单击“自动求和”按钮，此时自动选中单元格区域 E3:E30，且在单元格 E31 和编辑框中显示计算公式“=SUM(E3:E30)”，然后按“Enter”键或“Tab”键确认，也可在“编辑栏”单击✔按钮确认，单元格 E31 中将显示计算结果为“2167”。

方法 2：先选定求和的单元格区域 E3:E30，然后单击“自动求和”按钮，自动为单元格区域计算总和，计算结果显示在单元格 E31 中。

（2）计算产品销售总额。先选定计算单元格 F31，输入半角等号“=”，然后在“编辑栏”的“名称框”位置展开常用函数列表，在该函数列表中单击选择 SUM 函数，打开“函数参数”对话框，在该对话框的“Number1”地址框中输入“F3:F30”，然后单击“确定”按钮即可完成计算，单元格 F31 显示计算结果为“¥11,928,220.0”。

（3）计算产品的最高价格和最低价格。

①先选定单元格 D33，输入等号“=”，然后在常用函数列表单击选择函数“MAX”，打开“函数参数”对话框。在该对话框中单击“Number1”地址框右侧的“折叠”按钮，折叠“函数参数”对话框，进入工作表中，按住鼠标左键拖动鼠标选择单元格区域 D3:D30，该计算范围四周会出现一个框，同时“函数参数”对话框变成如图 4-13 所示的形状，显示工作表中选定的单元格区域。

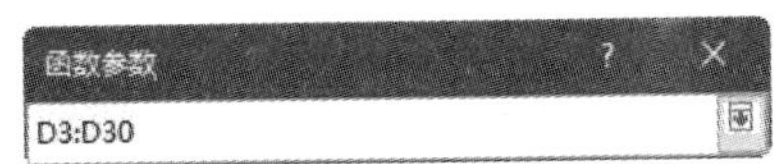

图 4-13 “函数参数”对话框中显示选定单元格区域

在图 4-13 中再次单击折叠后的输入框右侧的“返回”按钮，返回如图 4-14 所示的“函数参数”对话框，然后单击“确定”按钮，完成公式输入和计算。

在单元格 D33 中显示计算结果为“¥19,999.0”。

函数参数
MAX
Number1 D3:D30 = {2998;6999;9800;6999;19999;558...
Number2 = 数值
= 19999
返回一组数值中的最大值，忽略逻辑值及文本
Number1: number1,number2,... 是准备从中求取最大值的 1 到 255 个数值、空单元格、逻辑值或文本数值
计算结果 = ¥19,999.0
有关该函数的帮助(H)
确定 取消

图 4-14 选定了单元格区域的“函数参数”对话框

②先选定单元格 D34，然后单击“编辑栏”中的“插入函数”按钮 f_x，在打开的“插入函数”对话框中选择函数“MIN”，打开“函数参数”对话框。在该对话框的“Number1”地址框右侧的编辑框中直接输入计算范围“D3:D30”，也可以单击地址框右侧的“折叠”按钮，在工作表中拖动鼠标选择单元格区域“D3:D30”，然后再次单击“返回”按钮返回“函数参数”对话框，最后单击“确定”按钮，完成数据计算。

在单元格 D34 中显示计算结果为“¥729.0”。

（4）计算产品平均销售额。

先选定单元格 F35，输入半角等号“=”，然后输入公式“AVERAGE(F3:F30)”，在“编辑栏”单击✔按钮确认即可。单元格 F35 显示计算结果为“¥426,007.9”。

在“快速访问工具栏”中单击“保存”按钮，对产品销售数据的处理与计算进行保存。

【训练 4-5】产品销售数据排序

【任务描述】

将 Excel 工作簿“蓝天易购电器商城产品销售情况表 2.xlsx”工作表“Sheet1”中的销售数据按“产品名称”升序和“销售额”降序排列。

【任务实施】

（1）打开 Excel 工作簿“蓝天易购电器商城产品销售情况表 2.xlsx”。

（2）选中工作表“Sheet1”中数据区域的任一个单元格。

（3）在“数据”选项卡“排序和筛选”组中单击“排序”按钮，打开“排序”对话框。在该对话框中先勾选“数据包含标题”复选框，然后在“主要关键字”下拉列表框中选择“产品名称”，在“排序依据”下拉列表框中选择“单元格值”，在“次序”下拉列表框中选择“升序”。

接着单击“添加条件”按钮，添加第二个排序条件，在“次要关键字”下拉列表框中选择“销售额”，在“排序依据”下拉列表框中选择“单元格值”，在“次序”下拉列表框中选择“降序”，如图 4-15 所示。

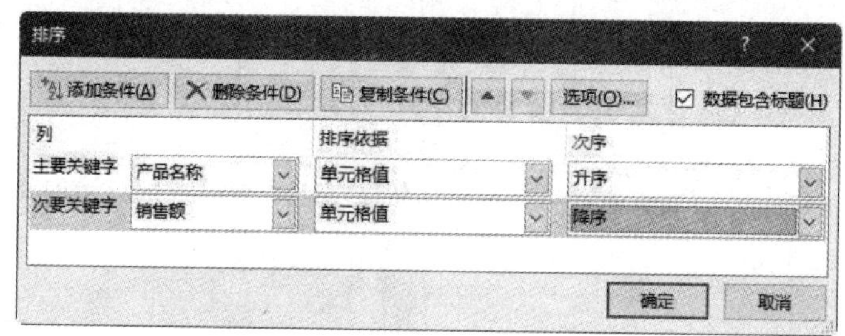

图 4-15　在“排序”对话框中设置主要关键字和次要关键字

在“排序”对话框中单击“确定”按钮，关闭该对话框，系统即可根据选定的排序范围按指定的关键字条件重新排列记录。排序结果的部分数据如图 4-16 所示。

	A	B	C	D	E	F
1	蓝天易购电器商城产品销售情况表					
2	产品名称	品牌规格型号	单位	价格	数量	销售额
3	冰箱	美菱(MELING)501升十字对开多门四开门	台	¥3,899.0	263	¥1,025,437.0
4	冰箱	海尔 (Haier) 496升全空间保鲜母婴冰箱	台	¥7,299.0	126	¥919,674.0
5	冰箱	海尔 (Haier) 328升无霜变频四门冰箱	台	¥3,499.0	144	¥503,856.0
6	冰箱	美菱(MELING)425升法式多门冰箱	台	¥6,199.0	38	¥235,562.0
7	电视机	TCL75英寸 C10 QLED原色量子点超薄4K超高清	台	¥19,999.0	36	¥719,964.0
8	电视机	海信(Hisense)65英寸65E9F ULED超画质	台	¥8,499.0	72	¥611,928.0
9	电视机	小米75英寸壁画电视 L75M5-BH 4K高清	台	¥9,800.0	56	¥548,800.0
10	电视机	TCL65英寸 65P68 4K高清	台	¥6,999.0	46	¥321,954.0
11	电视机	小米(MI)65英寸壁画电视4K高清	台	¥6,999.0	36	¥251,964.0
12	电视机	小米(MI)60英寸 4K超高清屏	台	¥2,998.0	84	¥251,832.0
13	电视机	创维(Skyworth)58英寸58H9D 4K超高清	台	¥4,599.0	52	¥239,148.0
14	电视机	海信(Hisense)58英寸HZ58A65超高清4K	台	¥4,599.0	42	¥193,158.0
15	电视机	创维65英寸65A20 4K智慧屏	台	¥5,588.0	25	¥139,700.0

图 4-16　蓝天易购电器商城产品销售数据的排序结果

在“快速访问工具栏”中单击“保存”按钮，对产品销售数据的排序进行保存。

【训练 4-6】产品销售数据筛选

【任务描述】

（1）打开 Excel 工作簿“蓝天易购电器商城产品销售情况表 3.xlsx”，在工作表“Sheet1”中筛选出价格在 3000 元以上（不包含 3000 元）、5000 元以内（包含 5000 元）的洗衣机。

（2）打开 Excel 工作簿“蓝天易购电器商城产品销售情况表 3.xlsx”，在工作表“Sheet2”

中筛选出价格 900～3000 元（不包含 900 元，但包含 3000 元），同时销售额在 20160 元以上的洗衣机以及价格低于 7000 元的空调。

【任务实施】

1．蓝天易购电器商城产品销售数据的自动筛选

（1）打开 Excel 工作簿“蓝天易购电器商城产品销售情况表 3.xlsx”。

（2）在要筛选数据的区域 A2:F14 中选定任意一个单元格。

（3）在“数据”选项卡“排序和筛选”组中单击“筛选”按钮，该按钮呈现选中状态，在工作表中每个列的列标题右侧都插入一个下拉箭头按钮▾。

（4）单击列标题“价格”右侧的下拉箭头按钮▾，会出现一个“筛选”下拉列表。在该下拉列表中指向“数字筛选”，在其级联菜单中选择“自定义筛选”命令，打开“自定义自动筛选方式”对话框。

（5）在“自定义自动筛选方式”对话框中，将“条件 1”设置为“大于 3000”，“条件 2”设置为“小于或等于 5000”，逻辑运算符选择“与”，然后单击“确定”按钮，筛选结果如图 4-17 所示。

	A	B	C	D	E	F
1	蓝天易购电器商城产品销售情况表					
2	产品名称	品牌规格型号	单位	价格	数量	销售额
5	空调	美的(Midea)新能效大3匹变频冷暖空调柜机	台	¥4,599.0	187	¥860,013.0
9	洗衣机	小天鹅(LittleSwan)滚筒全自动10kg洗烘一体机	台	¥3,299.0	45	¥148,455.0

图 4-17 自定义自动筛选方式的筛选结果

2．蓝天易购电器商城产品销售数据的高级筛选

（1）打开 Excel 工作簿“蓝天易购电器商城产品销售情况表 3.xlsx”。

（2）设置条件区域：在单元格 A16 中输入“产品名称”，在单元格 A17 中输入“洗衣机”，在单元格 A18 中输入“空调”；在单元格 D16 中输入“价格”，在单元格 D17 中输入条件“>900”，在单元格 D18 中输入条件“<7000”；在单元格 E16 中输入“价格”，在单元格 E17 中输入条件“<=3000”；在单元格 F16 中输入“销售额”，在单元格 F17 中输入条件“>20160”，条件区域设置结果如图 4-18 所示。

16	产品名称			价格	价格	销售额
17	洗衣机			>900	<=3000	>20000
18	空调			<7000		

图 4-18 工作表中设置的条件区域

（3）将第 2 行的列标题复制到第 20 行中。

（4）在待筛选数据区域 A2:F14 中选定任意一个单元格。

（5）在“数据”选项卡“排序和筛选”组中单击“高级”按钮，打开“高级筛选”对话框，在该对话框中进行以下设置：

①在“方式”区域选择“将筛选结果复制到其他位置”单选按钮。

②在“列表区域”编辑框中利用“折叠”按钮⬆在工作表中选择数据区域“$A$2:$F$14”。

③在“条件区域”编辑框中利用“折叠”按钮⬆在工作表中选择条件区域“$A$16:$F$18”。

④在“复制到”编辑框中利用“折叠”按钮⬆在工作表中选择存放筛选结果的区域“$A$20:$F$25”。

⑤勾选“选择不重复的记录”复选框。

“高级筛选”对话框设置完成后如图 4-19 所示。

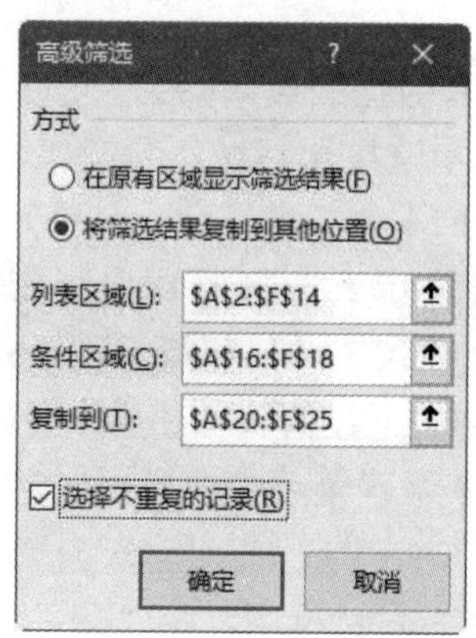

图 4-19　“高级筛选”对话框的设置结果

⑥执行高级筛选。在“高级筛选”对话框中单击“确定”按钮，执行高级筛选。高级筛选的结果如图 4-20 所示。

	A	B	C	D	E	F
1	蓝天易购电器商城产品销售情况表					
2	产品名称	品牌规格型号	单位	价格	数量	销售额
3	空调	格力(GREE) 3/5匹 新三级能效定频冷暖柜机	台	¥9,889.0	126	¥1,246,014.0
4	空调	格力(GREE)3匹 新能效 变频冷暖	台	¥6,899.0	243	¥1,676,457.0
5	空调	美的(Midea)5匹 新能效立柜式变频冷暖空调	台	¥9,099.0	48	¥436,752.0
6	空调	美的(Midea)新能效大3匹变频冷暖空调柜机	台	¥4,599.0	187	¥860,013.0
7	空调	海尔(Haier) 大5匹立柜式冷暖空调柜机	台	¥7,680.0	26	¥199,680.0
8	洗衣机	小天鹅(LittleSwan)滚筒全自动10kg洗烘一体机	台	¥3,299.0	45	¥148,455.0
9	洗衣机	小天鹅(LittleSwan)10kg波轮洗衣机全自动	台	¥1,699.0	63	¥107,037.0
10	洗衣机	小天鹅(LittleSwan)迷你洗衣机全自动3kg波轮	台	¥999.0	96	¥95,904.0
11	洗衣机	海尔(Haier)13kg滚筒洗衣机全自动彩装机	台	¥9,299.0	74	¥688,126.0
12	洗衣机	海尔(Haier)8kg全自动波轮洗脱一体小型家用	台	¥899.0	81	¥72,819.0
13	洗衣机	美的(Midea)10kg滚筒全自动	台	¥1,699.0	48	¥81,552.0
14	洗衣机	美的(Midea)5.5kb波轮洗衣机全自动	台	¥729.0	26	¥18,954.0
15						
16	产品名称			价格	价格	销售额
17	洗衣机			>900	<=3000	>20000
18	空调			<7000		
19						
20	产品名称	品牌规格型号	单位	价格	数量	销售额
21	空调	格力(GREE)3匹 新能效 变频冷暖	台	¥6,899.0	243	¥1,676,457.0
22	空调	美的(Midea)新能效大3匹变频冷暖空调柜机	台	¥4,599.0	187	¥860,013.0
23	洗衣机	小天鹅(LittleSwan)10kg波轮洗衣机全自动	台	¥1,699.0	63	¥107,037.0
24	洗衣机	小天鹅(LittleSwan)迷你洗衣机全自动3kg波轮	台	¥999.0	96	¥95,904.0
25	洗衣机	美的(Midea)10kg滚筒全自动	台	¥1,699.0	48	¥81,552.0

图 4-20　高级筛选的结果

在“快速访问工具栏”中单击“保存”按钮，对产品销售数据的筛选结果进行保存。

【训练 4-7】产品销售数据分类汇总

【任务描述】

打开 Excel 工作簿“蓝天易购电器商城产品销售情况表 4.xlsx”，在工作表“Sheet1”中按“产品名称”分类汇总“数量”总数和“销售额”总额。

【任务实施】

（1）打开 Excel 工作簿“蓝天易购电器商城产品销售情况表 4.xlsx”。

（2）对工作表中的数据按“产品名称”进行排序，将要分类字段“产品名称”相同的记录集中在一起。

（3）将光标置于待分类汇总数据区域 A2:F30 的任意一个单元格中。

（4）在“数据”选项卡“分级显示”组中单击“分类汇总”按钮，打开“分类汇总”对话框。在“分类汇总”对话框中进行以下设置。

①在“分类字段”下拉列表框中选择“产品名称”。

②在“汇总方式”下拉列表框中选择“求和”。

③在“选定汇总项”下拉列表框中选择“数量”和“销售额”。

④“分类汇总”对话框底部的 3 个复选项都采用默认设置。

然后单击“确定”按钮，完成分类汇总。

单击工作表左侧的分级显示区顶端的 2 按钮，工作表中将只显示列标题、各个分类汇总结果和总计结果，如图 4-21 所示。

	A	B	C	D	E	F
1	蓝天易购电器商城产品销售情况表					
2	产品名称	品牌规格型号	单位	价格	数量	销售额
7	冰箱 汇总				571	¥2,684,529.0
20	电视机 汇总				533	¥3,611,928.0
26	空调 汇总				630	¥4,418,916.0
34	洗衣机 汇总				433	¥1,212,847.0
35	总计				2167	¥11,928,220.0

图 4-21　列标题、各个分类汇总结果和总计结果

在“快速访问工具栏”中单击“保存”按钮，对产品销售数据的分类汇总进行保存。

【训练 4-8】保护 Excel 工作簿及其工作表

【任务描述】

（1）打开文件夹“单元 4”中的 Excel 工作簿“蓝天易购电器商城产品销售情况表 5.xlsx”，尝试保护工作表“Sheet1”，密码设置为“123456”。

（2）打开文件夹“单元 4”中的 Excel 工作簿“蓝天易购电器商城产品销售情况表 5.xlsx”，尝试保护该工作簿，密码设置为“123456”。

（3）对 Excel 文档“蓝天易购电器商城产品销售情况表 5.xlsx”，设置打开权限密码和修改权限密码，密码都设置为“123456”。

【任务实施】

1. 保护工作表

打开文件夹“单元 4”中的 Excel 工作簿“蓝天易购电器商城产品销售情况表 5.xlsx”，右键单击工作表名称“Sheet1”，在弹出的快捷菜单中选择“保护工作表”命令，如图 4-22 所示。

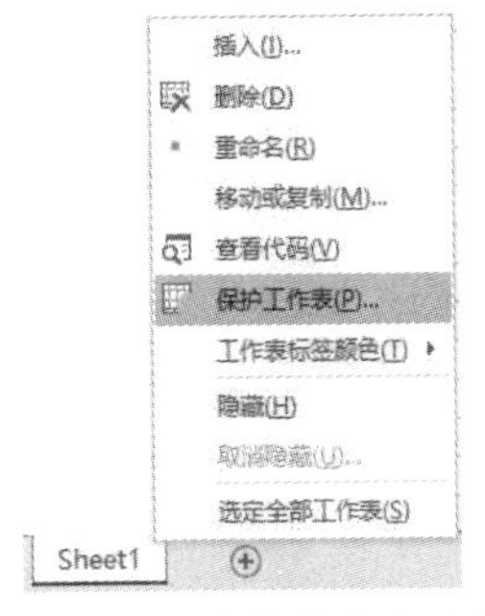

图 4-22　在快捷菜单中选择“保护工作表”命令

打开“保护工作表”对话框，在该对话框中勾选“保护工作表及锁定的单元格内容”复选框，在“取消工作表保护时使用的

密码”编辑框中输入密码“123456”，在“允许此工作表的所有用户进行”列表框中选取允许用户使用的操作，此处选择“选定锁定单元格”和“选定解除锁定的单元格”两个复选框，如图 4-23 所示，然后单击“确定”按钮。在弹出的“确认密码”对话框中再输入一次相同的密码，如图 4-24 所示，然后单击“确定”按钮即可。

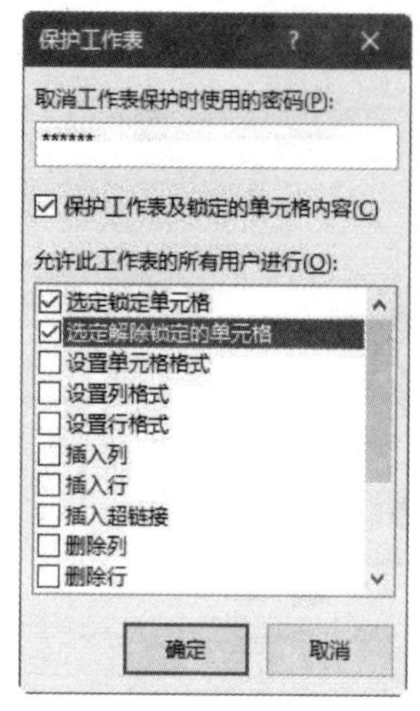

图 4-23 “保护工作表”对话框

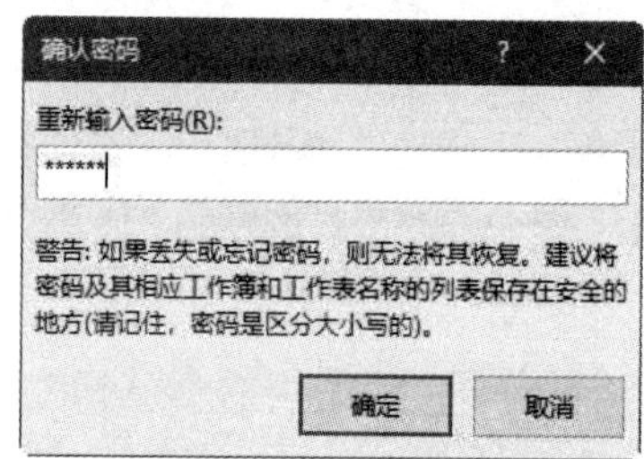

图 4-24 “确认密码”对话框

2. 保护工作簿

在 Excel 2016 窗口单击“文件”菜单，在弹出窗口单击“信息”按钮，切换到“信息”选项卡，在右侧单击“保护工作簿”下的三角形按钮，在弹出的下拉列表中选择“保护工作簿结构”命令，如图 4-25 所示。

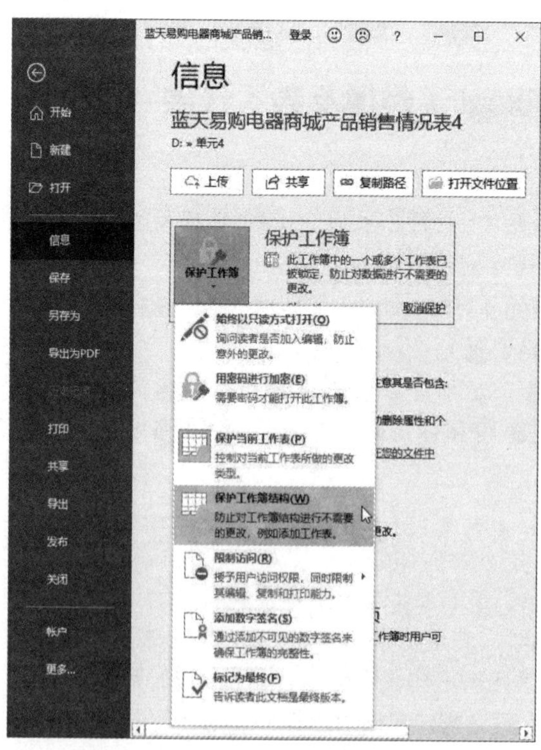

图 4-25 在“信息”选项卡“保护工作簿”下拉列表中选择“保护工作簿结构”命令

打开如图 4-26 所示的“保护结构和窗口”对话框，在该对话框中的“保护工作簿”区域勾选“结构”复选框；该对话框中的密码是可选的，在“密码”编辑框中输入密码“123456”，单击“确定”按钮后，弹出“确认密码”对话框，在该对话框中输入相同的密码，如图 4-27 所示，然后单击“确定”按钮即可。

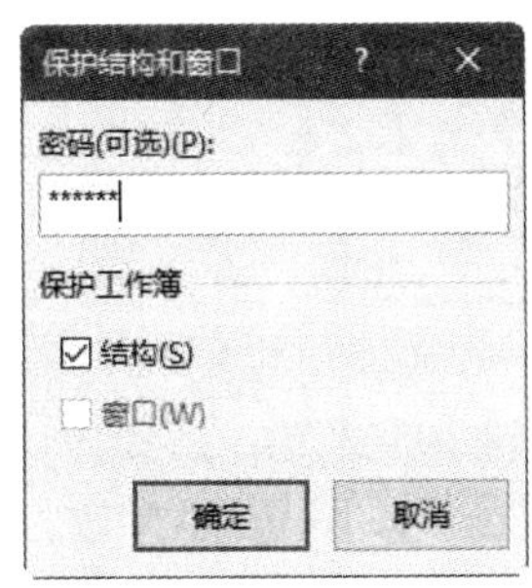

图 4-26 “保护结构和窗口”对话框

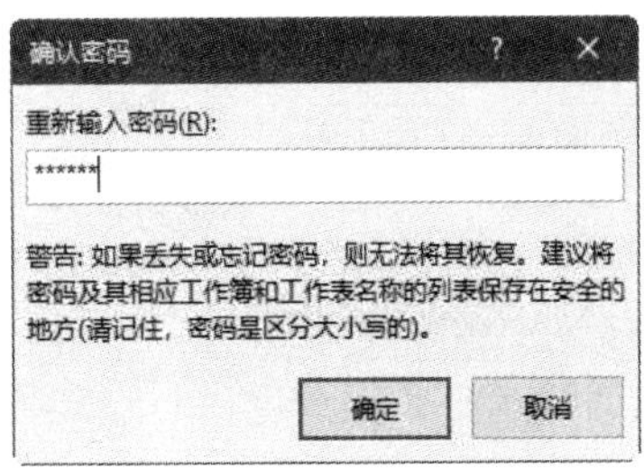

图 4-27 “确认密码”对话框

如果对被保护工作簿中的工作表进行重命名操作，将弹出如图 4-28 所示“工作簿有保护，不能更改”提示信息对话框。

图 4-28 “工作簿有保护，不能更改”提示信息对话框

3. 对 Excel 文档设置打开权限密码和修改权限密码

打开要设置密码的 Excel 文档“蓝天易购电器商城产品销售情况表 5.xlsx”，在 Excel 2016 窗口单击“文件”菜单，在弹出的窗口中单击“另存为”按钮，打开“另存为”对话框，在该对话框下方单击“工具”按钮，在打开的下拉列表中选择“常规选项”命令，如图 4-29 所示，打开“常规选项”对话框。

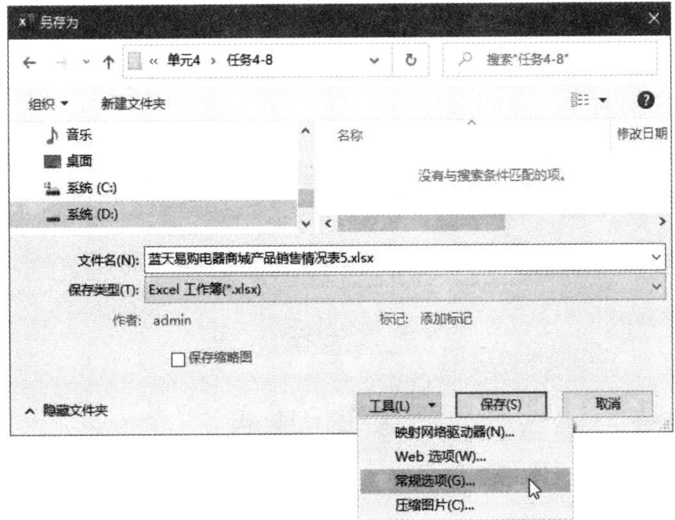

图 4-29 在“工具”的下拉列表中选择“常规选项”命令

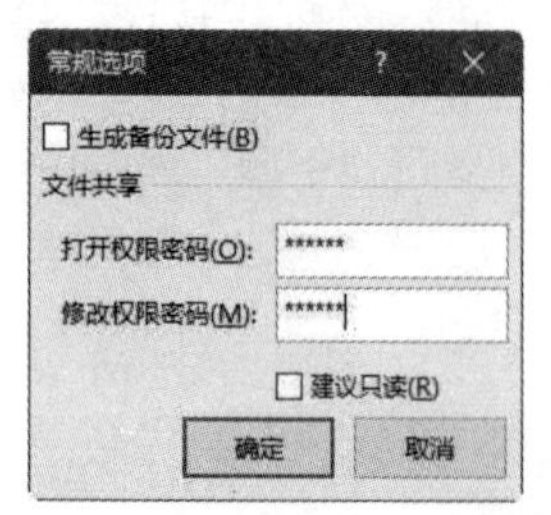

图 4-30 “常规选项”对话框

在“常规选项”对话框中分别设置“打开权限密码”和“修改权限密码”，此处都输入密码“123456”，如图 4-30 所示，然后单击“确定”按钮完成密码设置。在弹出的两个“确认密码”对话框中输入相同的密码，即“123456”，依次单击“确定”按钮，返回“另存为”对话框。

在“另存为”对话框中确定保存位置（这里设置为“训练 4-8”）和文件名（这里设置为“蓝天易购电器商城产品销售情况表 5.xlsx”），然后单击“保存”按钮，该文件即被加密保存。

对于设置了打开权限密码的 Excel 文档，再次打开时，会弹出“密码”对话框，在该对话框中输入正确的密码“123456”，如图 4-31 所示，单击“确定”按钮。弹出另一个“密码”对话框，在该对话框中输入密码以获取写权限，这里输入密码“123456”，如图 4-32 所示，单击“确定”按钮，即可打开设置了打开权限密码的 Excel 文档。

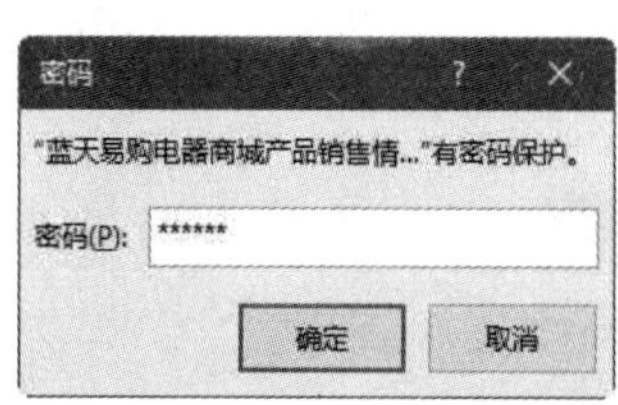

图 4-31 “密码”对话框 1

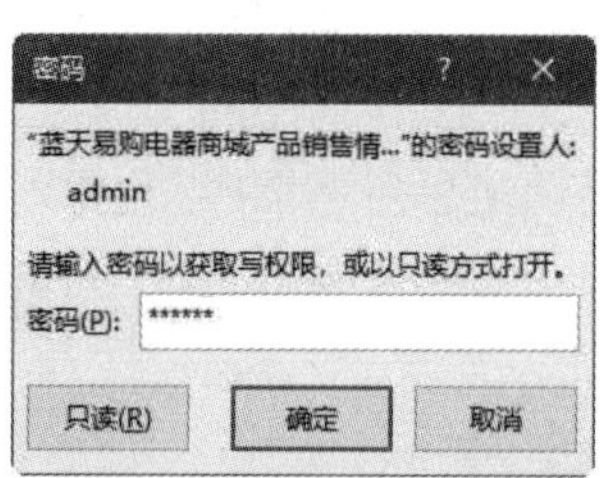

图 4-32 “密码”对话框 2

对设置了修改权限密码的 Excel 文档中的工作表进行重命名操作，将弹出如图 4-33 所示“工作簿有保护，不能更改”提示信息对话框。

图 4-33 “工作簿有保护，不能更改”提示信息对话框

在设置了修改权限密码的 Excel 文档中的工作表的单元格中删除数据或者输入数据，将弹出如图 4-34 所示的提示信息对话框。

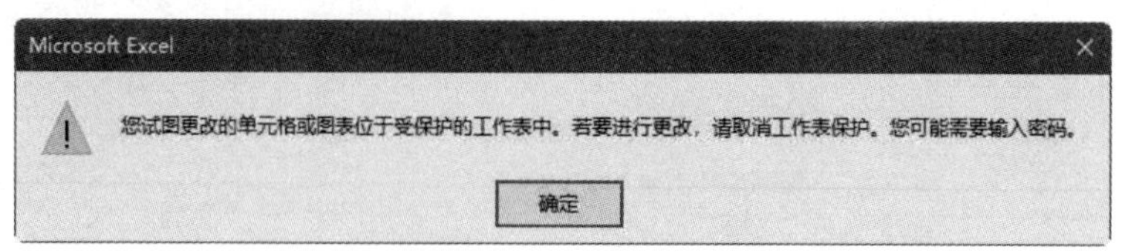

图 4-34 提示信息对话框

【训练 4-9】创建与编辑产品销售情况图表

【任务描述】

（1）打开 Excel 工作簿“电视机与洗衣机销售情况展示.xlsx”，在工作表“Sheet1”中创建图表，图表类型为“簇状柱形图”，图表标题为“第 1、2 季度产品销售情况”，分类轴标题

为“月份”，数值轴标题为“销售额”，并在图表中添加图例。图表创建完成后，对其格式进行设置，设置图表标题的字体为“宋体”，字号为“12”。

（2）将图表类型更改为“带数据标记的折线图”，并使用鼠标拖动方式调整图表大小以及移动图表到合适的位置。

【任务实施】

1. 创建图表

（1）打开 Excel 工作簿“电视机与洗衣机销售情况展示.xlsx”。

（2）选中需要创建图表的单元格区域 A2:G4，如图 4-35 所示，图表的数据源自选定的单元格区域中的数据。

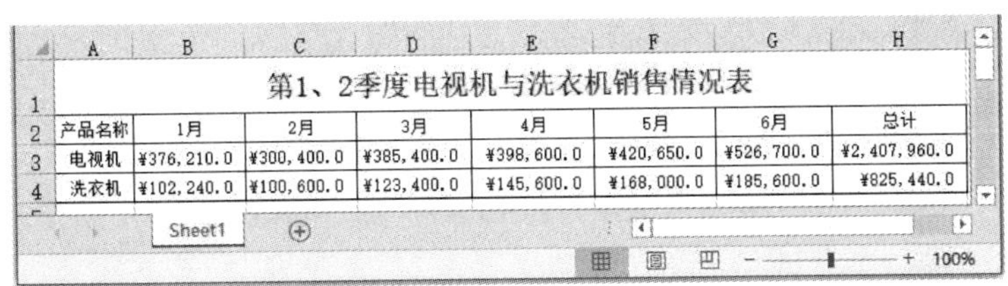

第1、2季度电视机与洗衣机销售情况表							
产品名称	1月	2月	3月	4月	5月	6月	总计
电视机	¥376,210.0	¥300,400.0	¥385,400.0	¥398,600.0	¥420,650.0	¥526,700.0	¥2,407,960.0
洗衣机	¥102,240.0	¥100,600.0	¥123,400.0	¥145,600.0	¥168,000.0	¥185,600.0	¥825,440.0

图 4-35　选中创建图表的单元格区域 A2:G4

（3）在“插入”选项卡“图表”组中单击“插入柱形图或条形图”按钮，在弹出的下拉列表中选择“二维柱形图”区域的“簇状柱形图”选项，如图 4-36 所示。

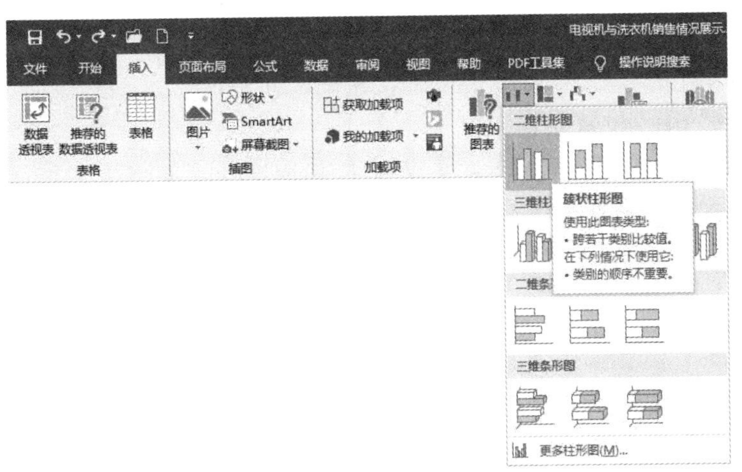

图 4-36　在“柱形图”下拉列表中选择“簇状柱形图”选项

创建的“簇状柱形图”如图 4-37 所示。

在“快速访问工具栏”中单击“保存”按钮，对 Excel 文档进行保存。

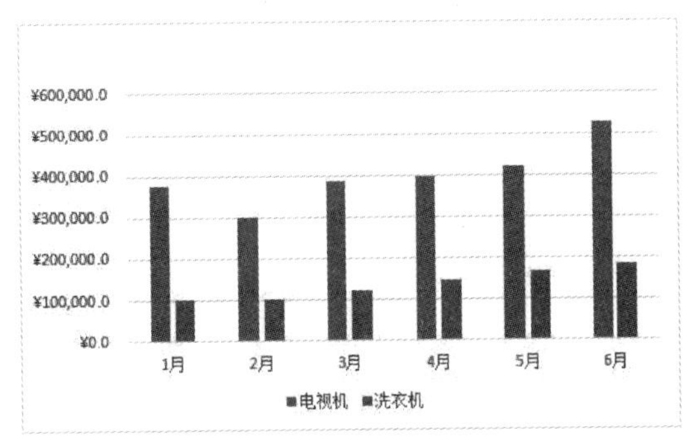

图 4-37　创建的簇状柱形图

2. 添加图表的坐标轴标题

（1）单击激活要添加坐标轴标题的图表，这里选择前面创建的“簇状柱形图”。

（2）单击图表右上角的“图表元素”按钮，在弹出的下拉列表中勾选“坐标轴标题”复选框，如图 4-38 所示。

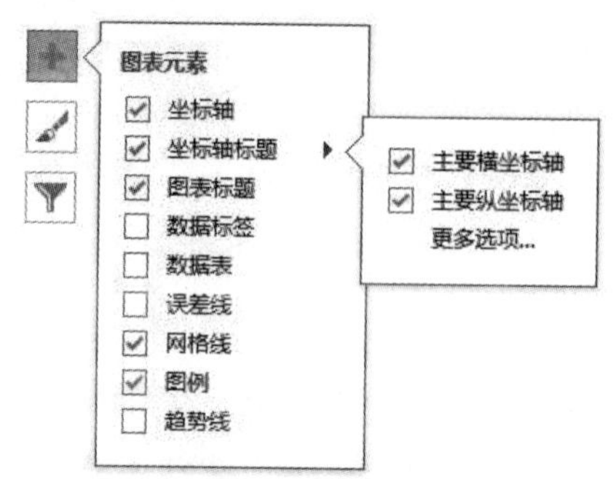

图 4-38　在“图表元素”下拉列表中勾选“坐标轴标题”复选框

（3）在横向“坐标轴标题”文本框中输入“月份”，在纵向“坐标轴标题”文本框中输入“销售额”。

（4）设置坐标轴标题的字体为“宋体”，字号为“10”。

在“快速访问工具栏”中单击“保存”按钮，对 Excel 文档进行保存。

3．添加图表标题

（1）单击激活要添加标题的图表，这里选择前面创建的“簇状柱形图”。

（2）单击图表右上角的“图表元素”按钮，在弹出的下拉列表中勾选“图表标题”复选框，在其级联菜单中选择“图表上方”选项，如图 4-39 所示。

（3）在图表区域“图表标题”文本框中输入合适的图表标题“第 1、2 季度产品销售情况”。

（4）设置图表标题的字体为“宋体”，字号为“12”。

在“快速访问工具栏”中单击“保存”按钮，对 Excel 文档进行保存。

4．设置图表的图例位置

（1）单击激活要添加图例的图表，这里选择前面创建的“簇状柱形图”。

（2）单击图表右上角的“图表元素”按钮，在弹出的下拉列表中勾选“图例”复选框，在其级联菜单中选择“右”选项，如图 4-40 所示。

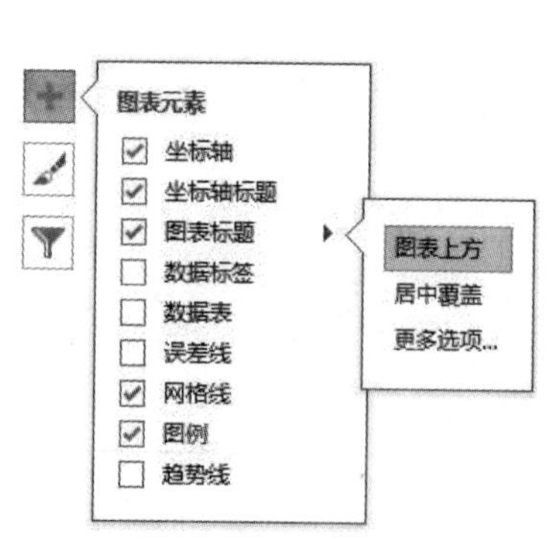

图 4-39　在“图表元素”下拉列表中勾选“图表标题”复选框

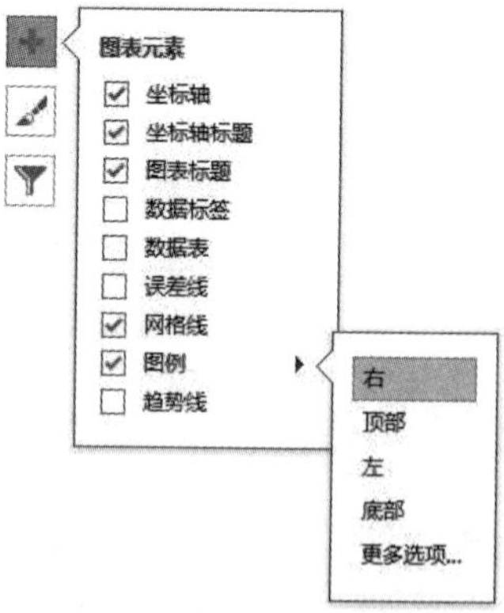

图 4-40　设置图表的图例位置

在“快速访问工具栏”中单击“保存”按钮，对 Excel 文档进行保存。

添加了坐标轴标题、图表标题及图例的“簇状柱形图”如图 4-41 所示。

在“快速访问工具栏”中单击“保存”按钮，对 Excel 文档进行保存。

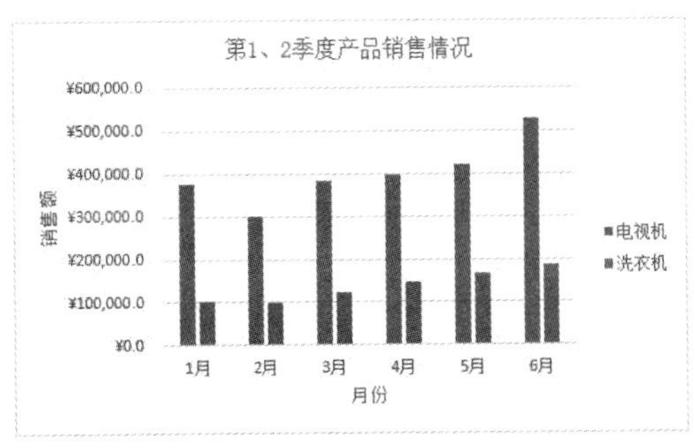

图 4-41　添加了标题的簇状柱形图

5. 更改图表类型

（1）单击激活要更改类型的图表，这里选择前面创建的“簇状柱形图”。

（2）在“图表工具—设计”选项卡“类型”组中单击“更改图表类型”按钮，打开“更改图表类型”对话框。

（3）在“更改图表类型”对话框中选择一种合适的图表类型，这里选择“带数据标记的折线图”，如图 4-42 所示。

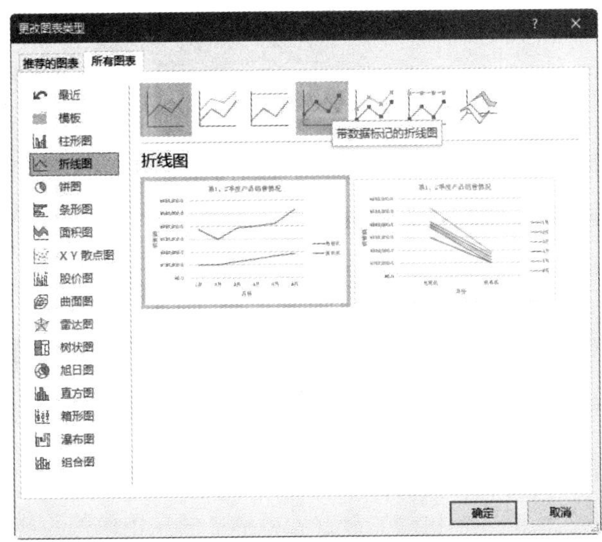

图 4-42　在“更改图表类型”对话框中选择“带数据标记的折线图”

然后单击“确定”按钮，完成图表类型的更改，“带数据标记的折线图”如图 4-43 所示。

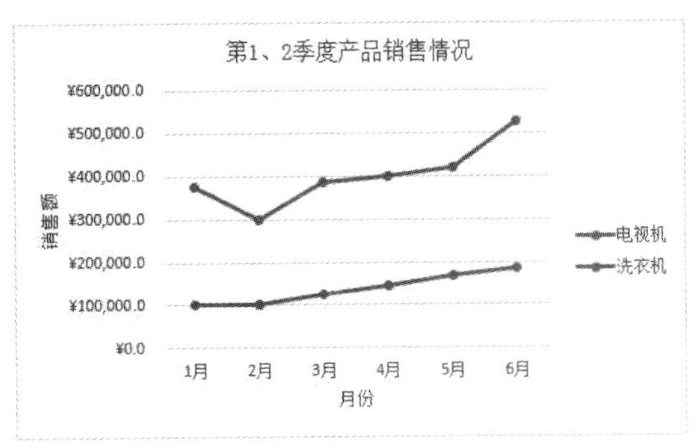

图 4-43　带数据标记的折线图

6. 缩放与移动图表

（1）单击激活图表，这里选择前面创建的图表。

（2）将鼠标指针移至右下角的控制点，当鼠标指针变成斜向双箭头时，拖动鼠标调整图表大小，直到满意为止。

（3）将鼠标指针移至图表区域，按鼠标左键将图表移动到合适的位置。

7. 将图表移至工作簿的其他工作表中

单击选中图表，在“图表工具—设计”选项卡“位置”组中单击“移动图表”按钮，在弹出的“移动图表”对话框中选择“新工作表”单选按钮，新工作表的名称采用默认名称“Chart1”，如图 4-44 所示，单击“确定”按钮，自动创建新工作表“Chart1”，并将图表移至工作表“Chart1”中。

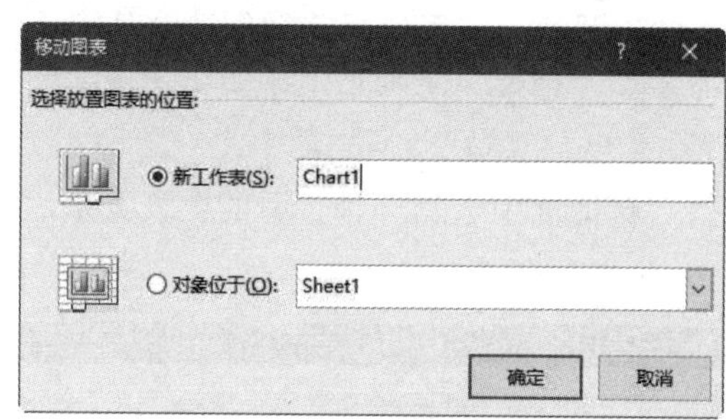

图 4-44 “移动图表”对话框

在“快速访问工具栏”中单击“保存”按钮，对 Excel 文档进行保存。

【训练 4-10】创建产品销售数据透视表

【任务描述】

打开 Excel 工作簿“电视机与洗衣机销售统计表 1.xlsx”，创建数据透视表，将工作表“Sheet1”中的销售数据按“业务员”将每种“产品”的销售额汇总求和，存入新建工作表“Sheet2”中。根据数据透视表分析以下问题：

（1）电视机与洗衣机总销售额各是多少？

（2）在业务员中谁的业绩（销售额）最好？谁的业绩（销售额）最差？

（3）业务员赵毅的电视机销售额为多少？

【任务实施】

1. 创建数据透视表

（1）打开 Excel 工作簿“电视机与洗衣机销售统计表 1.xlsx”。

（2）启动数据透视图表和数据透视图向导。在“插入”选项卡“表格”组中单击“数据透视表”按钮，打开“创建数据透视表”对话框。

（3）在“创建数据透视表”对话框的“请选择要分析的数据”区域选择“选择一个表或区域”单选按钮，然后在“表/区域”编辑框中直接输入数据源区域的地址，或者单击“表/区域”编辑框右侧的“折叠”按钮，折叠该对话框，在工作表中拖动鼠标选择数据区域，如“A2:C12”，在折叠对话框的编辑框中显示，所选中区域的绝对地址值为“$A$2:$C$12”，如图 4-45 所示。在折叠对话框中单击“返回”按钮，返回折叠之前的对话框。

数据透视表的数据源可以选择一个区域，也可以选择多列数据。如果需要经常更新或添加数据，建议选择多列，当有新数据增加时，只要刷新数据透视表即可，不必重新选择数据源。

（4）在“创建数据透视表”对话框的“选择放置数据透视表的位置”区域选择“新工作表”单选按钮，如图 4-46 所示。

图 4-45　折叠对话框及选中区域的绝对地址

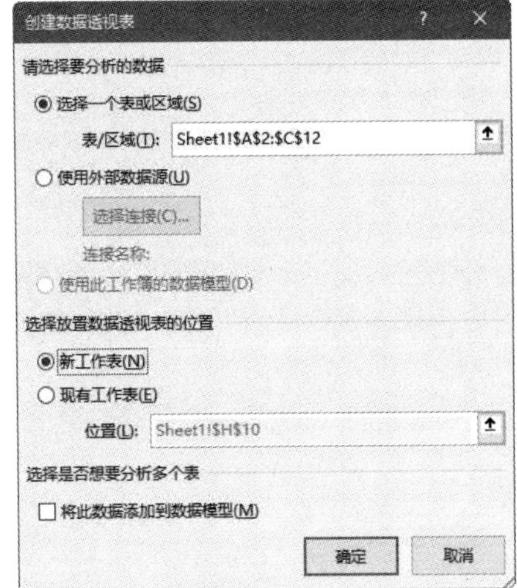

图 4-46　“创建数据透视表”对话框

如果数据较少，这里也可以选择“现有工作表”单选按钮，然后在“位置”编辑框中输入放置数据透视表的区域地址。

（5）在“创建数据透视表”对话框中单击“确定”按钮，进入数据透视表设计环境，如图 4-47 所示。即在指定的工作表位置创建了一个空白的数据透视表框架，同时在其右侧显示一个“数据透视表字段”窗格。

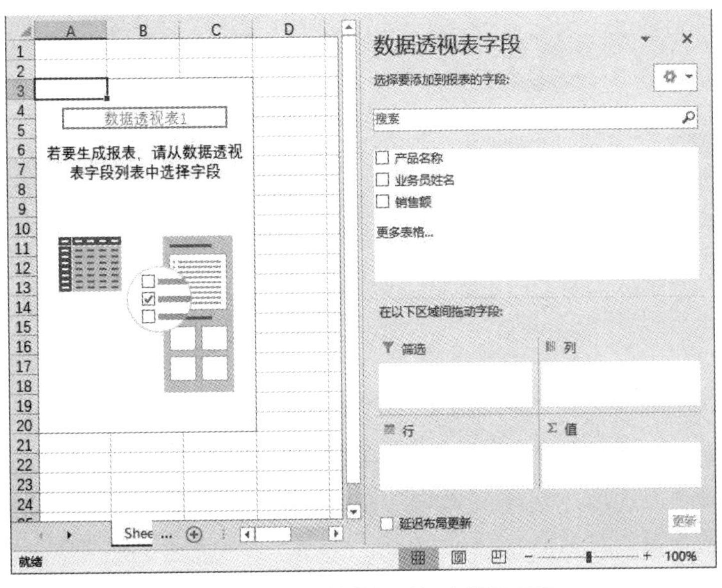

图 4-47　Excel 的数据透视表设计环境

（6）在“数据透视表字段”窗格中，从“选择要添加到报表的字段”列表框勾选“产品名称”复选框，并将“产品名称”字段拖到“在以下区域间拖动字段”区域的“行”框中；

勾选“业务员姓名”复选框，并将“业务员姓名”字段拖到“列”框中；勾选“销售额”复选框，并将“销售额”字段拖到“值”框中。添加了对应字段的“数据透视表字段”窗格如图 4-48 所示。

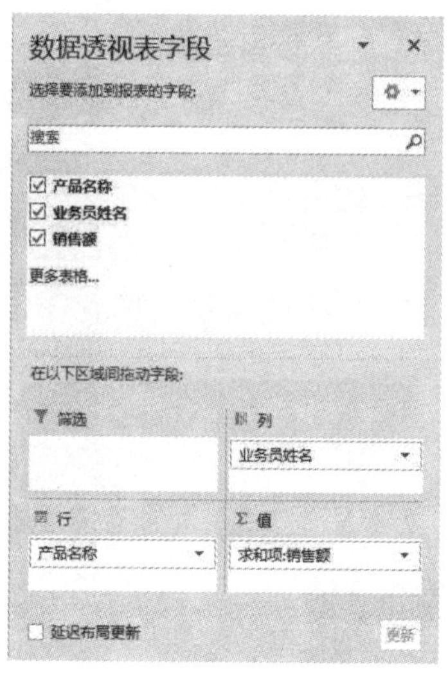

图 4-48　添加了对应字段的“数据透视表字段”窗格

（7）在“数据透视表字段”窗格右下方的“值”框中单击“求和项:销售额”按钮，在弹出的下拉列表中选择“值字段设置”命令，如图 4-49 所示。打开“值字段设置”对话框，在该对话框中选择“值字段汇总方式”列表框中的“求和”选项，如图 4-50 所示。

图 4-49　在“求和项”下拉列表中选择“值字段设置”命令

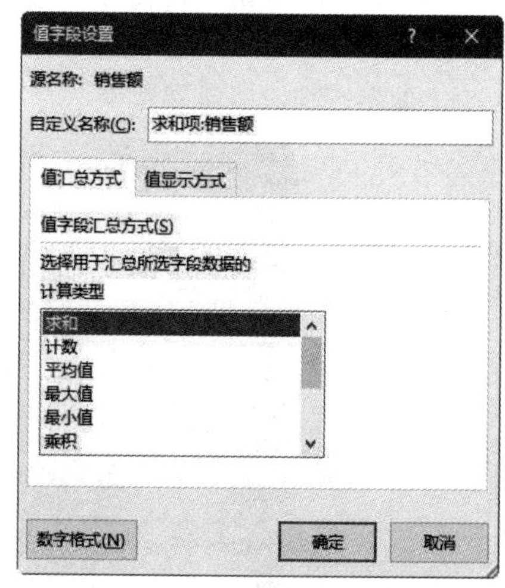

图 4-50　“值字段设置”对话框

然后单击“数字格式”按钮，打开“设置单元格格式”对话框，在该对话框左侧“分类”列表框中选择“数值”选项，“小数位数据”设置为“1”，如图 4-51 所示，接着单击“确定”按钮返回“值字段设置”对话框。

在“值字段设置”对话框中单击“确定”按钮，完成数据透视表的创建。

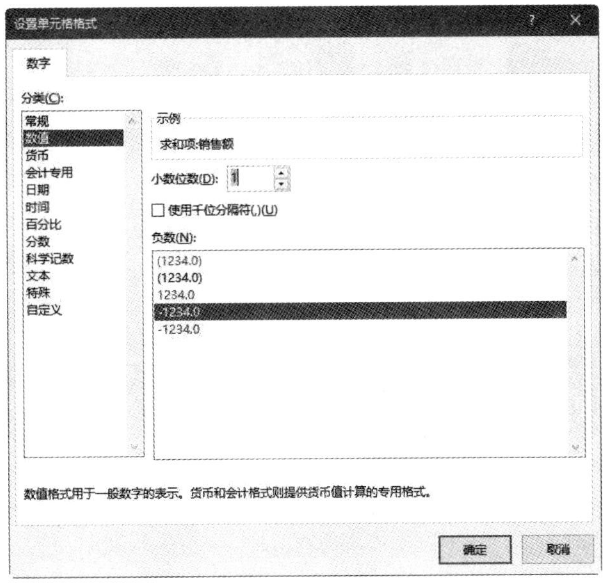

图 4-51 “设置单元格格式”对话框

（8）设置数据透视表的格式。将光标置于数据透视表区域的任意单元格，切换到“数据透视表工具—设计”选项卡，在“数据透视表样式”区域中单击选择一种合适的表格样式，这里选择“浅灰色，数据透视表样式浅色 15”表格样式，如图 4-52 所示。

图 4-52 在“数据透视表工具—设计”选项卡中选择一种数据透视表样式

创建的数据透视表的最终效果如图 4-53 所示。

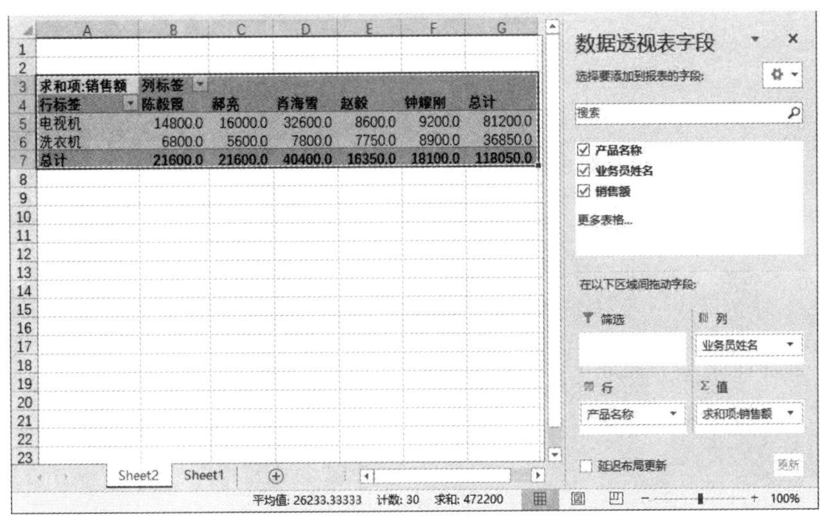

图 4-53 数据透视表的最终效果

由如图 4-53 所示的数据透视表可知以下结果：

（1）电视机与洗衣机总销售额分别为 81200 元、36850 元。

（2）在业务员中肖海雪的业绩最好，销售额为 40400 元；赵毅的业绩最差，销售额为 16350 元。

（3）业务员赵毅的电视机销售额为 8600 元。

2．编辑数据透视表

切换到“数据透视表工具—分析”选项卡，如图 4-54 所示，利用该选项卡中的命令可以对创建的“数据透视表”进行多项设置，也可以对“数据透视表”进行编辑修改。

图 4-54　“数据透视表工具—分析”选项卡

数据透视表的编辑包括增加与删除数据字段、改变统计方式、改变透视表布局等方面，大部分操作都可以借助“数据透视表工具—分析”选项卡中的命令按钮完成。

（1）增加或删除数据字段。在“数据透视表工具—分析”选项卡“显示”组中单击“字段列表”按钮，显示“数据透视表字段”对话框，可以将所需字段拖到相应区域。

（2）改变汇总方式。在“数据透视表工具—分析”选项卡“活动字段”组中单击“字段设置”按钮，打开“值字段设置”对话框，在该对话框中可以更改汇总方式。

（3）更改数据透视表选项。在“数据透视表工具—分析”选项卡“数据透视表”组中单击“选项”按钮，打开如图 4-55 所示的“数据透视表选项”对话框，在该对话框中可更改相关设置。

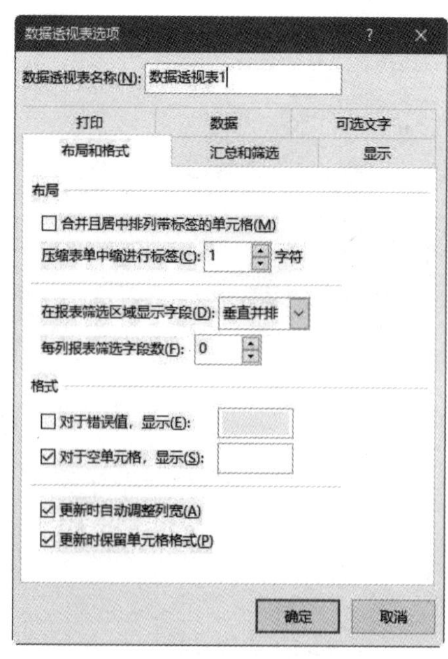

图 4-55　“数据透视表选项”对话框

创建数据透视图的方法与创建数据透视表类似，限于篇幅，此处不再赘述。

【训练 4-11】产品销售情况页面设置与打印输出

【任务描述】

（1）打开 Excel 工作簿“蓝天易购电器商城产品销售情况表 4.xlsx”，对工作表“Sheet1”进行页面设置。

（2）插入分页符，实现分页打印。

【任务实施】

打开 Excel 工作簿“蓝天易购电器商城产品销售情况表 4.xlsx”，对工作表“Sheet1”进行如下设置。

1. 设置页面的方向、缩放、纸张大小、打印质量和起始页码

在“页面布局”选项卡“页面设置”组中单击“页面设置”按钮，打开“页面设置”对话框，在该对话框的“页面”选项卡中可以设置打印方向（纵向或横向打印）、缩小或放大打印的内容、选择合适的纸张类型、设置打印质量和起始页码。在“缩放”栏中选择“缩放比例”，可以设置缩小或放大打印的比例；选择“调整为”可以按指定的页数打印工作表，“页宽”为表格横向分隔的页数，“页高”为表格纵向分隔的页数。如果要在一张纸上打印大于一张的内容时，应设置 1 页宽和 1 页高。“打印质量”是指打印时所用的分辨率，分辨率以每英寸打印的点数为单位，点数越大，表示打印质量越好。

页面“方向”选择“纵向”，其他都采用默认设置值，如图 4-56 所示。

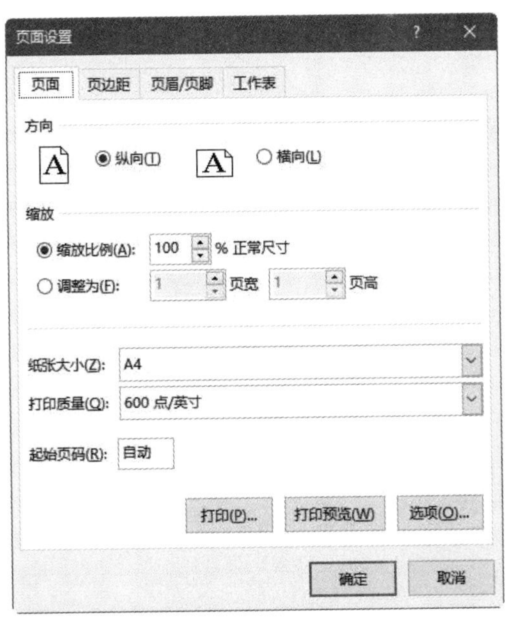

图 4-56 “页面设置”对话框的“页面”选项卡

2. 设置页边距

在“页面设置”对话框中切换到“页边距”选项卡，然后设置上、下、左、右边距以及页眉和页脚边距，还可以设置居中方式。这里左、右页边距设置为“1.5”，其他都采用默认设置值，如图 4-57 所示。

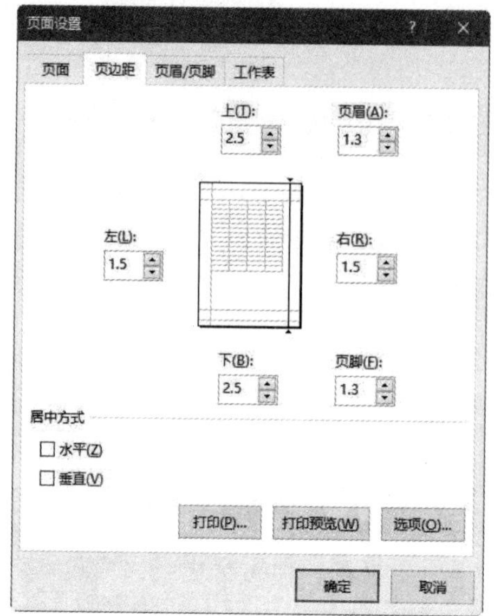

图 4-57 “页面设置”对话框中的“页边距”选项卡

3. 设置页眉和页脚

在“页面设置”对话框中切换到“页眉/页脚”选项卡，在“页眉”或“页脚”下拉列表框中选择合适的页眉或页脚。也可以自行定义页眉或页脚，操作方法如下：

（1）在“页眉/页脚”选项卡中单击“自定义页眉”按钮，打开“页眉”对话框，将光标定位在“左部”“中部”或“右部”编辑框中，然后单击对话框中相应的按钮，包括“格式文本”“插入页码”“插入页数”“插入日期”“插入时间”“插入文件路径”“插入文件名”“插入数据表名称”“插入图片”等。如果要在页眉中添加其他文字，在编辑框中输入相应的文字即可，如果要在某一位置换行，按回车键即可。

这里在“中部”编辑框输入“第 1、2 季度产品销售情况表”，然后单击“格式文本”按钮 A，在弹出的“字体”对话框中设置字体为“宋体”，字形为“常规”，字号为“10”，如图 4-58 所示。字体设置完成后单击“确定”按钮返回“页眉”对话框，如图 4-59 所示。

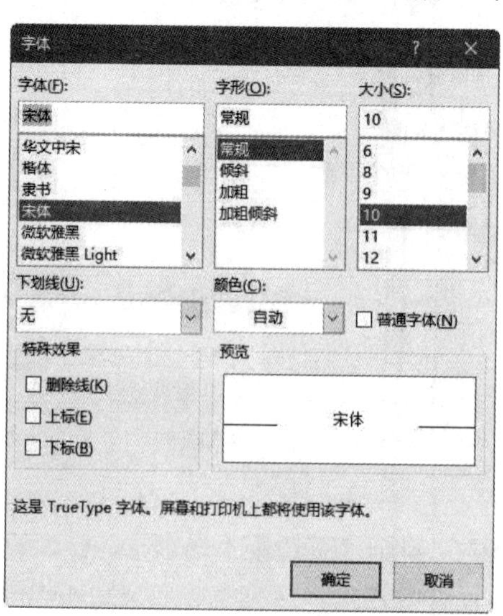

图 4-58 “字体”对话框

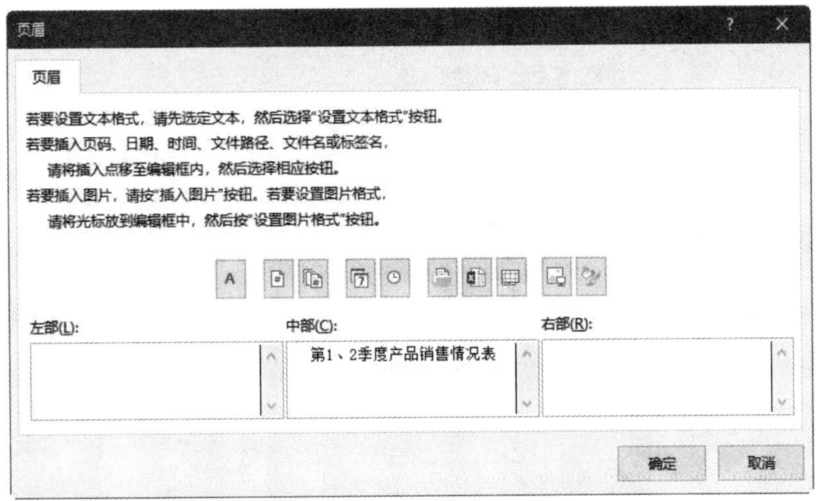

图 4-59 “页眉”对话框

在“页眉”对话框中单击“确定”按钮，返回“页面设置”对话框的“页眉/页脚”选项卡。

（2）在“页眉/页脚”选项卡中单击“自定义页脚”按钮，打开“页脚”对话框，将光标定位在“左部”“中部”或“右部”编辑框中，然后单击对话框中相应的按钮。如果要在页脚中添加其他文字，在编辑框中输入相应的文字即可；如果要在某一位置换行，按回车键即可。

这里在“右部”编辑框中输入了“第页　共页”，将光标点置于“第”与“页”之间，然后单击按钮，插入页码（&[页码]），接着将光标点置于“共”与“页”之间，然后单击按钮，插入总页数（&[总页数]），如图 4-60 所示。然后单击“格式文本”按钮，在弹出的“字体”对话框中设置字体为“宋体”，字形为“常规”，字号为“10”，字体设置完成后单击“确定”按钮，返回“页脚”对话框，如图 4-60 所示。

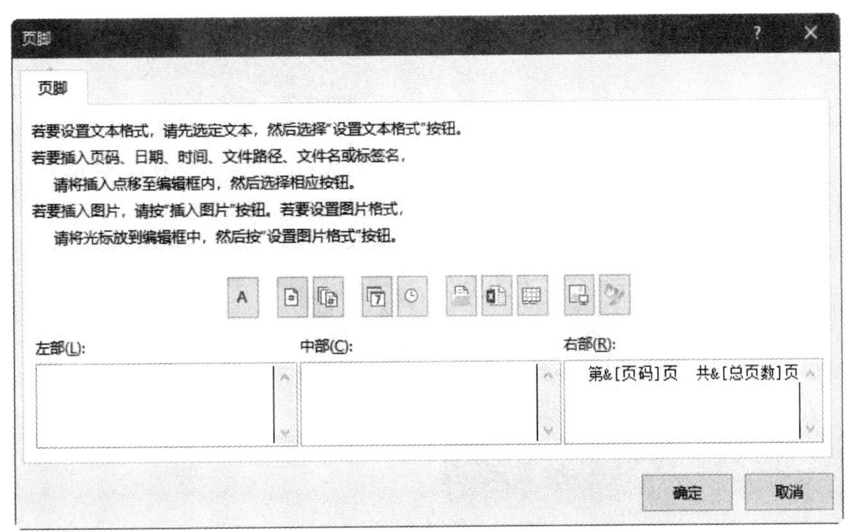

图 4-60 “页脚”对话框

在“页脚”对话框中单击“确定”按钮，返回“页面设置”对话框的“页眉/页脚”选项卡，如图 4-61 所示。

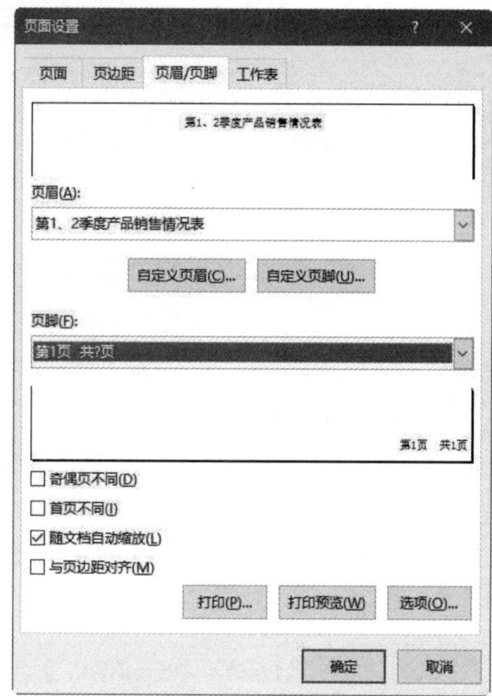

图 4-61 “页面设置”对话框中的“页眉/页脚”选项卡

4．设置工作表

在“页面设置”对话框中切换到“工作表”选项卡，如图 4-62 所示，在该选项卡进行以下设置：

（1）定义打印区域。根据需要在“打印区域”编辑框中设置打印的范围为“$A$1:$F$30”。如果不设置，系统默认打印工作表中的全部数据。

图 4-62 “页面设置”对话框中的“工作表”选项卡

（2）定义打印标题。如果在工作表中包含行列标志，可以使其出现在每页打印输出的工作表中。在“顶端标题行”编辑框中指定顶端标题行所在的单元格区域“$1:$1”；在“左端标题行”编辑框中指定左端标题行所在的单元格区域，这里为空。

（3）指定打印选项。选择是否打印“网络线”，是否为“单色打印”，是否为“按草稿方式”打印（不打印框线和图表），是否打印“行和列标题”。

（4）设置打印顺序。选择“先行后列”打印顺序。

工作表设置完成如图 4-62 所示，然后单击“确定”按钮关闭“页面设置”对话框即可。

5. 分页打印

单击新起页第 1 行对应的行号，如第 20 行，在“页面布局”选项卡“页面设置”组中单击“分隔符”按钮，在弹出的下拉列表中选择“插入分页符”命令，如图 4-63 所示，即可插入分页符。其他需要分页的位置可按此方法插入分页符。

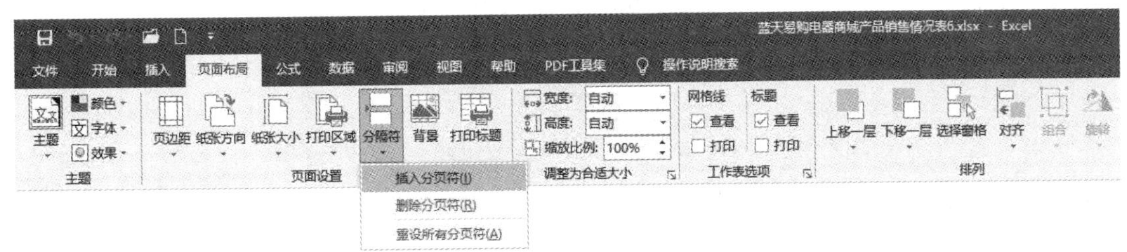

图 4-63　在“分隔符”下拉列表中选择“插入分页符”命令

在 Excel 2016 窗口单击“文件”菜单，在弹出的窗口单击“打印”按钮，切换到打印预览窗口，在“打印”预览窗口对打印输出的多项设置完成后，接通打印机，在“打印”预览窗口单击“打印”按钮，即可开始打印。

【提升学习】

【训练 4-12】人才需求量的统计与分析

打开文件夹“单元 4”中的 Excel 工作簿“人才需求量统计与分析.xlsx”，按照以下要求在工作表“Sheet1”中完成相应的操作：

（1）在工作表“Sheet1”中计算各个城市人才需求的总计数，结果存放在单元格 C9～L9 中。

（2）在工作表“Sheet1”中计算各职位类别人才需求量的总计数，结果存放在单元格 M3～M8 中。

（3）在工作表“Sheet1”中利用单元格区域“C2:L2”和“C9:L9”中的数据绘制图表，图表标题为“主要城市人才需求量调查统计”，图表类型为“簇状柱形图”，分类轴标题为“城市”，数据轴标题为“需求数量”。

（4）在工作表“Sheet1”中利用单元格区域“B3:B8”和“M3:M8”中的数据绘制图表，图表标题为“人才需求量调查统计”，图表类型为“分离型三维饼图”，显示“百分比”数据标签，图例位于底部。

（5）预览数据表“Sheet1”，设置合适的页边距，设置打印区域。

（6）利用数据表“Sheet2”中的数据，创建人才需求量的数据透视表，并将创建的数据透视表存放在数据表“Sheet3”中。将创建的人才需求量数据透视表与工作表“Sheet1”中的人才需求数据进行对比，理解数据透视表的功能和直观性。

【操作提示】

（1）参考的“簇状柱形图”如图4-64所示。

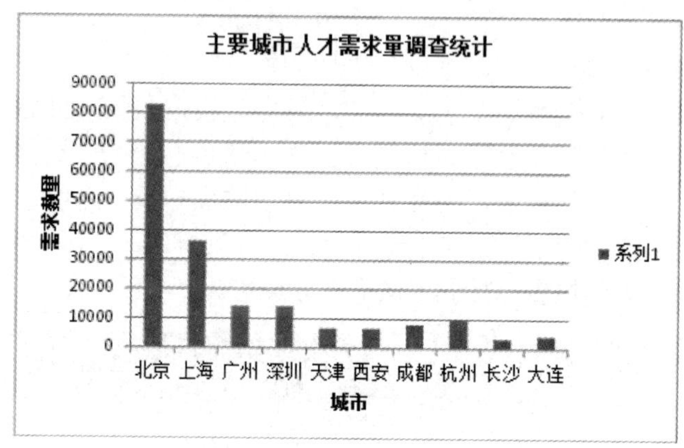

图4-64 “主要城市人才需求量调查统计”的簇状柱形图

（2）参考的“分离型三维饼图”如图4-65所示。

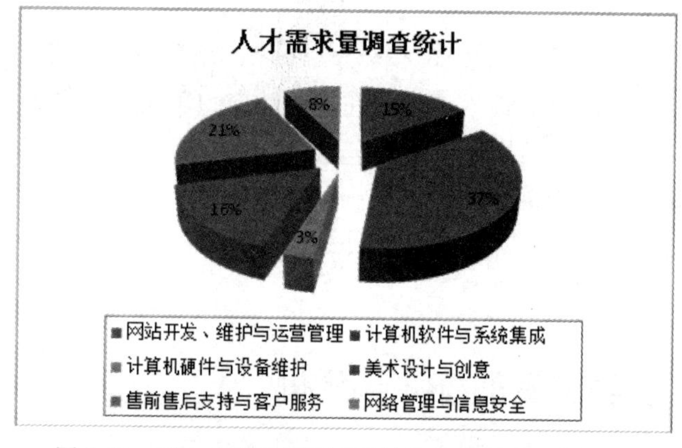

图4-65 “人才需求量调查统计”的分离型三维饼图

【训练4-13】公司人员结构分析

打开文件夹“单元4”中的Excel工作簿“公司人员结构分析.xlsx”，按照以下要求完成相应的操作：

（1）在工作表“职工花名册”中，将标题“蓝天电脑有限责任公司职工花名册”的字体设置为“楷体”，字号设置为“16”，字形设置为“加粗”；行高设置为“30”，水平对齐设置为“跨列居中”，垂直对齐设置为“居中”。除标题行之外的其他各行的行高设置为“最适合的行高”，垂直对齐方式设置为“居中”；各列的列宽设置为“最适合的列宽度”，列标题的水平对齐设置为“居中”。

（2）在工作表“人员自动筛选”中，执行自动筛选操作，筛选出“技术部”中的少数民族职工。

（3）在工作表“人员高级筛选”中，执行高级筛选操作，筛选出政治面貌为“中共党员”的非湖南籍的少数民族的女职工。

（4）在工作表“职工按性别分类统计”中，按职工的性别进行分类汇总。

（5）在工作表“职工按政治面貌分类统计”中，按职工的政治面貌进行分类汇总。

（6）在工作表“职工按民族分类统计”中，按职工的民族进行分类汇总。

（7）在工作表“职工按籍贯分类统计”中，按职工的籍贯进行分类汇总。

（8）将分类汇总的统计结果复制到工作表“职工人员结构分析”中，按性别分类汇总的结果如图 4-66 所示，按政治面貌分类汇总的结果如图 4-67 所示，按民族分类汇总的结果如图 4-68 所示，按籍贯分类汇总的结果如图 4-69 所示。

公司人员性别结构	
性别	人数
男	24
女	14
合计	38

图 4-66　按性别分类汇总的结果

公司人员政治面貌结构	
政治面貌	人数
中共党员	25
中共预备党员	1
九三学社社员	1
民建会员	1
民进会员	1
民盟盟员	1
无党派民主人士	1
群众	7

图 4-67　按政治面貌分类汇总的结果

公司人员民族结构	
民族	人数
藏族	1
傣族	1
侗族	1
汉族	28
回族	1
满族	2
蒙古族	1
土家族	1
维吾尔族	1
瑶族	1
合计	38

图 4-68　按民族分类汇总的结果

公司人员籍贯结构	
籍贯	人数
北京	2
福建	1
广东	3
黑龙江	1
湖北	2
湖南	13
吉林	1
江苏	3
江西	1
辽宁	1
内蒙古	1
山西	1
上海	1
四川	2
天津	1
新疆	1
浙江	2
重庆	1
合计	38

图 4-69　按籍贯分类汇总的结果

在工作表“职工人员结构分析”中分别选用 4 类汇总数据，按表 4-2 中的要求分别绘制图表。

表 4-2　绘制图表的要求

图表标题	图表类型	分类轴标题	数值轴标题	其他要求
公司人员性别结构	三维簇状柱形图	性别	人数	靠右侧显示图例，显示类别名称标签及值标签
公司人员政治面貌结构	分离型三维饼图	（无）	（无）	靠右侧显示图例，显示百分比标签
公司人员民族结构	分离型圆环图	（无）	（无）	靠右侧显示图例，显示值标签
公司人员籍贯结构	簇状柱形图	籍贯	人数	靠右侧显示图例，不显示数据标签

（9）在工作表“职工年龄结构分析”中，L 列的列标题为“虚岁年龄”，M 列的列标题为“实足年龄”，先在单元格 L3 和 M3 中分别计算“虚岁年龄”和“实足年龄”，然后使用鼠标拖动填充柄的方法分别计算单元格 L4～L40 和 M4～M40 的“虚岁年龄”及“实足年龄”。

（10）应用函数 COUNTIF 分别统计工作表“职工年龄结构分析”中 35 岁以下年龄段的职工人数、35～45 岁年龄段的职工人数、45 岁以上年龄段的职工人数。然后绘制职工年龄结构图表，图表标题为“公司人员年龄结构图”，图表类型为“分离型三维饼图”，在底部显示图例，显示“类别名称”和“百分比”数据标签。图表标题的字号设置为“14”，字形设置为“加粗”；数据标签的字号设置为“10”，图例的字号设置为“10”。

【操作提示】

（1）在工作表“人员自动筛选”中筛选少数民族职工应使用“自定义自动筛选方式”对话框完成，筛选条件设置为“<>汉族”。

（2）工作表“人员高级筛选”中高级筛选条件区域的条件如图 4-70 所示。

性别	民族	政治面貌	籍贯
女	<>汉族	中共党员	<>湖南

图 4-70　高级筛选的条件设置

（3）要将分类汇总的统计结果复制到 Excel 的工作表“职工人员结构分析”中去，可以先切换到对应的分类汇总的工作表中，单击工作表左侧的分级显示区顶端的 2 按钮，工作表中将只显示列标题、各个分类汇总结果和总计结果，将分类汇总结果复制 Word 文档，添加必要的表格列标题，删除多余的文字，然后将汇总结果复制 Excel 的工作表中即可。

（4）计算虚岁年龄的公式为 YEAR(TODAY())-YEAR(F3)，其中，单元格 F3 中存储了出生日期数据，函数 TODAY()返回当前系统日期。

（5）计算实足年龄的公式为 IF(MONTH(F3)<MONTH(TODAY()),L3,IF(MONTH(F3)>MONTH (TODAY()),L3-1,IF(DAY(F3)<=DAY(TODAY()),L3,L3-1)))，其中，单元格 F3 中存储了出生日期数据，L3 中存储了虚岁年龄数据。

（6）计算 35 岁以下年龄段的职工人数的公式为 COUNTIF(M3:M40,"<=35")，计算 35～45 岁年龄段的职工人数的公式为 COUNTIF(M3:M40,"<=45")-COUNTIF(M3:M40,"<=35")，计算 45 岁以上年龄段的职工人数公式为 COUNTIF(M3:M40,">45")。

【考核评价】

【技能测试】

【测试 4-1】五四青年节活动经费支出预算数据的输入

在文件夹“单元 4”中创建并打开 Excel 工作簿“五四青年节活动经费预算支出表.xlsx”，在工作表“Sheet1”中输入如表 4-3 所示的五四青年节活动经费预算数据。要求：“序号”列数据“1～11”使用“序列”对话框设置后填充输入；在“序号”对应行之前插入一行，在该行第 1 单元中输入文本内容“五四青年节活动经费预算表”。

表 4-3 五四青年节活动经费预算表

序 号	费用支出项目	金额（元）
1	制作纪念“五四”运动的展板	1200
2	制作晚会海报	600
3	制作晚会邀请函	800
4	购买饮用水	600
5	租赁音响设备	4000
6	租赁灯光设备	5000
7	租赁晚会主持人及演员服装	3000
8	购买与制作道具	2000
9	晚会主持人及演员化妆	2000
10	资料印刷等费用	1200
11	购买奖品、纪念品等	5200
12	晚会主持人、演员、晚会工作人员用餐	8000
13	其他项目	2000
	合计	35600

【测试 4-2】五四青年节活动经费预算表格式设置与效果预览

打开文件夹“单元 4”中的 Excel 工作簿“五四青年节活动经费预算支出表.xlsx”，按照以下要求进行操作：

（1）使用“开始”选项卡“字体”组中的按钮设置第 1 行“五四青年节活动经费预算表支出情况”的字号为“18”，字形为“加粗”，设置其他行文字的字号为“12”。

（2）使用“开始”选项卡“对齐方式”组中的对齐按钮将“序号”所在行数据的水平对齐方式设置为“居中”。

（3）使用“开始”选项卡“对齐方式”组中的对齐按钮将“序号”所在列数据的水平对齐方式设置为“居中”。

（4）使用鼠标拖动方式将第 1 行的行高设置为“30”，其他数据行的行高设置为“20”；使用鼠标拖动方式将各数据列的宽度设置为至少能容纳单元格中的内容。

（5）使用“开始”选项卡“对齐方式”组中的“合并后居中”按钮将第 1 行“五四青年节活动经费预算表支出情况”对应的 3 个单元格合并且水平对齐方式设置为“居中”。

（6）将“金额（元）”列数据设置为“货币”类型，小数位数设置为“1”位，货币符号设置为“¥”。

（7）为包含数据的单元格区域设置边框线。

【测试 4-3】五四青年节活动经费决算格式设置与数据计算

【任务描述】

打开文件夹“单元 4”中的 Excel 工作簿“五四青年节活动经费决算表.xlsx”，按照以下要求在工作表“Sheet1”中完成相应的操作：

（1）将第 1 行标题“五四青年节活动经费决算表”字体设置为“隶书”，字号设置为“20”，字形设置为“粗体”，水平对齐方式设置为“跨列居中”，垂直对齐方式设置为“居中”。

（2）将其他各行文字的字体设置为“宋体”，字号设置为“11”，垂直对齐方式设置为“居中”，第 2 行水平对齐方式设置为“居中”，第 3～16 行的水平对齐方式保持其默认设置不变。

（3）将第 1 行的行高设置为“30”，第 2～16 行的行高设置为“20”。为包含数据的单元格区域设置边框线。

（4）将第 1 列的列宽设置为“6”，第 2 列的列宽设置为“30”，第 3～6 列的列宽设置为“15”。

（5）将预算金额、实际支出和余额对应数据格式设置为“货币”类型，小数位数为“1”位，货币符号为“¥”，负数加括号且套红显示。

（6）利用公式“预算金额—实际支出”先计算项目 1 的余额，然后拖动填充柄复制公式计算其他各个项目的余额。

（7）使用求和函数 SUM 计算预算金额、实际支出和余额的合计值。

本测试的参考效果如图 4-71 所示。

五四青年节活动经费决算表				
序号	费用支出项目	预算金额（元）	实际支出（元）	余额
1	制作纪念“五四”运动的展板	¥1,200.0	¥1,200.0	¥0.0
2	制作晚会海报	¥600.0	¥500.0	¥100.0
3	制作晚会邀请函	¥800.0	¥650.0	¥150.0
4	购买饮用水	¥600.0	¥500.0	¥100.0
5	租赁音响设备	¥4,000.0	¥4,000.0	¥0.0
6	租赁灯光设备	¥5,000.0	¥5,000.0	¥0.0
7	租赁晚会主持人及演员服装	¥3,000.0	¥4,000.0	(¥1,000.0)
8	购买与制作道具	¥2,000.0	¥2,400.0	(¥400.0)
9	晚会主持人及演员化妆	¥2,000.0	¥1,500.0	¥500.0
10	资料印刷等费用	¥1,200.0	¥1,400.0	(¥200.0)
11	购买奖品、纪念品等	¥5,200.0	¥5,000.0	¥200.0
12	晚会主持人、演员、晚会工作人员用餐	¥8,000.0	¥7,150.0	¥850.0
13	其他项目	¥2,000.0	¥2,200.0	(¥200.0)
	合计	¥35,600.0	¥35,500.0	¥100.0

图 4-71　“五四青年节活动经费决算表”数据表的参考效果

【测试 4-4】计算机配件销售数据的计算与统计

打开文件夹“单元 4”中的 Excel 工作簿“计算机配件销售情况表.xlsx”，按照以下要求进行计算：

（1）使用“开始”选项卡“编辑”组中的“自动求和”按钮，计算产品销售总数量，计算结果存放在单元格 E31 中。

（2）在“编辑栏”常用函数列表中选择所需的函数，计算产品销售总额，计算结果存放在单元格 F31 中。

（3）手工输入计算公式，计算产品平均销售额，计算结果存放在单元格 F35 中。

（4）使用“插入函数”对话框和“函数参数”对话框计算产品的最高价格和最低价格，计算结果分别存放在单元格 D33 和 D34 中。

【测试 4-5】计算机配件销售数据的统计与分析

（1）打开文件夹“单元 4”中的 Excel 工作簿“计算机配件销售情况表 1.xlsx”，在工作表

“Sheet1”中按“产品名称”升序和“销售额”降序排列。

（2）打开文件夹“单元 4”中的 Excel 工作簿“计算机配件销售情况表 2.xlsx”，在工作表“Sheet1”中筛选出价格在 600 元以上、1000 元以内（不包含 1000 元）的 CPU 和主板。

（3）打开文件夹“单元 4”中的 Excel 工作簿“计算机配件销售情况表 3.xlsx”，在工作表“Sheet1”中筛选出价格大于 600 元且小于 1000 元，同时销售额在 20000 元以上的 CPU 与价格低于 800 元的主板。

（4）打开文件夹“单元 4”中的 Excel 工作簿“计算机配件销售情况表 4.xlsx”，在工作表“Sheet1”中按“产品名称”分类汇总“数量”的总数和“销售额”的总额，并尝试保护工作表“Sheet1”。

（5）打开文件夹“单元 4”中的 Excel 工作簿“蓝天公司计算机配件销售统计表.xlsx”，在工作表“Sheet1”中按“业务员”将每种“产品”的销售额汇总求和，存入新建工作表中，并尝试保护该工作簿。

【测试 4-6】计算机配件销售图表的创建与编辑

打开文件夹“单元 4”中的 Excel 工作簿“第 1、2 季度计算机配件销售情况表.xlsx”，在工作表“Sheet2”中创建图表，图表标题为“第 1、2 季度计算机配件销售情况”，分类轴标题为“配件类型”，数值轴标题为“销售额”，在图表中添加图例和数据表。图表创建完成后对其格式进行设置。

【在线测试】

扫描二维码，完成本单元的在线测试。

单元 5　操作与应用 PowerPoint 2016

PowerPoint 2016 是一种功能完善、使用方便且可塑性较强的演示文稿制作工具，提供了在计算机中制作演示文稿的各项功能。同时，在演示文稿中可以嵌入视频、音频以及 Word 或 Excel 等其他应用程序对象，可以方便快捷地制作出图文并茂、有声有色、形象生动的演示文稿。使用它制作的演示文稿可以通过计算机屏幕或投影机直接播放，被广泛应用于公司宣传、产品推介、职业培训及教育教学等领域。

【在线学习】

5.1　认知 PowerPoint 2016

5.1.1　PowerPoint 的基本概念

演示文稿是由若干张幻灯片组成的，幻灯片是演示文稿的基本组成单位。以下先熟悉 PowerPoint 的几个基本概念。

（1）演示文稿。PowerPoint 文件一般称为演示文稿，其扩展名为.pptx。演示文稿由一张张既独立又相互关联的幻灯片组成。

（2）幻灯片。幻灯片是演示文稿的基本组成元素，是演示文稿的表现形式。幻灯片的内容可以是文字、图像、表格、图表、视频和声音等。

（3）幻灯片对象。幻灯片对象是构成幻灯片的基本元素，是幻灯片的组成部分，包括文字、图像、表格、图表、视频和声音等。

（4）幻灯片版式。版式是指幻灯片中对象的布局方式，包括对象的种类以及对象与对象之间的相对位置。

（5）幻灯片模板。模板是指演示文稿整体上的外观风格，它包含预定的文字格式、颜色、背景图案等。系统提供了若干模板供用户选用，用户也可以自建模板，或者通过网络下载模板。

5.1.2　PowerPoint 窗口的基本组成及其主要功能

1．PowerPoint 窗口的基本组成

PowerPoint 2016 启动成功后，屏幕上会出现 PowerPoint 2016 窗口，该窗口主要由快速访问工具栏、标题栏、功能区、大纲/幻灯片浏览窗格、幻灯片窗格、备注区窗格、视图切换按钮、状态栏等元素组成，如图 5-1 所示。

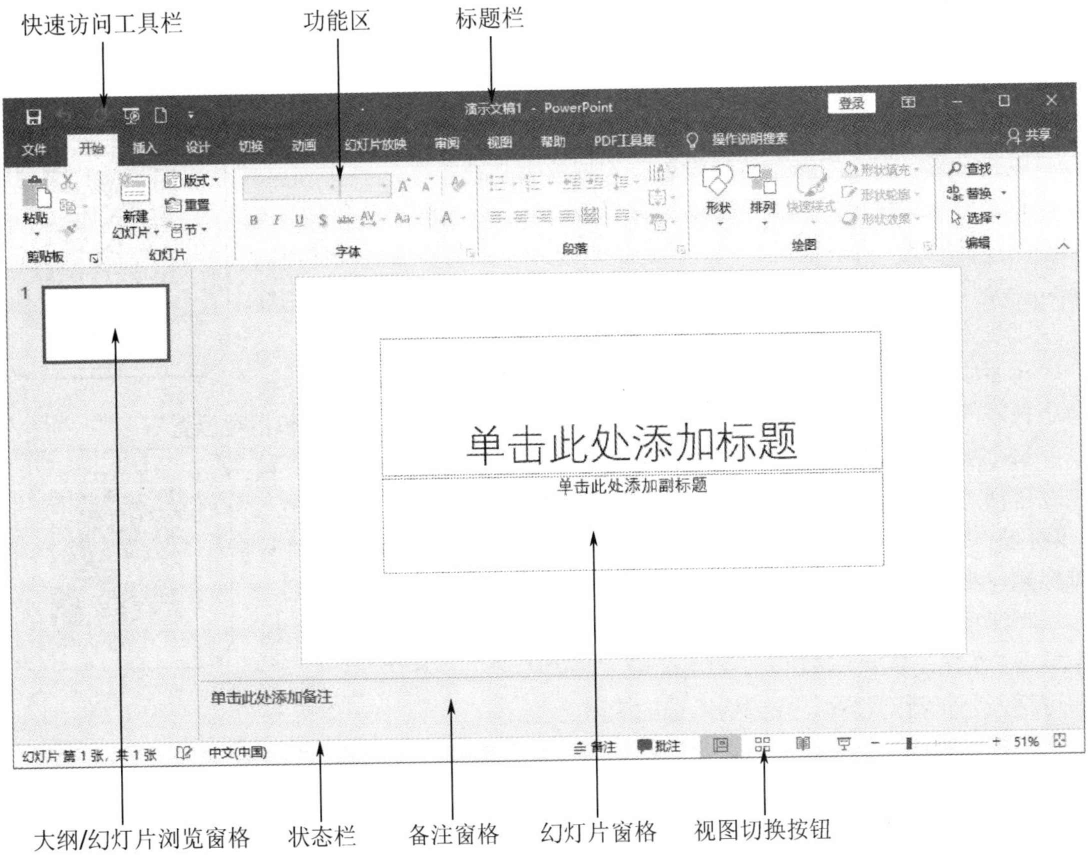

快速访问工具栏　功能区　标题栏

大纲/幻灯片浏览窗格　状态栏　备注窗格　幻灯片窗格　视图切换按钮

图 5-1　PowerPoint 2016 窗口的基本组成

2．PowerPoint 窗口组成元素的主要功能

扫描二维码，熟悉电子活页中的相关内容，掌握 PowerPoint 窗口的各个组成元素的主要功能。

电子活页 5-1

PowerPoint 窗口组成元素的主要功能

5.1.3　PowerPoint 演示文稿的视图类型与切换方式

视图是用户查看幻灯片的方式，PowerPoint 能够以不同的视图方式来显示演示文稿的内容，在不同视图下观察幻灯片的效果有所不同。PowerPoint 2016 提供了多种可用的显示演示文稿的方式，分别是普通视图、幻灯片浏览视图、备注页视图、阅读视图和幻灯片放映。PowerPoint 2016 窗口右下角的视图切换按钮如图 5-2 所示，从左至右依次为“普通视图”切换按钮、“幻灯片浏览”切换按钮、“阅读视图”切换按钮和“幻灯片放映”切换按钮。“视图”选项卡“演示文稿视图”组中的视图切换命令如图 5-3 所示。

图 5-2　PowerPoint 窗口的视图切换按钮

图 5-3　“视图”选项卡“演示文稿视图”组中的视图切换命令

扫描二维码，熟悉电子活页中的相关内容，掌握 PowerPoint 演示文稿各种视图类型的特点和功能。

5.1.4 幻灯片母版与版式

电子活页 5-2

PowerPoint 演示文稿的视图类型

幻灯片母版用来存储有关幻灯片主题和版式信息，包括编辑母版、母版版式设置、编辑主题、背景设置、幻灯片大小设置等。

每个演示文稿至少包含一个幻灯片母版，每个母版可能包含多个不同的幻灯片版式。可以根据幻灯片的逻辑功能和布局特点来选择适用的版式，每张幻灯片都可以选择套用其中任意一种版式来应用。如果幻灯片当中包含多个母版，还可以选择不同母版下的版式。

母版中可以设定幻灯片整体的背景颜色、字体、样式、效果等，与母版关联的不同版式中可以设置结构样式、字体样式、占位符大小和相对位置等。

电子活页 5-3

幻灯片母版与版式

每个版式都可以有不同的命名和适用对象，通常的默认母版的内置主题包括“标题幻灯片”“标题和内容”“节标题”“两栏内容”“比较”“仅标题”“空白”“内容与标题”“图片和标题”“标题和竖排文字”“竖排标题与文本”等。

在演示文稿中新建幻灯片时，可以在“插入”选项卡“幻灯片”组中单击“新建幻灯片”按钮，在弹出的版式列表中单击选择所需的版式，即可插入一张新幻灯片，并应用所选的版式。

扫描二维码，熟悉电子活页中的相关内容，理解幻灯片母版与版式。

5.2 演示文稿中设置幻灯片版式与大小

演示文稿中的每张幻灯片都有一定的版式，版式是指幻灯片中对象的布局方式和格式设置。不同的版式拥有不同的占位符，构成了幻灯片的不同布局。PowerPoint 2016 预设多种文字版式、内容版式和其他版式。选定一种版式，可在幻灯片中预先设置一些占位符。对于输入文字内容的占位符，其功能相当于文本框，在占位符框内可以输入与编辑文字。对于插入表格、图表、SmartArt 图形、图片、形状、视频、音频、图标等对象的占位符，占位符框包含插入这些对象的快捷按钮，可以根据需要单击相应按钮，然后插入对象即可。

5.2.1 设置幻灯片版式

演示文稿中的幻灯片可以应用某一种模板，模板控制幻灯片的整体外观风格、颜色搭配、字体设置和背景样式等。每张幻灯片还可以使用合适的版式，版式控制每张幻灯片的布局结构和格式设置。

可以在新建幻灯片时选用合适的版式，也可以重新设置幻灯片的版式，操作方法如下：

（1）在“普通视图”的“幻灯片”窗格或“幻灯片浏览视图”中，选中需要设置版式或改变版式的幻灯片。

（2）在“开始”选项卡“幻灯片”组中单击“版式”按钮，打开版式列表，如图 5-4 所示，选择所需的版式即可。“两栏内容”版式如图 5-5 所示。

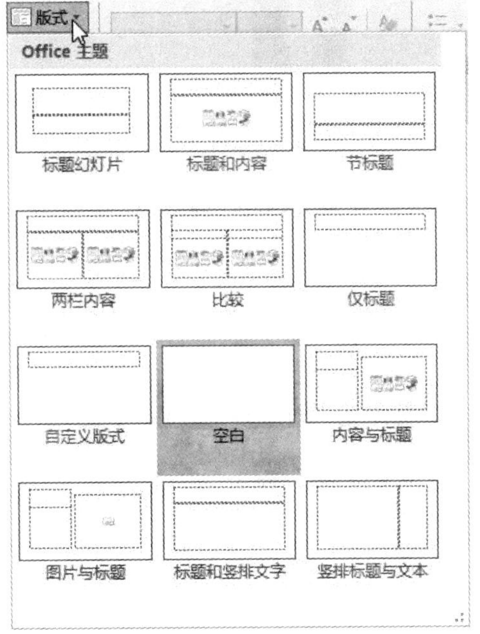

图 5-4 “开始”选项卡“幻灯片”组中的版式列表

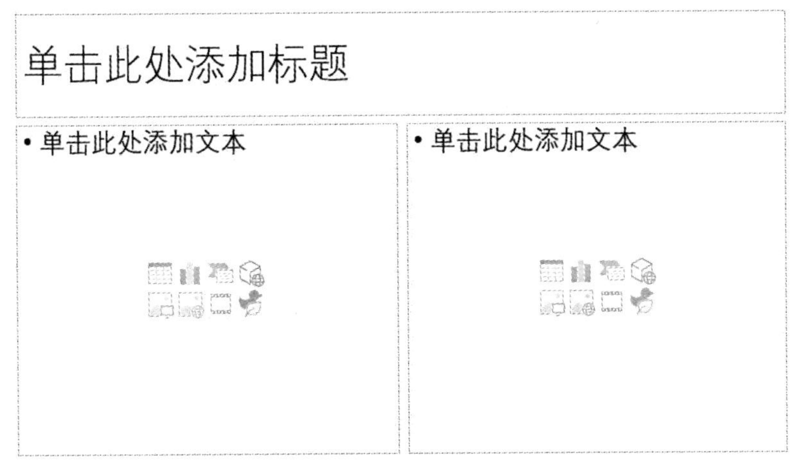

图 5-5 “两栏内容”版式

5.2.2 设置幻灯片大小

幻灯片常见的长宽比为标准 4:3 和宽屏 16:9。如果在拥有宽屏的电脑上放映标准 4:3 大小的幻灯片，将在屏幕两侧留下两条黑边。

在调整页面显示比例的同时，幻灯片中所包含的图片和图形等对象也会随比例发生相应的拉伸变化。因此，通常在制作幻灯片之前就需要事先设置好幻灯片大小。

1. 自定义幻灯片大小

在“设计”选项卡“自定义”组中单击“幻灯片大小”按钮，在打开的下拉列表中可以选择“标准(4:3)”“宽屏(16:9)”，也可以选择“自定义幻灯片大小”命令，如图 5-6 所示。

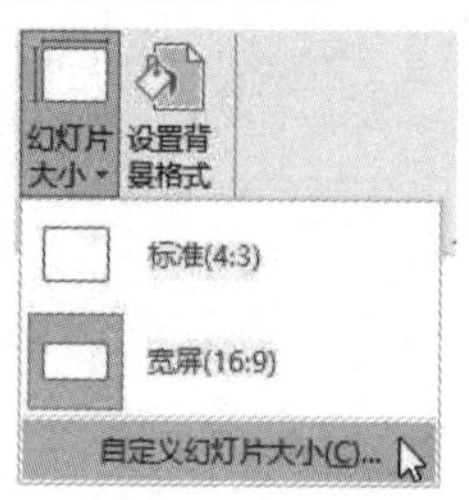

图 5-6　在“幻灯片大小”下拉列表中选择“自定义幻灯片大小”命令

打开“幻灯片大小”对话框，在该对话框可以分别设置幻灯片大小、宽度、高度、幻灯片编号起始值、方向等，如图 5-7 所示。

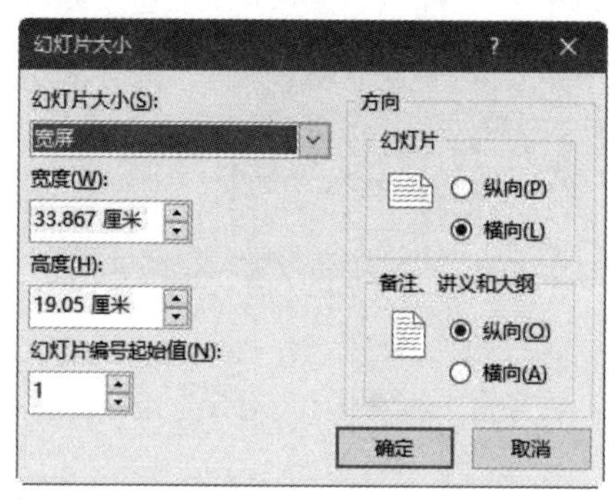

图 5-7　“幻灯片大小”对话框

2．设置适合打印输出的尺寸

如果需要打印输出 PPT，可以像使用 Word 一样把幻灯片的页面调整成纸张的大小，如设置成 A4 纸（210mm×297mm）的大小，与此同时，还可以调整幻灯片的宽度、高度和方向。

把幻灯片设置成纸张的版式，并在 PowerPoint 当中进行排版设计，可以充分利用其在图文编辑和布局上的便利，无须借助专业的排版软件也可以轻松地设计出图文并茂的精彩页面。

除电脑屏幕显示、幕布投影以及打印输出，使用幻灯片还可以设计制作横幅，可以在“幻灯片大小”对话框的“幻灯片大小”列表中选择“横幅”类型，如图 5-8 所示。

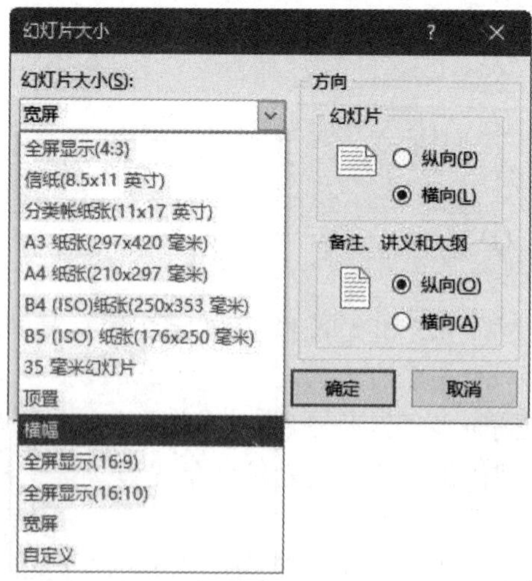

图 5-8　在“幻灯片大小”对话框的“幻灯片大小”列表中选择“横幅”类型

5.3　幻灯片中设置对象格式

扫描二维码，熟悉电子活页中的相关内容，掌握幻灯片中对象格式的设置方法。

电子活页 5-4
幻灯片中
设置对象格式

1．文字方向设置

2．文字修饰与美化

3．幻灯片段落排版

（1）设置行间距。

（2）设置段落间距。

（3）设置缩进。

（4）设置文字的对齐方式。

4．幻灯片中使用默认样式

（1）使用默认线条。

（2）使用默认形状。

（3）使用默认文本框。

5.4　演示文稿主题选用与母版使用

演示文稿的主题可以让演示文稿具有独具风格的外观，既与众不同，又风格统一。利用母版可以方便地设置幻灯片的版式，使我们在使用 PPT 的时候更加得心应手。幻灯片母版是存储设计模板信息的幻灯片，包括字形、占位符大小或位置、背景设计和配色方案等。

5.4.1　使用主题统一幻灯片风格

扫描二维码，熟悉电子活页中的相关内容，掌握幻灯片中使用主题统一幻灯片风格的各种方法。

1．用好 PPT 主题

2．快速更换主题

3．新建自定义主题

4．设置背景样式

（1）应用默认的背景样式。

（2）使用图片作为页面背景。

5.4.2　快速调整幻灯片字体

扫描二维码，熟悉电子活页中的相关内容，掌握快速调整幻灯片字体的各种方法。

1．全局性快速更改字体

2. 通过大纲视图更改字体

3. 通过母版版式更换字体

4. 直接替换字体

5.4.3 幻灯片更换与应用配色方案

1. 设置主题颜色

优秀的配色方案不仅能带来愉悦的视觉感受，还能起到调节页面视觉平衡、突出重点内容等作用。PowerPoint 2016 中预置了数十种配色方案，以“主题颜色”的方式提供。

在“设计”选项卡中单击“变体”下拉按钮▾，可以在“颜色”列表中选择不同的内置配色方案，但内置的配色方案不能自行更改。

每种主题颜色都是由一组包含 12 种颜色（文字/背景—深色 1、文字/背景—浅色 1、文字/背景—深色 2、文字/背景—浅色 2、着色 1、着色 2、着色 3、着色 4、着色 5、着色 6、超链接、已访问的超链接）配置组成的，这 12 种主题颜色所构成的配色方案决定了幻灯片中的文字、背景、图形和超链接等对象的默认颜色。通过新建主题颜色可以自定义主题颜色方案，新建主题颜色的方法为：在“设计”选项卡“变体”组中单击“其他”按钮▾，在弹出的下拉菜单中单击“颜色”选项，在弹出的“颜色”列表中单击最后一个“自定义颜色”按钮，打开“新建主题颜色”对话框，如图 5-9 所示。

在“新建主题颜色”对话框中单击主题颜色对应的按钮，弹出“主题颜色”列表，如图 5-10 所示，在该颜色列表中选择合适的颜色即可。

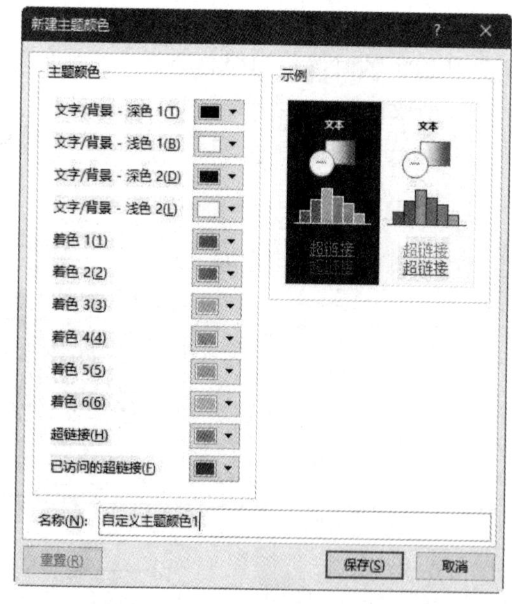

图 5-9 “新建主题颜色”对话框

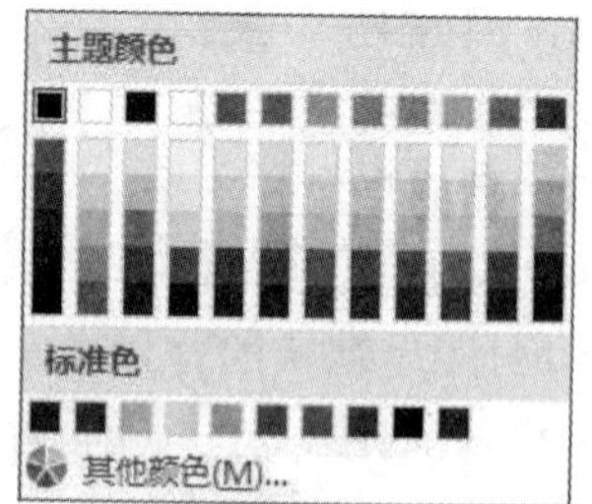

图 5-10 “主题颜色”列表

在演示文档中使用主题颜色进行设置的文字、线条、形状、图表、SmartArt 等对象，都会因为主题颜色的更换而随之改变其颜色的显示。

如果在幻灯片中使用了主题颜色进行配色，那么当这个幻灯片被复制到其他 PPT 中时，就会自动被新 PPT 的主题颜色所替代。如果希望保留原来的颜色显示方案，粘贴幻灯片时可在“粘贴选项”列表中选择“保留源格式”命令，如图 5-11 所示。如果幻灯片中所使用的是自定义颜色，那么复制到别处以后仍能保留原来的颜色配置方案。

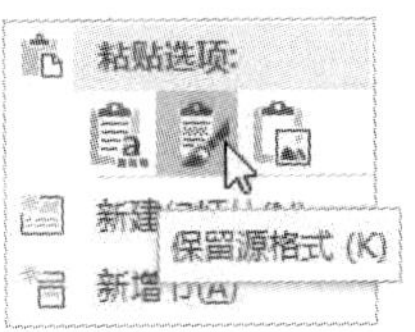

图 5-11　粘贴幻灯片时选择“保留源格式”命令

2. 屏幕取色

PowerPoint 2016 提供了“取色器”，如图 5-12 所示，可以在整个屏幕中光标能够到达的位置上提取颜色，并直接填充到希望设置的形状、边框、底色等需要调整颜色的地方。

（1）在幻灯片中先插入待设置颜色的形状。

（2）选中幻灯片中需要调整颜色的形状。

（3）在“绘图工具—格式”选项卡中单击“形状填充”按钮，在打开的下拉列表中单击“取色器”按钮，如图 5-12 所示。

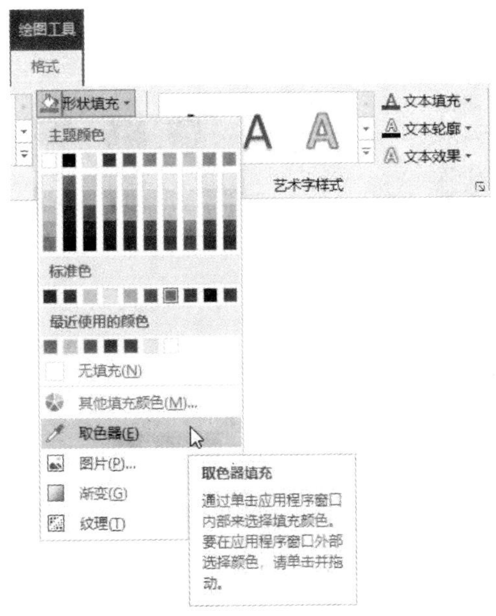

图 5-12　在“形状填充”列表中单击“取色器”按钮

（4）将“吸管工具”移至待取色的区域单击，则已选择的形状设置为所取颜色。

主题颜色方案由 10 种标准色及其不同深浅的衍生颜色构成，如图 5-12 所示。

5.4.4　幻灯片设置与应用主题样式

幻灯片中所使用到的图片、表格、图表、SmartArt 图形和形状等对象都可以通过“快速样式库”快速设定成不同的样式，幻灯片中形状的主题样式如图 5-13 所示。这些“样式”应用在形状对象上的线条、填充、阴影效果、映像效果等方面，形成不同外观。

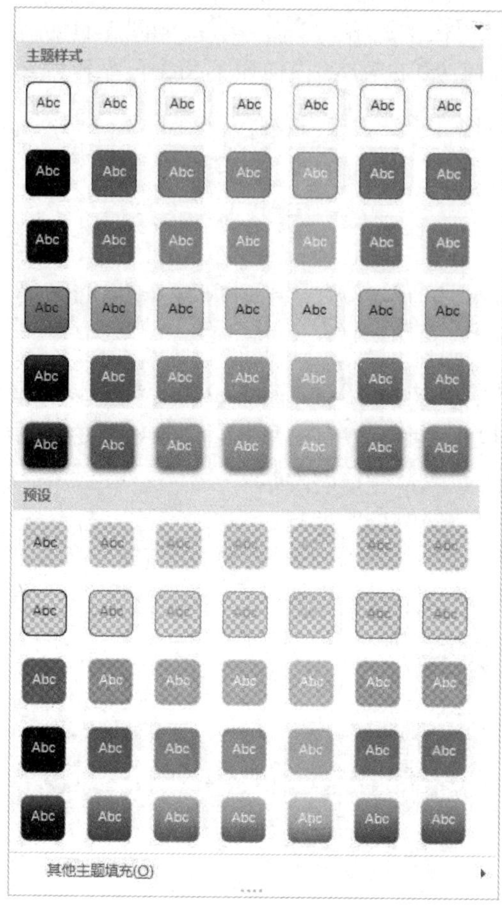

图 5-13　形状的主题样式

选用同一个主题效果，可以在形状、图表、SmartArt、图片等不同对象上形成风格一致的样式效果。如果选择的主题效果发生改变，这些幻灯片对象的外观样式也会随之发生相应的变化，但依然保持风格一致。

幻灯片通过更换不同的主题效果，可以变换样式库中的不同样式效果。每个主题效果都分别对应了一组不同的样式效果，并且在形状、图表、SmartArt 等不同对象的样式库中具备一致的效果风格。

5.4.5　幻灯片中设置与应用模板

一套幻灯片模板通常包括以下基本组成要素：主题颜色、主题字体、封面版式、封底版式、目录版式、正文版式。还可以有选择地设置主题效果、背景色或背景图案及其他装饰元素。

对于企业的幻灯片模板，主题色还需要考虑与企业的整体视觉形象方案相匹配，装饰元素可以考虑加入企业 Logo 或其他与企业文化相关的素材。

扫描二维码，熟悉电子活页中的相关内容，掌握幻灯片中设置与应用模板的方法。

5.4.6 幻灯片与幻灯片页面元素复制

要在当前演示文稿中导入其他演示文稿中的幻灯片，通常可以直接采用“复制+粘贴”的方式实现。

1．采用单个命令复制幻灯片

在幻灯片左侧的缩略图上单击右键，在弹出的快捷菜单中选择“复制幻灯片”命令，如图 5-14 所示，即可完成幻灯片的复制操作，相当于“复制+粘贴”两步操作。

2．采用两个命令复制幻灯片

在需要复制的幻灯片左侧的缩略图上单击，在“开始”选项卡“剪贴板”组中选择“复制”命令；也可以右键单击需要复制幻灯片左侧的缩略图，在弹出的快捷菜单中选择“复制”命令。然后切换到当前演示文档中，在左侧的两张幻灯片缩略图之间单击右键，在弹出的快捷菜单中有 4 个粘贴选项，分别是“使用目标主题”“保留源格式”“图片”和“只保留文本”，如图 5-15 所示，根据需要选择一个粘贴选项即可。

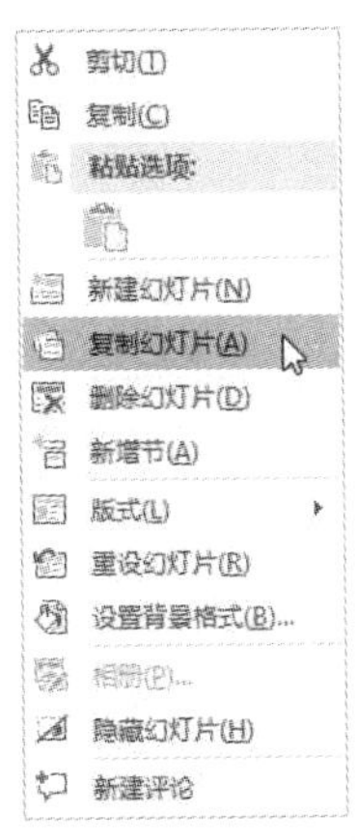

图 5-14　在幻灯片缩略图的快捷菜单中选择“复制幻灯片”命令

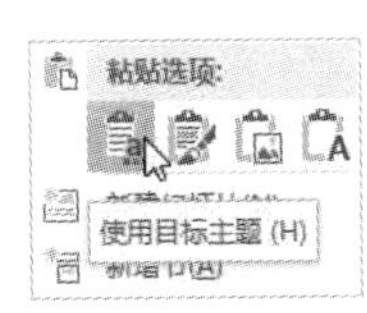

图 5-15　粘贴幻灯片时的 4 个粘贴选项

（1）“使用目标主题”：将当前幻灯片中所使用的主题和版式应用到导入的幻灯片中。如果导入的幻灯片中所使用的颜色和字体来源于源主题字体，则会以当前主题中的相应设置进行替换；采用的版式中如果包含背景，也会被替换。

（2）“保留源格式”：会将源幻灯片中所使用的幻灯片母版和整套版式一同导入当前的演示文档中。粘贴后的幻灯片保留原有的背景、字体、颜色和其他外观样式。

（3）“图片”：在当前幻灯片上粘贴一张与源幻灯片外观完全一致的图片，但无法更改和编辑内容。

（4）“只保留文本”：只将文本内容粘贴到当前幻灯片中，不再保留复制文本的原有主题和版式对应的格式设置。

3．复制幻灯片页面元素

如果需要从其他幻灯片中复制页面元素，则在源幻灯片中直接选中页面元素进行复制即可。然后切换到当前编辑的幻灯片页面，单击右键，在“粘贴选项”中包含了 3 种粘贴方式：“使用目标主题”“保留源格式”和“图片”，如图 5-16 所示，根据需要选择一个粘贴选项即可。

图 5-16　粘贴幻灯片页面元素时的 3 个粘贴选项

5.4.7 演示文稿中使用母版

演示文稿可以通过设置母版来控制幻灯片的外观效果。幻灯片母版保存了幻灯片颜色、背景、字体、占位符大小和位置等项目，其外观直接影响到演示文稿中的每张幻灯片，并且以后新插入的幻灯片也会套用母版的风格。

PowerPoint 2016 中的母版分为幻灯片母版、讲义母版和备注母版三种类型。幻灯片母版用于控制幻灯片的外观，讲义母版用于控制讲义的外观，备注母版用于控制备注的外观。由于它们的设置方法类似，这里只介绍幻灯片母版的使用方法。

在“视图”选项卡的“母版视图”组中单击“幻灯片母版”按钮可以进入母版的编辑模式，如图 5-17 所示。

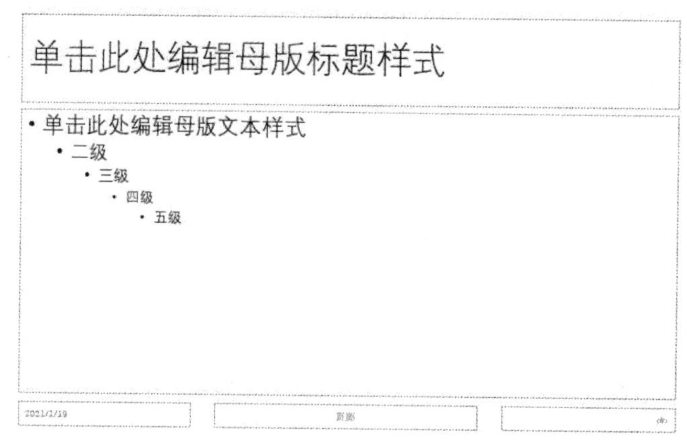

图 5-17 “幻灯片母版”视图

幻灯片母版包含 5 个占位符（由虚线框所包围），分别为标题区、对象区、日期区、页脚区和数字区，利用“开始”选项卡的“字体”组和“段落”组中的各个选项可以对标题、正文内容、日期、页脚和数字的格式进行设置，也可以改变这些占位符的大小和位置。在母版中进行设置，所有应用了母版的幻灯片都会发生改变。

幻灯片母版设置完成后，在“幻灯片母版”选项卡“关闭”组中单击“关闭母版视图”按钮即可退出“幻灯片母版”视图状态。

5.4.8 幻灯片中制作备注页

演示文稿一般都为大纲性、要点性的内容，针对每张幻灯片可以添加备注内容，以方便记忆，也可以将幻灯片和备注内容一同打印出来。

（1）选定需要添加备注内容的幻灯片。

（2）在“视图”选项卡“演示文稿视图”组中单击“备注页”按钮，切换到备注内容编辑状态，在幻灯片的下方出现占位符，单击占位符，然后输入备注内容即可。

（3）在“视图”选项卡中单击“普通视图”按钮，或者直接单击左下角的“普通视图”切换按钮▣，切换到普通视图状态。

【提示】在“普通视图”状态单击“备注”按钮 ≐备注，在幻灯片编辑区域下方将显示“备注”窗格，在其中单击就可以进入编辑状态，然后可以直接输入备注内容。

5.5 合并演示文稿

如果需要将另一个演示文稿中的所有幻灯片全部添加到当前演示文稿中，除了 5.7 节将要介绍的“重用幻灯片”的方法，还可以用更快捷的合并功能来实现。

在“审阅”选项卡“比较”组中选择“比较”命令，在打开的“选择要与当前演示文稿合并的文件”对话框中选定需要导入的源演示文稿，然后单击下方的“合并”按钮，如图 5-18 所示。接下来在“审阅”选项卡“比较”组中单击“搜索”按钮，就可以显示导入当前文档中的所有幻灯片，导入的幻灯片会保留原有的样式。最后单击“结束审阅”按钮，确定修改并退出审阅模式。

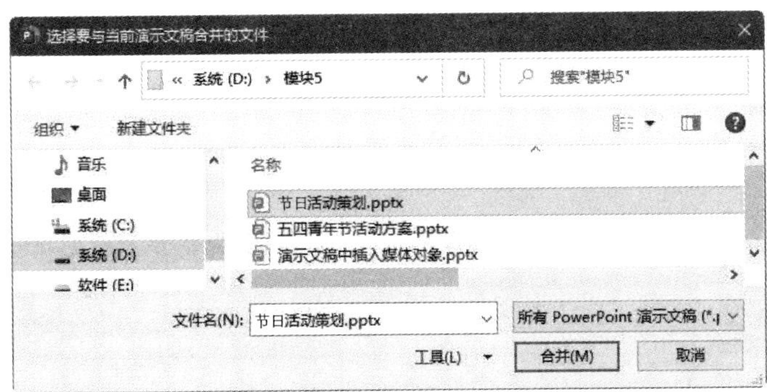

图 5-18 “选择要与当前演示文稿合并的文件”对话框

【单项操作】

5.6 PowerPoint 2016 基本操作

5.6.1 启动与退出 PowerPoint 2016

【操作 5-1】启动与退出 PowerPoint 2016

扫描二维码，熟悉电子活页中的相关内容，选择合适方法完成以下各项操作：

（1）使用 Windows 10 的“开始”菜单启动 PowerPoint 2016。

（2）单击 PowerPoint 窗口标题栏右侧的“关闭”按钮 ✕ 退出 PowerPoint 2016。

（3）双击 Windows 10 的桌面快捷图标启动 PowerPoint 2016。

（4）双击 PowerPoint 标题栏左上角的控制菜单按钮退出 PowerPoint 2016。

5.6.2　演示文稿基本操作

【操作 5-2】演示文稿基本操作

扫描二维码，熟悉电子活页中的相关内容，选择合适方法完成以下各项操作：

电子活页 5-9

演示文稿基本操作

（1）创建演示文稿。启动 PowerPoint 2016，创建一个新演示文稿。

（2）保存演示文稿。将新创建的演示文稿以名称“演示文稿基本操作”予以保存，保存位置为“模块 5”。

（3）利用模板创建演示文稿。创新基于“水滴”模板的演示文稿，并以名称“利用模板创建演示文稿”予以保存。

（4）关闭演示文稿“演示文稿基本操作.pptx”。

（5）打开演示文稿。再一次打开演示文稿“演示文稿基本操作.pptx”，然后另存为“演示文稿基本操作 2.pptx”。

（6）关闭演示文稿“利用模板创建演示文稿.pptx”。

（7）退出 PowerPoint 2016。切换到演示文稿“演示文稿基本操作 2.pptx”，然后退出 PowerPoint 2016。

5.6.3　幻灯片基本操作

【操作 5-3】幻灯片基本操作

扫描二维码，熟悉电子活页中的相关内容，选择合适方法完成以下各项操作：

操作 1：添加幻灯片。

启动 PowerPoint 2016，打开演示文稿“幻灯片基本操作.pptx”。在该演示文稿第一张幻灯片之前、中间位置、最后一张幻灯之后添加多张“标题幻灯片”，并在“标题”占位符位置分别输入字母序号“A”“B”“C”“D”等。

操作 2：选定幻灯片。

（1）选定单张幻灯片。

（2）选定多张连续的幻灯片。

（3）选定多张不连续的幻灯片。

（4）选择所有幻灯片。

操作 3：移动幻灯片。

将含有字母“B”的幻灯片移动到含有字母“C”的幻灯片之后。

操作 4：复制幻灯片。

复制含有字母“A”和“C”的幻灯片，然后选择合适位置进行粘贴。

操作 5：删除幻灯片。

删除上一步复制的两张幻灯片。

5.7 在演示文稿中重用幻灯片

“重用幻灯片”是指在不打开源演示文稿的情况下，直接从其中导入所需的幻灯片。

【操作 5-4】在演示文稿中重用幻灯片

电子活页 5-11
在演示文稿中重用幻灯片

扫描二维码，熟悉电子活页中的相关内容，选择合适方法完成以下操作：

（1）创建演示文稿。启动 PowerPoint 2016，创建一个新演示文稿，并以名称“重用幻灯片”予以保存。

（2）重用幻灯片。在演示文稿“重用幻灯片.pptx”以“重用幻灯片”方式插入演示文稿“节日活动策划.pptx”中全部的幻灯片。

5.8 幻灯片中的文字编辑与格式设置

在演示文稿的幻灯片中可输入和编辑文字，也可以插入表格、图表、SmartArt 图形、图片、形状、视频、音频、图标等媒体对象，还可以对文字和媒体对象进行格式设置，综合应用这些媒体对象可以增强幻灯片的视听效果。

【操作 5-5】在幻灯片中输入与编辑文字

电子活页 5-12
在幻灯片中输入与编辑文字

扫描二维码，熟悉电子活页中的相关内容，选择合适方法完成以下操作：

（1）创建并打开演示文稿“品经典诗词、悟人生哲理.pptx”，在该演示文稿中添加多张幻灯片，各张幻灯片的版式可以分别选择“标题幻灯片”“标题和内容”“仅标题”“标题和竖排文字”和“空白”。

（2）在各张幻灯片中输入 Word 文档“品经典诗词、悟人生哲理.docx”中的名言名句。

5.9 在幻灯片中插入与设置多媒体对象

在幻灯片中可以插入表格、图表、艺术字、SmartArt 图形、图片、形状、视频、音频等媒体对象，也可以对这些媒体对象进行编辑。

5.9.1　在幻灯片中插入与设置图片

在幻灯片中可以插入多种格式的图片，包括 jpg、bmp、gif、wmf、png、svg、ico 等多种图片格式。

选中要插入图片的幻灯片，在“插入”选项卡“图像”组中单击“图片”按钮，在打开的“插入图片来自”下拉列表中选择“此设备”选项，打开“插入图片”对话框，在该对话框中选择合适的图像文件，然后单击“插入”按钮即可。然后在幻灯片中调整图片的大小和位置，还可以使用“图片工具—格式”选项卡设置图片样式、图片边框、图片效果、图片版式以及裁剪图片、旋转图片等。

【操作 5-6】在幻灯片中插入与设置图片

选择合适方法完成以下操作：

（1）创建并打开演示文稿“大美九寨沟.pptx”，在该演示文稿中添加多张幻灯片，各张幻灯片的版式可以分别选择“标题和内容”“两栏内容”“图片与标题”和“空白”等。

（2）在各张幻灯片中分别插入文件夹“模块 5”中的图片“芦苇海.jpg”“树正群海.jpg”“五花海.jpg”“夏日清凉绿意深.jpg”“一湖平静倒影起.jpg”。

5.9.2　在幻灯片中插入与设置形状

PowerPoint 中的形状主要包括线条、矩形、基本形状、箭头、公式形状、流程图、星与旗帜、标注、动作按钮等，每类都有多种不同的图形。

在“插入”选项卡“插图”组中单击“形状”按钮，打开“形状”分类列表，然后从形状列表选择所需形状，在幻灯片中拖动鼠标绘制图形即可。

插入幻灯片中的形状，可以调整其大小和位置，也可以删除该图形，操作方法与 Word 文档相同。

【操作 5-7】在幻灯片中插入与设置形状

选择合适方法完成以下操作：

（1）创建并打开演示文稿“幻灯片中插入与设置形状.pptx”，在该演示文稿中添加多张幻灯片，各张幻灯片都采用“空白”版式。

（2）在各张幻灯片中分别插入线条、矩形、基本形状、箭头、公式形状、流程图、星与旗帜、标注，类型自选，数量不限。

5.9.3　在幻灯片中插入与设置艺术字

电子活页 5-13

在幻灯片中插入与设置艺术字

【操作 5-8】在幻灯片中插入与设置艺术字

扫描二维码，熟悉电子活页中的相关内容，选择合适方法完成以下操作：

（1）创建并打开演示文稿“夏日清凉绿意深.pptx”，在该演示文稿中添加一张幻灯片，该幻灯片采用“空白”版式。

（2）在幻灯片中插入艺术字“夏日清凉绿意深”。

（3）艺术字的样式为“图案填充：蓝色，主题色 5，浅色下对角线；边框：蓝色，主题色 5”。

（4）艺术字的文本效果为“发光：8 磅；绿色，主题色 6”。

插入艺术字“夏日清凉绿意深”的最终效果如图 5-19 所示。

夏日清凉绿意深

图 5-19　幻灯片中插入艺术字“夏日清凉绿意深”的最终效果

5.9.4　在幻灯片中插入与设置 SmartArt 图形

【操作 5-9】在幻灯片中插入与设置 SmartArt 图形

扫描二维码，熟悉电子活页中的相关内容，选择合适方法完成以下操作：

（1）创建并打开演示文稿“活动方案目录.pptx”，在该演示文稿中添加一张幻灯片，该幻灯片采用“空白”版式。

（2）在幻灯片中插入 SmartArt 图形“垂直图片重点列表”，垂直图片重点列表项数量为 4 项，颜色选择“彩色范围—个性色 2 至 3”，SmartArt 样式选择“强列效果”样式。

（3）在“垂直图片重点列表”SmartArt 图形的各个编辑框中依次输入文字“活动主题”“活动目的”“活动过程”和“预期效果”。

（4）在 SmartArt 图形左侧小圆形中分别插入图片“图片 1.jpg”“图片 2.jpg”“图片 3.jpg”和“图片 4.jpg”。SmartArt 图形及其编辑状态如图 5-20 所示。

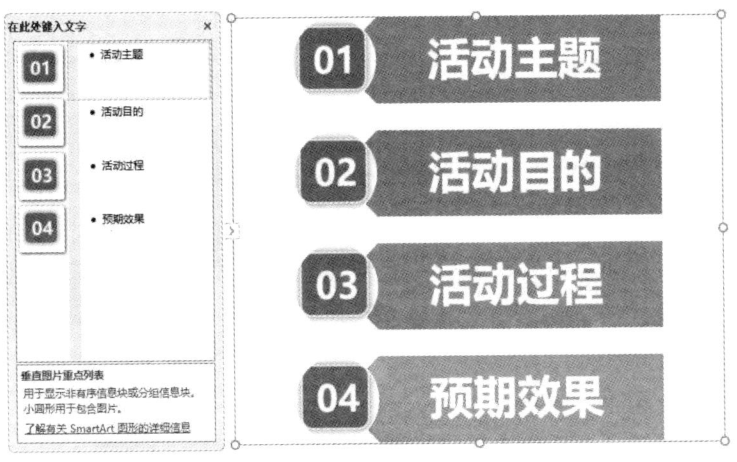

图 5-20　SmartArt 图形及其编辑状态

（5）调整 SmartArt 样式的大小和位置。

在幻灯片中插入 SmartArt 图形的最终效果如图 5-21 所示。

01 活动主题

02 活动目的

03 活动过程

04 预期效果

图 5-21　在幻灯片中插入 SmartArt 图形的最终效果

5.9.5　在幻灯片中插入与设置文本框

【操作 5-10】在幻灯片中插入与设置文本框

扫描二维码，熟悉电子活页中的相关内容，选择合适方法完成以下操作：

（1）创建并打开演示文稿“幻灯片中插入与设置文本框.pptx”，在该演示文稿中添加一张幻灯片，该幻灯片采用“空白”版式。

（2）绘制横排文本框，在文本框中输入文字“勿以恶小而为之，勿以善小而不为”。

（3）设置文本框中文字的格式。

5.9.6　在幻灯片中插入与设置表格

【操作 5-11】在幻灯片中插入与设置表格

扫描二维码，熟悉电子活页中的相关内容，选择合适方法完成以下操作：

（1）创建并打开演示文稿“幻灯片中插入与设置表格.pptx”，在该演示文稿中添加一张幻灯片，该幻灯片采用“空白”版式。

（2）插入 6 行 4 列表格，在表格的标题行分别输入标题文字“序号”“图书名称”“ISBN”“价格”，然后分别输入图书的对应内容。

（3）设置表格文字的格式。将表格中文字的字体大小设置为“12”，中文字体设置为“宋体”，表格各行都设置为“垂直居中”，表格标题行文字的对齐方式设置为“居中”，第 2 列所有行的对齐方式都设置为“左对齐”，其他列所有行的对齐方式设置为“居中”。

（4）调整表格的行高和列宽。

（5）设置表格样式。“表格样式”样式选择“中度样式 2—强调 5”。

（6）调整表格在幻灯片中的位置。

6 行 4 列表格的最终效果如图 5-22 所示。

序号	图书名称	ISBN	价格
1	HTML5+CSS3移动Web开发实战	9787115502452	58.00
2	给Python点颜色 青少年学编程	9787115512321	59.80
3	零基础学Python（全彩版）	9787569222258	79.80
4	数学之美（第二版）	9787115373557	49.00
5	自然语言处理入门	9787115519764	99.00

图 5-22　6 行 4 列表格的最终效果

5.9.7　在幻灯片中插入与设置 Excel 工作表

【操作 5-12】在幻灯片中插入与设置 Excel 工作表

扫描二维码，熟悉电子活页中的相关内容，选择合适方法完成以下操作：

（1）创建并打开演示文稿“幻灯片中插入与设置 Excel 工作表.pptx”，在该演示文稿中添加一张幻灯片，该幻灯片采用“空白”版式。

（2）在幻灯片中插入 Excel 文件“五四青年节系列活动经费预算.xlsx”。

5.9.8　在幻灯片中插入声音和视频

为了增强演示文稿的效果，可以在幻灯片中添加声音，以达到强调或实现特殊效果的目的。在幻灯片中插入音频时，将显示一个表示音频文件的图标。也可以将视频插入幻灯片中。

【操作 5-13】在幻灯片中插入声音和视频

扫描二维码，熟悉电子活页中的相关内容，选择合适方法完成以下操作：

（1）创建并打开演示文稿“幻灯片中插入声音和视频.pptx”，在该演示文稿中添加两张幻灯片，两张幻灯片都采用“空白”版式。

（2）在幻灯片中插入声音文件“欢快.mp3”，声音开始播放方式为“自动”。

（3）插入视频文件“九寨沟宣传视频.mp4”，视频播放方式设置为“全屏播放”和“播放完毕返回开头”。

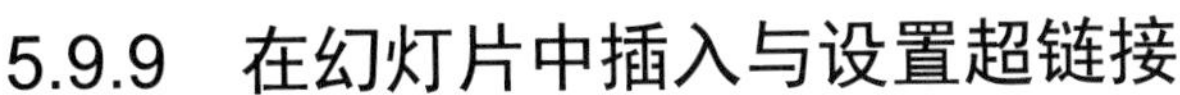

5.9.9　在幻灯片中插入与设置超链接

超链接用于从幻灯片快速跳转到链接的对象。

【操作 5-14】在幻灯片中插入与设置超链接

电子活页 5-19

在幻灯片中插入与设置超链接

扫描二维码，熟悉电子活页中的相关内容。打开演示文稿“幻灯片中插入与设置超链接.pptx”，在该演示文稿中选择合适方法完成以下操作：

操作 1：链接到已有的 Word 文件。

（1）打开演示文稿“幻灯片中插入与设置超链接.pptx”，选中“目录”幻灯片。

（2）在幻灯片中选择设置为超链接的文字“活动过程”。

（3）插入超链接，链接到“模块 5”中的 Word 文档“‘五四’晚会活动过程.docx”。

（4）在幻灯片中设置超链接提示文字“‘五四’晚会活动过程”。

操作 2：链接到同一文档中的其他幻灯片。

（1）打开演示文稿“节日活动策划.pptx”，选中“目录”幻灯片。

（2）为“目录”页中的文字“活动目的”“活动安排”“活动计划”“活动过程”“活动准备”和“经费预算”设置超链接，链接到本演示文档中对应的幻灯片。

5.9.10　在幻灯片中插入与设置动作按钮

PowerPoint 提供了多种实用的动作按钮，可以将这些动作按钮插入幻灯片中并为之定义链接来改变幻灯片的播放顺序。

【操作 5-15】在幻灯片中插入与设置动作按钮

电子活页 5-20

在幻灯片中插入与设置动作按钮

扫描二维码，熟悉电子活页中的相关内容，选择合适方法完成以下操作：

（1）打开演示文稿“节日活动策划.pptx”，选中幻灯片“活动安排”。

（2）在幻灯片中插入动作按钮▷“前进或下一项”。

（3）“单击鼠标的动作”选择“超链接到”，并设置为“下一张幻灯片”，插入声音选择“单击”。

（4）动作按钮的外观形状设置为“细微效果—水绿色，强调颜色 1”。

5.10　设置幻灯片背景

幻灯片的背景为演示文稿增添个性化效果。幻灯片的背景包括颜色、图片、纹理和图案等类型。演示文稿中每张幻灯片都可以具有相同的背景，也可以具有不同的背景。

【操作 5-16】设置幻灯片背景

电子活页 5-21

设置幻灯片背景

扫描二维码，熟悉电子活页中的相关内容。打开演示文稿“设置幻灯片背景.pptx”，在该演示文稿中选择合适方法完成以下操作：

操作 1：设置背景纯色填充颜色。

为第 2 张和第 3 张幻灯片的背景设置纯色填充颜色，颜色自行选择。

操作 2：设置背景渐变填充颜色。

为第 4 张和第 5 张幻灯片的背景设置渐变填充颜色，预设渐变、类型、方向、角度、渐变光圈等选项自行确定。

操作 3：设置背景图片或纹理填充效果。

为第 6 张幻灯片设置背景图片，在“插入图片”对话框中选择“模块 5”中的图片“感谢一路有你.jpg”作为背景图片。

为第 7 张幻灯片设置纹理填充效果，纹理类型自行选择。

操作 4：设置背景的图案填充效果。

为第 8 张和第 9 张幻灯片设置不同的图案填充效果，图案类型、前景颜色、背景颜色自行确定。

在设置背景颜色、图片、纹理、图案时，选中一张或多张幻灯片，设置效果将会直接应用于所选中的幻灯片；如果单击“应用到全部”按钮，设置效果将应用于演示文稿中的所有幻灯片。

如果需要恢复更改之前的背景，则单击“重置背景”按钮即可恢复为原来的背景。

5.11 演示文稿动画设置与放映操作

演示文稿通常使用计算机和投影仪联机播放，设置幻灯片中文本和对象的动画效果，设置幻灯片的切换效果，有助于增强趣味性，吸引观众的注意力，达到更好的演示效果。

5.11.1 设置幻灯片中文本和对象动画效果

在播放幻灯片时，可以使幻灯片中的文本、图像、自选图形和其他对象具有动画效果。

【操作 5-17】设置幻灯片中文本和对象动画效果

扫描二维码，熟悉电子活页中的相关内容。打开演示文稿“演示文档动画设置.pptx”，在该演示文稿中选择合适方法完成以下操作：

电子活页 5-22

设置幻灯片动画效果

（1）设置第 1 张幻灯片中主标题“五四青年节活动方案”的动画效果，动画类型选择“劈裂”，“动画效果”设置为“左右向中央收缩”，“播放开始方式”设置为“从上一项开始”。

（2）设置第 1 张幻灯片中艺术字“传承五四精神、焕发青春风采”的动画效果，动画类型选择“擦除”，“动画效果”设置为“自底部”，“播放开始方式”设置为“上一动画之后”，“持续时间”设置为“02.50”。

（3）设置第 1 张幻灯片中文字“明德学院　团委、学生会”的动画效果，动画类型选择“缩放”，“动画效果”采用默认设置，“播放开始方式”设置为“上一动画之后”，“持续时间”

采用默认设置。

（4）调整动画效果的顺序。

（5）预览动画效果。

如果选中幻灯片，“动画窗格”中“播放自”按钮会变成“全部播放”按钮，单击该按钮则可以播放一张幻灯片中设置的全部动画。

5.11.2　设置幻灯片切换效果

幻灯片切换是指在幻灯片放映时，从上一张幻灯片切换到下一张幻灯片的方式。为幻灯片设置切换效果同样可以提高演示文稿的趣味性，以吸引观众的注意力。

【操作 5-18】设置幻灯片切换效果

电子活页 5-23

设置幻灯片切换效果

扫描二维码，熟悉电子活页中的相关内容。打开演示文稿“设置幻灯片切换效果.pptx”，在该演示文稿中选择合适方法完成以下操作：

操作 1：为幻灯片添加切换效果。

为第 1 张幻灯片设置“覆盖”切换效果，“效果选项”选择“自左侧”。

操作 2：设置切换效果的计时与换片方式。

“持续时间”设置为“03.00”。

操作 3：设置切换效果的换片方式与切换声音。

“换片方式”选择“单击鼠标时”选项，幻灯片切换时声音选择“照相机”。

如果在“切换”选项卡“计时”区域单击“应用到全部”按钮，则将当前幻灯片的切换效果应用到全部幻灯片，否则只应用到当前幻灯片。

5.11.3　幻灯片放映排练计时

幻灯片放映的排练计时是指在正式演示之前，对演示文稿进行放映，同时记录幻灯片之间切换的时间间隔。用户可以进行多次排练，以获得最佳的时间间隔。

幻灯片放映的排练计时操作方法如下：

在“幻灯片放映”选项卡“设置”组中单击“排练计时”按钮，打开“录制”工具栏，如图 5-23 所示，在“幻灯片放映时间”框中开始对演示文稿计时。

如果要播放下一张幻灯片，则单击“下一项”按钮➔，这时计时器会自动记录该幻灯片的放映时间；如果需要重新开始计时当前幻灯片的放映，则单击“重复”按钮↶；如果要暂停计时，则单击“暂停”按钮❚❚。

放映完毕，打开“确认保留排练时间”对话框，如图 5-24 所示，单击“是”按钮，就可以使记录的时间生效。

图 5-23　“录制”工具栏

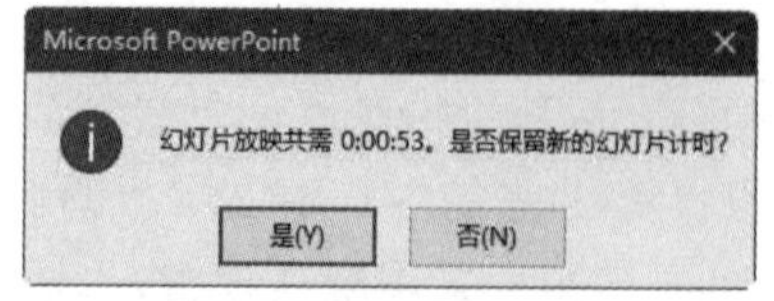

图 5-24　“确认保留排练时间”对话框

5.11.4　幻灯片放映操作

在 PowerPoint 2016 中，放映演示文稿的方法有如下几种：

方法 1：在演示文稿的状态栏中单击“幻灯片放映”按钮。

方法 2：在“幻灯片放映”选项卡“开始放映幻灯片”组中单击“从头开始”按钮或“从当前幻灯片开始”按钮，如图 5-25 所示。

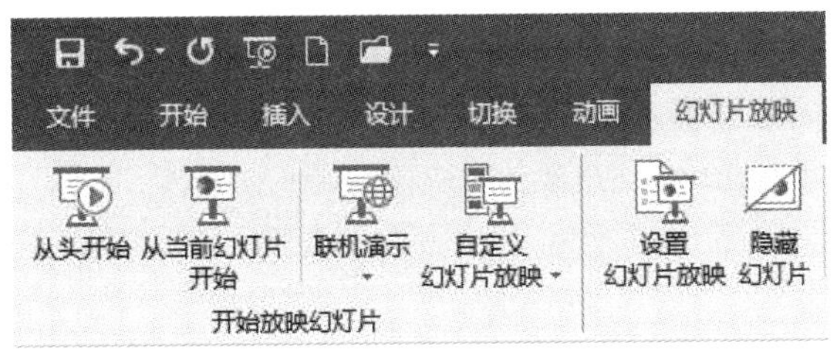

图 5-25　“幻灯片放映”选项卡“开始放映幻灯片”组中的按钮

方法 3：按“F5”功能键从第 1 张幻灯片开始放映。

方法 4：按“Shift+F5”组合键从当前幻灯片开始放映。

1. 设置放映方式

在“幻灯片放映”选项卡“设置”组中单击“设置幻灯片放映”按钮，打开“设置放映方式”对话框，在该对话框中可以选择“放映类型”“放映选项”“放映幻灯片”，这里“放映类型”选择“演讲者放映（全屏幕）”单选按钮，“放映选项”勾选“放映时不加旁白”复选框，“放映幻灯片”选择“全部”单选按钮，如图 5-26 所示，设置完成后单击“确定”按钮即可。

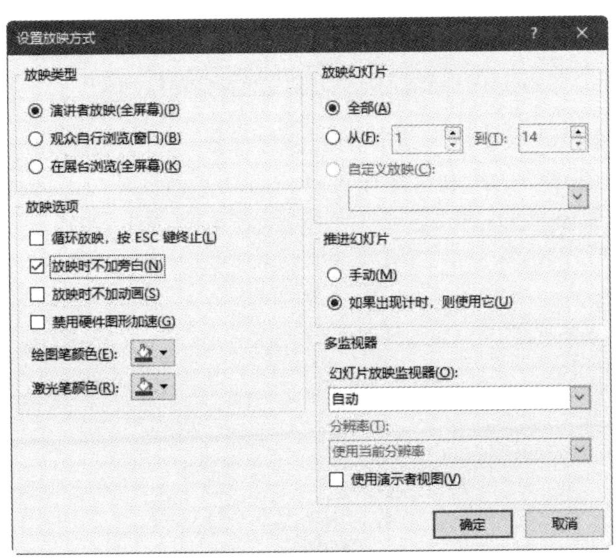

图 5-26　“设置放映方式”对话框

2. 观看放映

在“幻灯片放映”选项卡“开始放映幻灯片”组中单击“从头开始”按钮，从第 1 张幻灯片开始放映，中途要结束放映时，可以单击右键，从弹出的快捷菜单中选择“结束放映”

命令，或者按“Esc”键终止放映。

3. 控制幻灯片放映

放映幻灯片时可以控制放映某一张幻灯片，其操作方法是：右键单击屏幕，在弹出的快捷菜单中通过单击“下一张”命令或“上一张”命令切换幻灯片；也可以选择“查看所有幻灯片”命令，显示当前播放演示文稿的所有幻灯片，单击选择需要放映的幻灯片即可定位到该幻灯片进行播放。

4. 放映时标识重要内容

在放映过程中，演讲者可能希望对幻灯片中的重要内容进行强调，可以使用 PowerPoint 所提供的绘图功能，直接在屏幕上进行涂写。

放映幻灯片时右键单击屏幕，在弹出的快捷菜单的“指针选项”级联菜单中选择“激光笔”“笔”或“荧光笔”，如图 5-27 所示。然后按住左键，在幻灯片上直接书写或绘画，但不会改变幻灯片本身的内容。

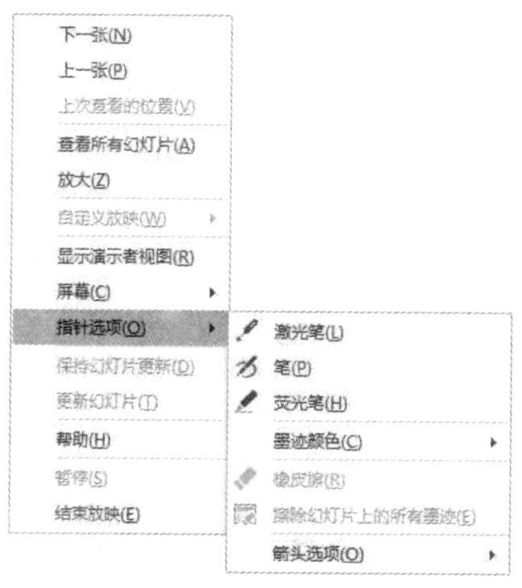

图 5-27　播放幻灯片时的定位操作与标记操作

在“墨迹颜色”级联菜单中还可进行笔的颜色设置。当不需要进行绘图笔操作时，则在“指针选项”—“箭头选项”的级联菜单中选择“自动”命令即可，如图 5-28 所示。

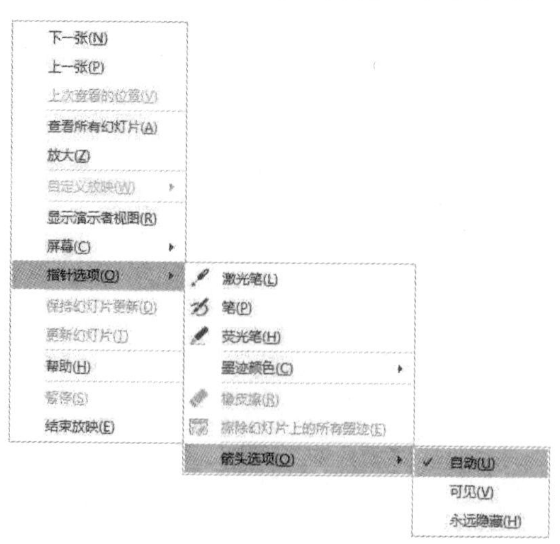

图 5-28　在“指针选项”—“箭头选项”的级联菜单中选择“自动”命令

5.11.5 打印演示文稿

演示文稿制作完成后，不仅可以在计算机上展示，而且可以将幻灯片打印出来供浏览和保存。

1. 设置幻灯片大小

在打印幻灯片之前需要设置幻灯片大小，自定义幻灯片大小的方法如下：

（1）在“设计”选项卡“自定义”组中单击“幻灯片大小”按钮，在打开的下拉列表中选择“自定义幻灯片大小”命令。

（2）打开“幻灯片大小”对话框，在该对话框中可以分别设置幻灯片大小、宽度、高度、幻灯片编号起始值、方向等。

2. 打印演示文稿

切换到“文件”选项卡，单击“打印”命令，显示如图 5-29 所示的“打印”窗格，在该窗格中可以预览幻灯片打印的效果，还可以设置份数、打印范围、每页打印幻灯片张数等内容。

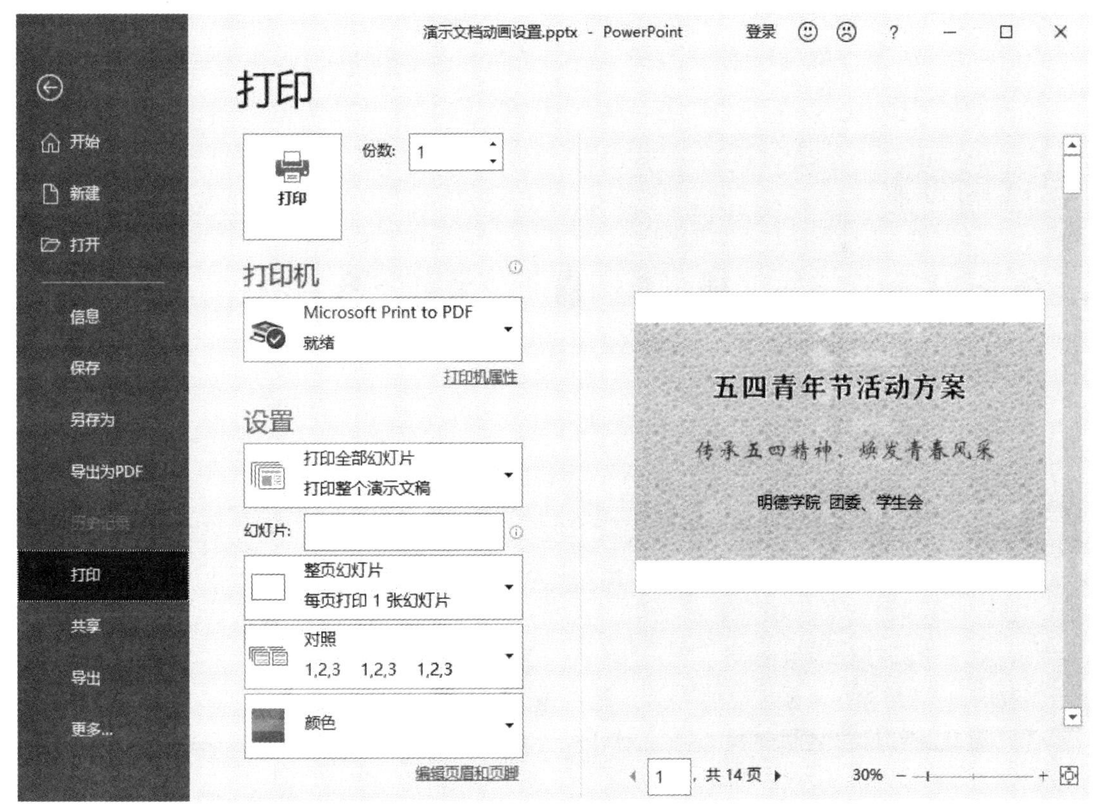

图 5-29 “打印”窗格

单击“整页幻灯片”按钮，在打开的下拉列表的“打印版式”区域选择“整页幻灯片”选项，如图 5-30 所示。

在下拉列表的“讲义”区域选择“2 张幻灯片”选项，同时勾选“幻灯片加框”复选框，如图 5-31 所示。

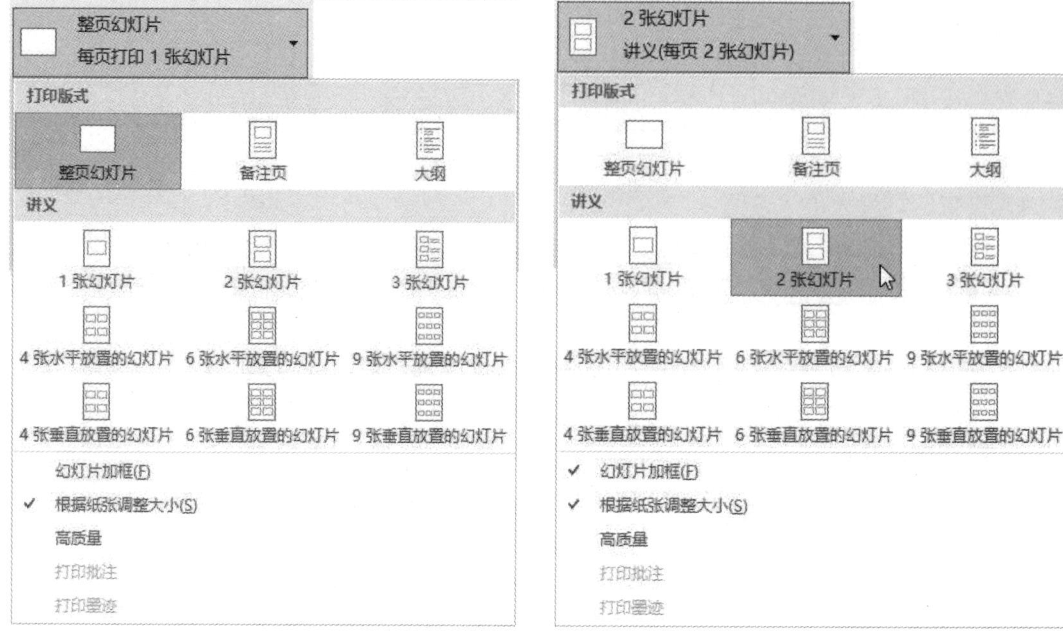

图 5-30 在“打印版式”区域选择“整页幻灯片”选项　图 5-31 在“打印版式”区域选择“2 张幻灯片”选项

准备好打印机后，单击“打印”按钮即可开始打印。

【综合训练】

【训练 5-1】制作演示文稿“五四青年节活动方案.pptx”

【任务描述】

使用合适的方法创建文件名为“五四青年节活动方案.pptx”的演示文稿，保存在文件夹“模块 5”中。该演示文稿中包括 14 张幻灯片，为了观察多个不同主题的外观效果，第 2 张幻灯片“目录”的主题与其他幻灯片不同。第 2 张幻灯片的主题为“丝状”，其他幻灯片的主题为“水滴”。第 1 张幻灯片的背景格式为“水滴”，第 2 张幻灯片的背景格式设置为“纯色填充”，其他幻灯片的背景格式设置为“渐变填充”。所有幻灯片的标题和正文内容均来源于 Word 文档“五四青年节活动方案.docx”。各张幻灯片中插入的对象及要求如下：

（1）第 1 张幻灯片为封面页，在该幻灯片中插入标题、活动策划部门，另外还要插入“传承五四精神、焕发青春风采”艺术字，其外观效果如图 5-32 所示。

（2）第 2 张幻灯片为目录页，在该幻灯片中插入“目录”标题和 SmartArt 图形，其外观效果如图 5-33 所示。

（3）第 3 张幻灯片包括标题“一、活动主题”和一张图片，其外观效果如图 5-34 所示。

（4）第 4 张幻灯片包括标题“二、活动目的”及其相关正文内容，其外观效果如图 5-35 所示。

（5）第 5～7 张幻灯片包括“三、活动内容”的 4 个方面，其外观效果如图 5-36～图 5-38 所示。

（6）第 8 张幻灯片包括标题“活动安排”及其相关正文内容，并设置项目符号，其外观效果如图 5-39 所示。

（7）第 9～11 张幻灯片包括“活动要求”的 3 个方面，其外观效果如图 5-40～图 5-42 所示。

（8）第 12 张幻灯片包括“预期效果”及其相关正文内容，其外观效果如图 5-43 所示。

（9）第 13 张幻灯片包括标题“七、经费预算”和 1 张表格，其外观效果如图 5-44 所示。

（10）第 14 张幻灯片为结束页，在该幻灯片中插入艺术字“请提宝贵意见或建议”和一张图片，其外观效果如图 5-45 所示。

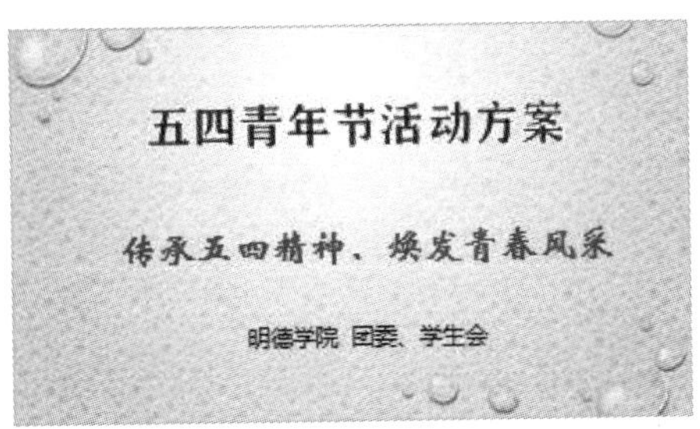

图 5-32 演示文稿的第 1 张幻灯片

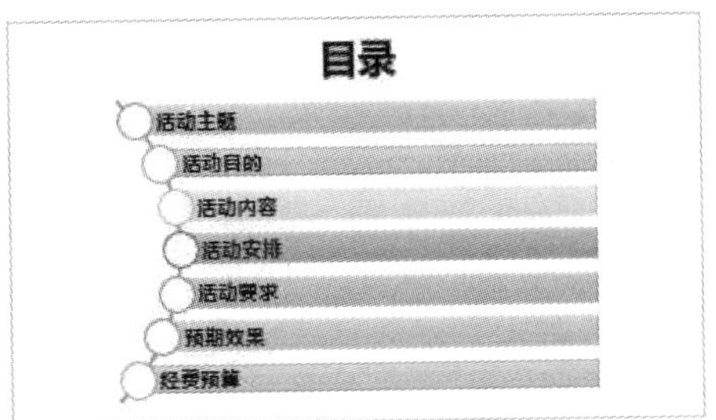

图 5-33 演示文稿的第 2 张幻灯片

图 5-34 演示文稿的第 3 张幻灯片

二、活动目的

以举办系列活动为主线，进一步深化爱国主义教育和革命传统教育，通过开展丰富多彩的纪念“五四”运动系列主题活动，回顾和缅怀令人难忘的革命历史岁月，激发团员青年的爱国爱团的热情，传承五四精神，焕发新时期青年的风采。

图 5-35 演示文稿的第 4 张幻灯片

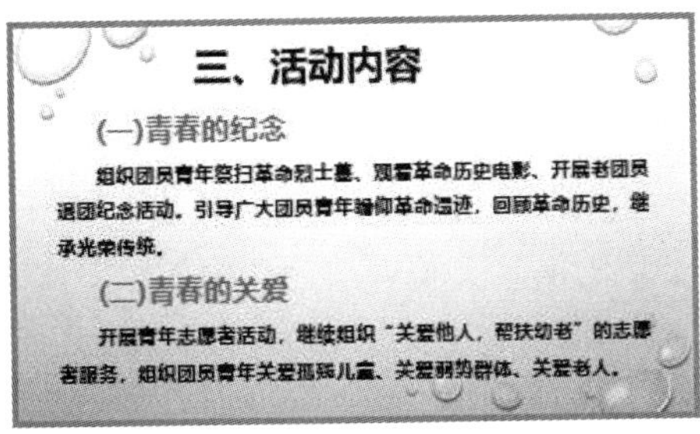

图 5-36 演示文稿的第 5 张幻灯片

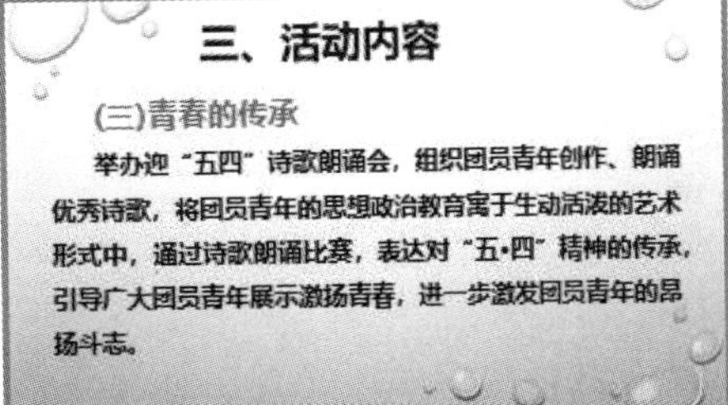

图 5-37 演示文稿的第 6 张幻灯片

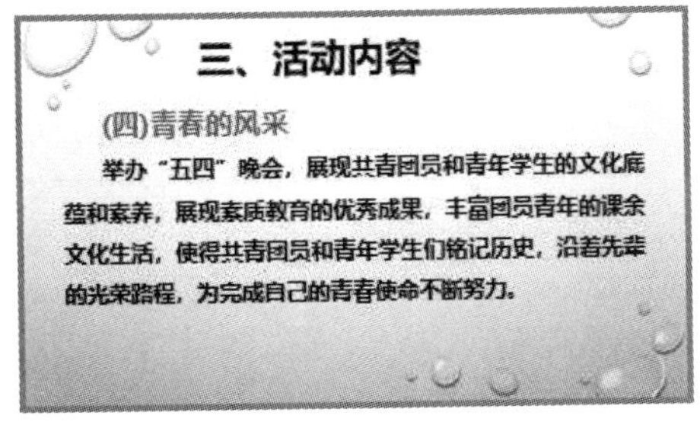

图 5-38 演示文稿的第 7 张幻灯片

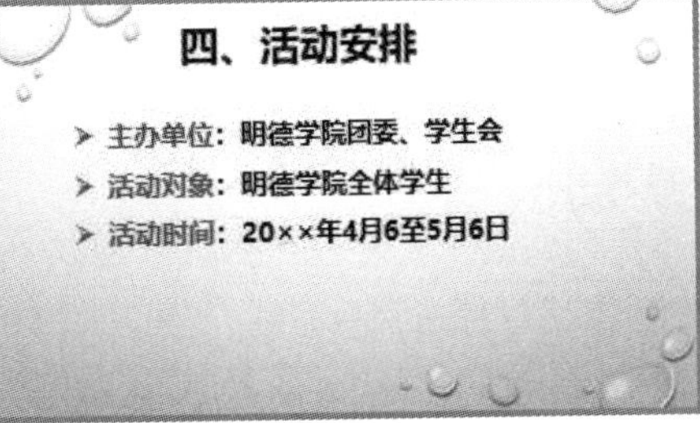

图 5-39 演示文稿的第 8 张幻灯片

五、活动要求

（一）高度重视，精心组织

各分团委、团支部要充分认识开展“五四”系列主题活动对于扩大团组织的影响力、提升团组织的凝聚力、促进和加强团组织自身建设的重要意义，要认真谋划，精心组织，组织广大团员青年积极参与各项活动。

图 5-40　演示文稿的第 9 张幻灯片

五、活动要求

（二）突出主题，体现特色

各分团委、团支部要结合自身实际制定切实可行的活动方案，集中力量策划突出主题、特点鲜明的活动，形成上下联动的良好局面，真正使重点工作更加贴近中心、贴近青年、贴近生活，展示团员青年奋发向上的精神风貌。

图 5-41　演示文稿的第 10 张幻灯片

五、活动要求

（三）加强宣传，营造氛围

各分团委、团支部要进一步扩大宣传力度，善于运用新媒体，做好主题活动的宣传工作，唱响主旋律。要充分调动广大团员青年的积极性，通过微信、微博等各种方式广泛宣传，营造浓厚的活动氛围。

图 5-42　演示文稿的第 11 张幻灯片

六、预期效果

各项活动准备工作充分、扎实，全体团员青年积极配合，活动气氛活跃、有序。

通过活动的开展，加强了团员青年的教育和思想的提升，广大共青团员以这次“五四”青年活动为契机，时刻牢记入团誓言，践行决心诺言，大力弘扬以爱国主义为核心的伟大民族精神，牢固树立远大的理想和坚定的信念，坚持刻苦学习，注意锤炼品格，勇于进取创新，甘于艰苦奋斗，促使广大团员青年感受到青年应有的朝气，努力追寻自己的梦想并为之不懈奋斗，用执着的信念，只争朝夕的精神，积极进取，勇创佳绩。

图 5-43　演示文稿的第 12 张幻灯片

七、经费预算

序号	费用支出项目	金额（元）
1	制作纪念“五四”运动的展板	1200
2	制作晚会海报	600
3	制作晚会邀请函	800
4	购买饮用水	600
5	租赁音响设备	4000
6	租赁灯光设备	5000
7	租赁晚会主持人及演员服装	3000
8	购买与制作道具	2000
9	晚会主持人及演员化妆	2000
10	资料印刷等费用	1200
11	购买奖品、纪念品等	5200
12	晚会主持人、演员、晚会工作人员用餐	8000
13	其他项目	2000
	合计	35600

图 5-44　演示文稿的第 13 张幻灯片

图 5-45　演示文稿的第 14 张幻灯片

【任务实施】

1．创建并保存演示文稿

（1）启动 PowerPoint 2016，系统自动创建一个新的演示文稿，并自动添加第 1 张幻灯片。

（2）在“快速访问工具栏”中单击“保存”按钮，弹出“另存为”对话框，以“五四青年节活动方案.pptx”为文件名，将创建的演示文稿保存在文件夹“模块 5”中。

（3）应用主题。主题通过使用颜色、字体和图形来设置文档的外观，使用预先设计的主题，可以轻松快捷地更改演示文稿的整体外观效果。

在“设计”选项卡的“主题”组主题列表中选择要应用的主题“水滴”，如图 5-46 所示。

然后右键单击所选主题“水滴”，在弹出的快捷菜单中选择“应用于所有幻灯片”命令，如图 5-47 所示。

在“快速访问工具栏”中单击“保存”按钮，保存主题选择。

2．制作幻灯片首页

（1）输入标题文字与设置标题格式。

将系统自动添加的第 1 张幻灯片的版式设置为“仅标题”，在第 1 张幻灯片中单击“单击此处添加标题”占位符，在光标位置输入文字“五四青年节活动方案”作为演示文稿的总标题，然后选中标题文字，设置其字体为“方正精黑宋简体”，字体大小为“66”，对齐方式设置为“居中”。

图 5-46　在“设计”选项卡的“主题”组中选择主题“水滴”

图 5-47　选择主题并应用于所有幻灯片

（2）插入艺术字。

在“插入”选项卡“文本”组中单击“艺术字”按钮，打开艺术字样式列表，从中选择一种合适的样式。单击幻灯片中的“请在此放置您的文字”艺术字占位符，输入文字“传承五四精神、焕发青春风采”。然后选中插入的艺术字，设置其字体为“华文新魏”、字号为“54”、字形为“加粗”、颜色为“红色”。

（3）插入文本框。

在“插入”选项卡“文本”组中单击“文本框”按钮，在打开的下拉列表中选择“绘制横排文本框”命令，将鼠标指针移到幻灯片中，鼠标指针变为形状↓，在幻灯片靠下方位置按住并拖动鼠标左键，绘制一个横排文本框。将光标置于文本框中，输入文字“明德学院　团委、学生会”，然后设置其字体为“微软雅黑”，设置字号为“32”。

（4）设置第 1 张幻灯片的背景格式。

在“设计”选项卡“自定义”组中单击“设置背景格式”按钮，显示“设备背景格式”窗格。在该窗格中单击“填充”按钮，切换到“填充”选项卡，选择“图片或纹理填充”单选按钮，在“纹理”位置右侧单击“纹理”按钮，在弹出的“纹理”列表中选择一种合适的纹理填充作为幻灯片背景，这里选择“水滴”，如图 5-48 所示。

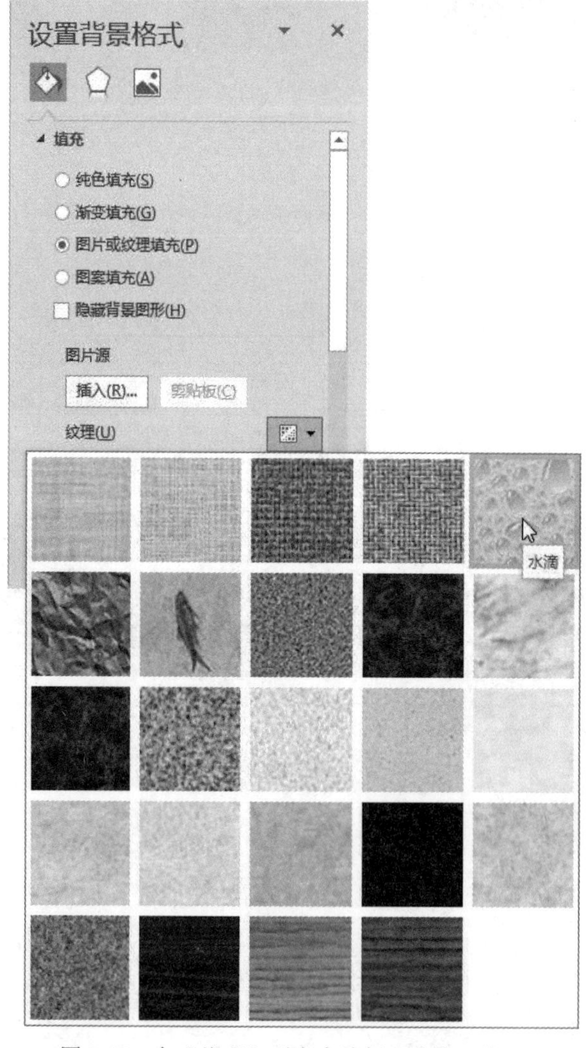

图 5-48　在“纹理”列表中选择“水滴”纹理

（5）保存演示文稿。

第 1 张“标题”幻灯片的外观效果如图 5-32 所示。在“快速访问工具栏”中单击“保存”按钮，保存该演示文稿。

3．制作 1 张幻灯片目录页

（1）添加幻灯片。

切换到“开始”选项卡，在“幻灯片”组中单击“新建幻灯片”按钮的箭头按钮，在打开的下拉列表中选择“标题和内容”版式，这样在当前幻灯片之后新添加一张幻灯片。

（2）应用主题。

选定新添加的幻灯片，在“设计”选项卡的“主题”组中右键单击要应用的主题“丝状”，在弹出的快捷菜单中选择“应用于选定幻灯片”命令。

（3）输入标题。

在新插入的幻灯片中单击“单击此处添加标题”占位符，然后输入文字“目录”。

（4）设置标题为艺术字效果。

选中标题文字“目录”，在“绘图工具—格式”选项卡的“艺术字样式”组中单击“文本效果”按钮，从打开的下拉列表“发光变体”区域选择“发光：5 磅，主题色 1”选项，如图 5-49 所示。

图 5-49　为标题文字设置艺术字效果

选择“目录”艺术字，设置其字体为“微软雅黑”、字形为“加粗”、字号为“54”，对齐方式设置为“居中”。

（5）插入 SmartArt 图形。

单击“单击此处添加文本”占位符中的“插入 SmartArt 图形”按钮，打开“选择 SmartArt 图形”对话框。在该对话框中单击左侧的“列表”选项，然后在右侧的列表框中选择“垂直曲形列表”选项，如图 5-50 所示，单击“确定”按钮，则在幻灯片中插入 SmartArt 图形。

（6）添加形状。

选中幻灯片中的 SmartArt 图形，切换到“SmartArt 工具—设计”选项卡，在“创建图形”组中多次单击“添加形状”按钮，将垂直曲形列表项增至 7 项。

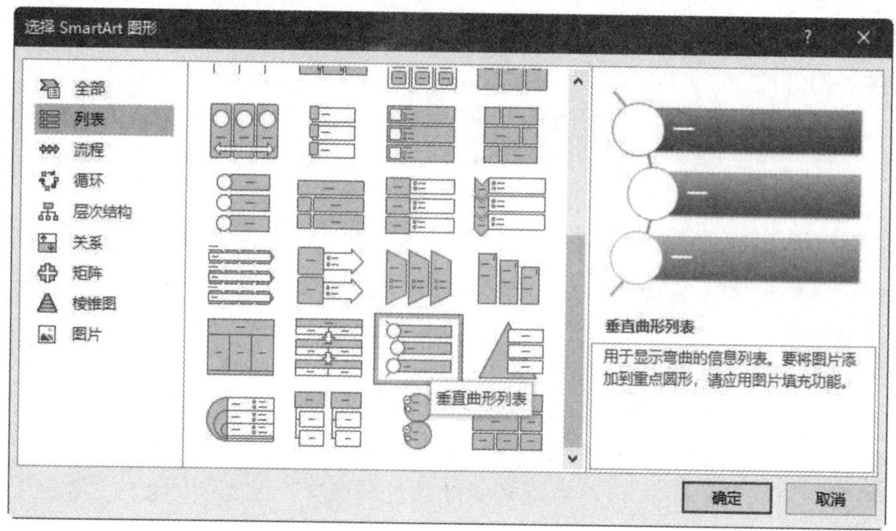

图 5-50　在“选择 SmartArt 图形”对话框中选择 SmartArt 图形

（7）更改颜色。

选中幻灯片中的 SmartArt 图形，在“SmartArt 工具—设计”选项卡的“SmartArt 样式”组中单击“更改颜色”按钮，在打开的下拉列表的“彩色”栏中选择“彩色—个性色”选项，如图 5-51 所示。

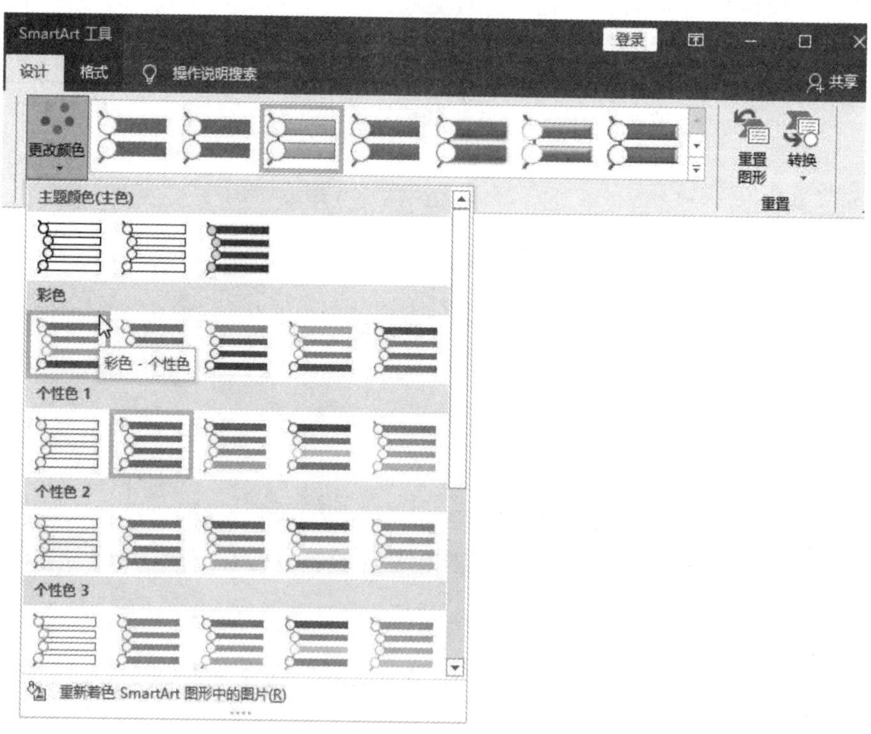

图 5-51　更改颜色

（8）设置 SmartArt 样式。

选中幻灯片中的 SmartArt 图形，在“SmartArt 工具—设计”选项卡的“SmartArt 样式”组中选择“白色轮廓”样式，如图 5-52 所示。

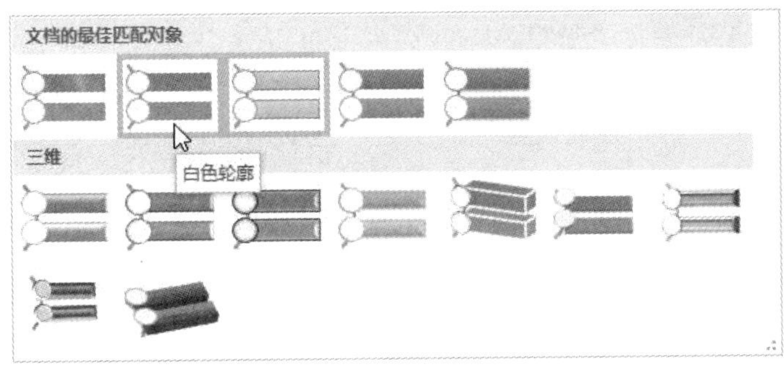

图 5-52 在“SmartArt 样式”列表“文档的最佳匹配对象”区域选择“白色轮廓”样式

（9）调整 SmartArt 样式的位置和宽度。

选中幻灯片中的 SmartArt 图形，然后向左拖动以调整其位置，并缩小其宽度至合适大小。

（10）输入文字内容。

在“在此处键入文字”提示文字的下方依次输入文字“活动主题”“活动目的”“活动内容”“活动安排”“活动要求”“预期效果”和“经费预算”，如图 5-53 所示。

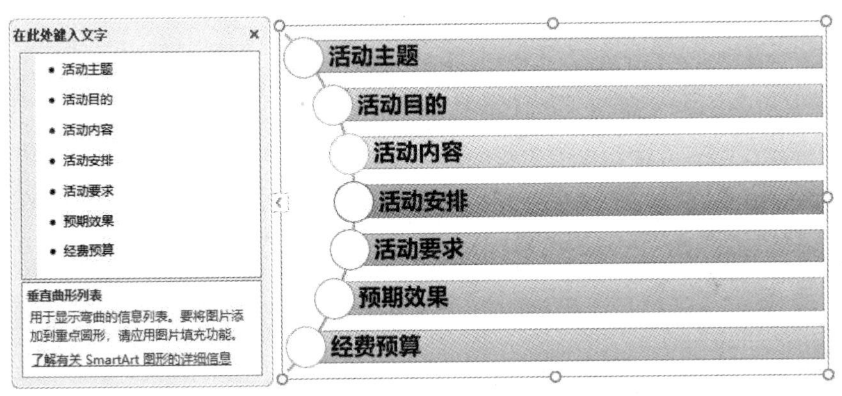

图 5-53 “SmartArt 图形”的编辑状态

（11）重新设置第 2 张幻灯片的主题。

将第 2 张幻灯片的主题设置为“丝状”。

（12）保存演示文稿中新增及修改的内容。

第 2 张“目录”页幻灯片的外观效果如图 5-33 所示。在“快速访问工具栏”中单击“保存”按钮，保存该演示文稿。

4. 制作一张“活动主题”幻灯片

（1）添加幻灯片。

在“开始”选项卡“幻灯片”组中单击“新建幻灯片”按钮的箭头按钮，在打开的下拉列表中单击选择“空白”版式，这样“目录”幻灯片之后新添加一张幻灯片。

（2）绘制横排文本框。

在“插入”选项卡“文本”组中单击“文本框”按钮，在打开的下拉列表中选择“绘制横排文本框”命令，然后在幻灯片中合适位置按住并拖动鼠标左键，绘制一个横排文本框。接着将光标置于文本框中，输入“一、活动主题”。

（3）设置文本框中文字的格式。

单击文本框的边框以选中文本框，然后在“开始”选项卡“字体”组中设置字体为“微软雅黑”、字号为“54”，字形“加粗”。

在“段落”组中单击右下角的“段落”按钮，打开“段落”对话框。在该对话框“缩进和间距”选项卡中，将对齐方式设置为“居中”，然后单击“确定”按钮完成段落格式设置。

（4）在幻灯片中插入图片。

选中要插入图片的“活动主题”幻灯片，在“插入”选项卡“图像”组中单击“图片”按钮，在打开的“插入图片来自”下拉列表中选择“此设备”选项，打开“插入图片”对话框，在该对话框中选择文本夹“模块 5”中的图像文件“传承五四精神、焕发青春风采.jpg”，单击“插入”按钮即可。

然后在幻灯片中调整图片的大小和位置，还可以使用“图片工具—格式”选项卡设置图片样式、图片边框、图片效果、图片版式以及裁剪图片、旋转图片等操作。

（5）保存演示文稿中新增及修改的内容。

第 3 张“活动主题”幻灯片的外观效果如图 5-34 所示。在“快速访问工具栏”中单击“保存”按钮，保存该演示文稿。

5．制作一张“活动目的”幻灯片

（1）添加幻灯片。

在“开始”选项卡“幻灯片”组中单击“新建幻灯片”按钮的箭头按钮，在打开的下拉列表中单击选择“仅标题”版式，这样就在“活动主题”幻灯片之后新添加一张幻灯片。

（2）输入标题文字。

单击“单击此处添加标题”占位符，在光标位置输入文字“二、活动目的”，并设置该标题的字体为“微软雅黑”，字号为“54”，字形为“加粗”，对齐方式为“居中”。

（3）绘制横排文本框。

在“插入”选项卡“文本”组中单击“文本框”按钮，在打开的下拉列表中选择“绘制横排文本框”命令，然后在幻灯片中合适位置按住并拖动鼠标左键，绘制一个横排文本框。接着将光标置于文本框中，输入关于“活动目的”的一段文字。

（4）设置文本框中文字的格式。

单击文本框的边框以选中文本框，然后在“开始”选项卡“字体”组中设置字体为“微软雅黑”，字号为“36”，字形为“加粗”。

在“开始”选项卡“段落”组中单击右下角的“段落”按钮，打开“段落”对话框。在该对话框“缩进和间距”选项卡中，将“对齐方式”设置为“两端对齐”，将“特殊”格式设置为“首行”，“度量值”设置为“2 厘米”，将“行距”设置为“1.5 倍行距”，如图 5-54 所示，单击“确定”按钮完成段落格式设置。

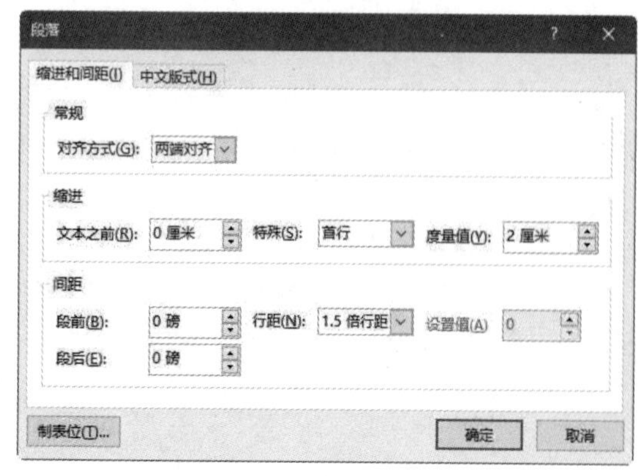

图 5-54 “段落”对话框

（5）保存演示文稿的新增及修改内容。

第 4 张“活动目的”幻灯片的外观效果如图 5-35 所示。在“快速访问工具栏”中单击“保存”按钮，保存该演示文稿。

6．制作三张“活动内容”幻灯片

（1）复制“活动目的”幻灯片。

在“普通视图”的“幻灯片”窗格，选定待复制的幻灯片“活动目的”，然后在“开始”

选项卡“剪贴板”组中单击“复制”按钮。

（2）粘贴幻灯片。

将光标定位到目标位置，在“开始”选项卡“剪贴板”组中单击“粘贴”按钮即可。

（3）修改幻灯片的标题内容。

将幻灯片中标题内容修改为“三、活动内容”。

（4）修改幻灯片的正文内容。

先删除该幻灯片中原来关于“活动目的”的一段文字，然后输入关于“活动内容”的两个小标题“（一）青春的纪念”和“（二）青春的关爱”。接着在两个小标题下方输入对应的正文内容。

（5）设置“活动内容”页中小标题的格式。

将两个小标题“（一）青春的纪念”和“（二）青春的关爱”字体设置为“微软雅黑”、大小设置为“40”，“字体样式”设置为“加粗”，颜色设置为“绿色”。

将对应的正文内容字体设置为“微软雅黑”、字号设置为“28”，字形设置为“加粗”，颜色设置为“黑色”。

（6）复制已添加的“活动内容”第 1 张幻灯片。

在幻灯片左侧的“活动内容”第 1 张幻灯片缩略图上单击鼠标右键，在弹出的快捷菜单中选择“复制幻灯片”命令，即可完成幻灯片的复制操作。

先将第 2 张活动内容的小标题“（二）青春的关爱”及其正文内容删除，将文字“（三）青春的传承”替代已有小标题“（一）青春的纪念”，删除关于第 1 项活动内容“青春的纪念”的正文内容，然后重新输入关于第 3 项活动内容“（三）青春的传承”的正文内容。小标题和正文内容格式保持不变。

（7）复制已添加的“活动内容”第 2 张幻灯片。

在幻灯片左侧的“活动内容”第 2 张幻灯片缩略图上单击鼠标右键，在弹出的快捷菜单中选择“复制幻灯片”命令，即可完成幻灯片的复制操作。

将文字“（四）青春的风采”替代已有小标题“（三）青春的传承”，删除关于第 3 项活动内容“（三）青春的传承”的正文内容，然后重新输入关于第 4 项活动内容“（四）青春的风采”的正文内容。小标题和正文内容格式保持不变。

（8）保存演示文稿新增及修改内容。

第 5～7 张“活动内容”幻灯片的外观效果分别如图 5-36、图 5-37 和图-38 所示。在“快速访问工具栏”中单击“保存”按钮，保存该演示文稿。

7．制作一张“活动安排”幻灯片

（1）添加幻灯片。

在“开始”选项卡“幻灯片”组中单击“新建幻灯片”按钮的箭头按钮，在打开的下拉列表中单击选择“标题和内容”版式，这样就在第 7 张“活动内容”幻灯片之后新添加一张幻灯片。

（2）输入标题文字。

单击“单击此处添加标题”占位符，在光标位置输入文字“四、活动安排”，并将该标题的字体设置为“微软雅黑”、字号设置为“54”，字形设置为“加粗”，对齐方式设置为“居中”。

（3）输入“活动安排”文字内容。

单击“单击此处添加文本”占位符，然后输入关于“活动安排”的文字内容，包括“主办单位”“活动对象”和“活动时间”三个方面。

（4）设置“活动安排”文字内容为项目列表。

选中幻灯片中的“活动安排”三个方面的文字内容，在“开始”选项卡“段落”组中单击“项目符号”按钮右侧的箭头▾，打开“项目符号”列表，从列表中选择“箭头项目符号”，如图5-55所示。

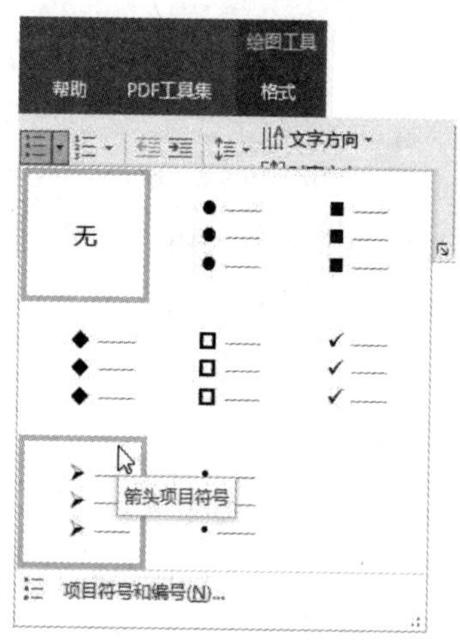

图5-55 在“项目符号”列表中选择“箭头项目符号”

（5）设置项目列表文字的格式。

将项目列表文字的字体设置为“微软雅黑”，字号设置为“36”，字形设置为“加粗”，将“行距”设置为“1.5倍行距”。

（6）保存演示文稿新增及修改内容。

第8张“活动内容”幻灯片的外观效果如图5-39所示。在“快速访问工具栏”中单击“保存”按钮，保存该演示文稿。

8．制作三张“活动要求”幻灯片

（1）复制第3张“活动内容”幻灯片。

在“普通视图”的“幻灯片”窗格选定待复制的第3张“活动内容”幻灯片，然后在“开始”选项卡“剪贴板”组中单击“复制”按钮。

（2）粘贴幻灯片。

将光标定位到目标位置第8张幻灯片后面，在“开始”选项卡“剪贴板”组中单击“粘贴”按钮即可。

（3）修改幻灯片的标题内容。

将幻灯片中标题内容修改为“活动要求”。

（4）修改幻灯片的正文内容。

将幻灯片中“活动内容”的内容修改为“活动要求”的内容。

（5）设置“活动要求”对应小标题的格式。

将第1张“活动要求”幻灯片的小标题“（一）高度重视，精心组织”的字体设置为“微软雅黑”，字号设置为“36”，字形设置为“加粗”，颜色设置为“紫色”，将“行距”设置为

"1.5 倍行距"。

（6）设置"活动要求"对应的正文内容的格式。

将第 1 张"活动要求"幻灯片对应的正文内容的字体设置为"微软雅黑"，字号设置为"36"，字形设置为"加粗"，颜色设置为"黑色"。

将"对齐方式"设置为"两端对齐"，将"特殊"格式设置为"首行"，"度量值"设置为"2 厘米"，将"行距"设置为"1.5 倍行距"。

（7）复制已添加的"活动要求"第 1 张幻灯片。

在幻灯片左侧的"活动要求"第 1 张幻灯片缩略图上单击鼠标右键，在弹出的快捷菜单中选择"复制幻灯片"命令，即可完成幻灯片的复制操作。

将文字"（二）突出主题，体现特色"替代已有小标题"（一）高度重视，精心组织"，删除关于第 1 项活动要求"（一）高度重视，精心组织"的正文内容，然后重新输入关于第 2 项活动要求"（二）突出主题，体现特色"的正文内容。小标题和正文内容格式保持不变。

（8）复制已添加的"活动要求"第 2 张幻灯片。

在幻灯片左侧的"活动要求"第 2 张幻灯片缩略图上单击鼠标右键，在弹出的快捷菜单中选择"复制幻灯片"命令，即可完成幻灯片的复制操作。

然后将文字"（三）加强宣传，营造氛围"替代已有小标题"（二）突出主题，体现特色"，删除关于第 2 项活动要求"（二）突出主题，体现特色"的正文内容，然后重新输入关于第 3 项活动要求"（三）加强宣传，营造氛围"的正文内容。小标题和正文内容格式保持不变。

（9）保存新增及修改内容。

第 9～11 张"活动内容"幻灯片的外观效果分别如图 5-40、图 5-41 和图 5-42 所示。在"快速访问工具栏"中单击"保存"按钮，保存该演示文稿。

9. 制作"预期效果"幻灯片

（1）复制"活动目的"幻灯片。

在"普通视图"的"幻灯片"窗格中右键单击待复制的幻灯片"活动目的"缩略图，然后在弹出的快捷菜单中选择"复制"命令，

（2）粘贴幻灯片。

将光标定位到目标位置第 11 张幻灯片"活动内容"之后，单击鼠标右键，在弹出的快捷菜单中选择"粘贴"命令即可。

（3）修改幻灯片的标题内容。

将幻灯片中标题内容修改为"六、预期效果"。

（4）修改幻灯片的正文内容。

将幻灯片中关于"活动目的"的正文内容修改为关于"预期效果"的正文内容。

（5）设置"预期效果"内容的格式。

将关于"预期效果"正文内容的字体设置为"微软雅黑"，字号设置为"26"，字形设置为"加粗"，颜色设置为"黑色"。

将"对齐方式"设置为"两端对齐"，将"特殊"格式设置为"首行"，"度量值"设置为"2 厘米"，将"行距"设置为"1.5 倍行距"。

（6）保存演示文稿新增及修改内容。

第 12 张"预期效果"幻灯片的外观效果如图 5-43 所示。在"快速访问工具栏"中单击"保存"按钮，保存该演示文稿。

10. 制作一张“经费预算”幻灯片

（1）添加幻灯片。

在第 12 张幻灯片“六、预期效果”之后插入 1 张版式为“空白”幻灯片。

（2）复制第 12 张幻灯片标题。

在第 12 张幻灯片“六、预期效果”中复制标题（包括占位符及其标题文字），然后在新添加的第 13 张幻灯片粘贴刚才复制的标题。将第 13 张幻灯片的标题文字修改为“七、经费预算”。

（3）插入表格。

选中第 13 张幻灯片，在“插入”选项卡“表格”组中单击“表格”按钮，在打开的下拉列表中选择“插入表格”命令，打开“插入表格”对话框。

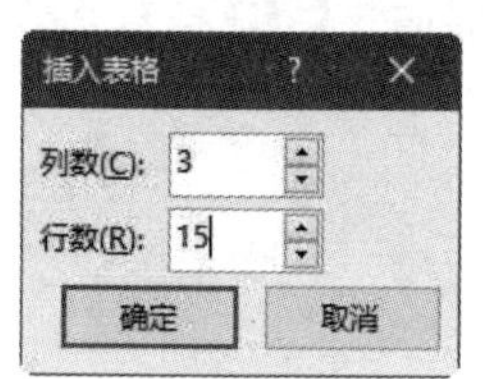

图 5-56 “插入表格”对话框

在弹出的“插入表格”对话框中将“列数”和“行数”数字框分别设置为“3”和“15”，如图 5-56 所示，然后单击“确定”按钮关闭该对话框，在幻灯片中就会插入一张 15 行 3 列的表格。

【说明】在幻灯片含有文字“单击此处添加文本”的占位符中单击“插入表格”按钮，也可以打开“插入表格”对话框。

（4）在表格中输入文字内容。

在表格中标题行分别输入标题文字“序号”“费用支出项目”“金额”，然后分别输入各项费用支出项目的对应内容。

（5）设置表格文字的格式。

选中表格中的内容，将表格中文字的中文字体设置为“微软雅黑”，字号设置为“20”，表格各行都设置为“垂直居中”，表格标题行文字的对齐方式设置为“居中”，第 2 列所有行的对齐方式都设置为“左对齐”，其他列所有行的对齐方式设置为“居中”。

（6）调整表格的行高和列宽。

拖动鼠标调整表格的高度，然后根据表格中文字内容将各列的列宽调整至合适的宽度。

（7）调整表格在幻灯片中的位置。

拖动表格至幻灯片中的合适位置。

（8）保存演示文稿新增及修改内容。

第 13 张“经费预算”幻灯片的外观效果如图 5-44 所示。在“快速访问工具栏”中单击“保存”按钮，保存该演示文稿。

11. 制作结束页幻灯片

（1）添加幻灯片。

在第 13 张幻灯片“七、经费预算”之后插入一张版式为“空白”的幻灯片。

（2）幻灯片中插入艺术字。

在“空白”版式的幻灯片中插入艺术字“请提宝贵意见或建议”。

（3）设置艺术字的“文本效果”。

在幻灯片中选中艺术字，在“绘图工具—格式”选项卡的“艺术字样式”组中单击“文本效果”按钮，在打开的下拉列表中设置“发光”效果和“转换”效果。

（4）幻灯片中插入图片。

选中要插入图片的第 14 张幻灯片，在“插入”选项卡“图像”组中单击“图片”按钮，在打开的“插入图片来自”下拉列表中选择“此设备”选项，打开“插入图片”对话框，在该对话框中选择文件夹“模块 5”中的图像文件“新时代新青年新作为.jpg”，单击“插入”按钮即可。

然后在幻灯片中调整图片的大小和位置，还可以使用“图片工具—格式”选项卡设置图片样式、图片边框、图片效果、图片版式以及裁剪图片、旋转图片等操作。

（5）保存演示文稿新增及修改内容。

第 14 张“经费预算”幻灯片的外观效果如图 5-45 所示。在“快速访问工具栏”中单击“保存”按钮，保存该演示文稿。

【训练 5-2】制作演示文稿“图形在 PPT 中的应用.pptx”

【任务描述】

创建演示文稿“图形在 PPT 中的应用.pptx”，完成以下任务，熟悉图形在 PPT 中的应用。

（1）绘制与编辑形状。

（2）合并与美化形状。

【任务实施】

创建演示文稿“图形在 PPT 中的应用.pptx”，在第 1 张幻灯片中输入文字“绘制与美化图形”，字体设置为“微软雅黑”，字号设置为“60”。

1. 绘制与编辑形状

（1）绘制单个圆。

在“插入”选项卡的“插图”组中单击“形状”按钮，在打开的形状列表中单击“椭圆”按钮，按住“Shift”键的同时，按住鼠标左键并拖动鼠标在幻灯片中绘制出正圆。幻灯片中绘制的实心正圆如图 5-57 所示。

再次画一个正圆，设置该圆的形状填充颜色为“白色”，设置该圆的形状轮廓为 3 磅虚线。幻灯片中绘制的空心虚线圆如图 5-58 所示。

图 5-57　幻灯片中绘制的实心正圆

图 5-58　幻灯片中绘制的空心虚线圆

【说明】按住“Shift”键的同时，如果绘制直线，则可以画出水平线和垂直线；如果绘制矩形，则可以画出正方形。

（2）绘制带箭头的弧线。

在“插入”选项卡的“插图”组中单击“形状”按钮，在打开的形状列表中单击“弧形”按钮，按住鼠标左键并拖动鼠标在幻灯片中绘制弧形，然后旋转弧形，调整其形状和位置。

选中幻灯片中的弧形，在“绘图工具—格式”选项卡的“形状样式”组“形状轮廓”下拉菜单中设置弧形的粗细和箭头。带箭头的弧线如图 5-59 所示。

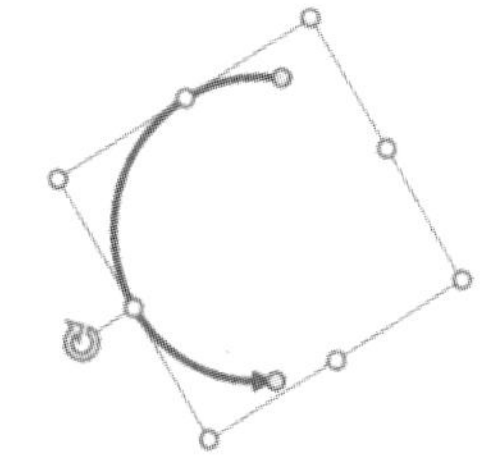

图 5-59　带箭头的弧线

（3）绘制折线。

在“插入”选项卡的“插图”组中单击“形状”按钮，在打开的形状列表中单击“任意多边形”按钮，按住“Shift”键的同时按住鼠标左键并拖动鼠标，在幻灯片中绘制线条。第一根线条绘制完成后松开鼠标左键。然后再次按住鼠标左键并拖动鼠标，在幻灯片中绘制第二根线条。第二根线条绘制完成后双击鼠标左键即可。绘制的折线如图 5-60 所示。

选中幻灯片中的折线，在“绘图工具—格式”选项卡的“插入形状”组中单击“编辑形状”按钮，在打开的下拉列表中选择“编辑顶点”命令，如图 5-61 所示。此时折线处于编辑状态，如图 5-62 所示，拖动编辑点可以调整线条的长度和折线的外形。

图 5-60　绘制的折线

图 5-61　选择“编辑顶点”命令

图 5-62　处于编辑顶点状态的折线

（4）绘制立方体。

在“插入”选项卡的“插图”组中单击“形状”按钮，在打开的形状列表中单击“立方体”按钮，按住鼠标左键并拖动鼠标在幻灯片中绘制一个立方体。选中刚绘制的立方体，单击鼠标右键，在弹出的快捷菜单中选择“设置形状格式”命令，打开“设置形状格式”窗格，切换到“效果”选项卡，展开“映像”设置区域，“透明度”设置为“24%”，“大小”设置为“14%”，“模糊”设置为“0 磅”，“距离”设置为“2 磅”。映像的自定义设置如图 5-63 所示。

设置了自定义映像效果的立方体如图 5-64 所示。

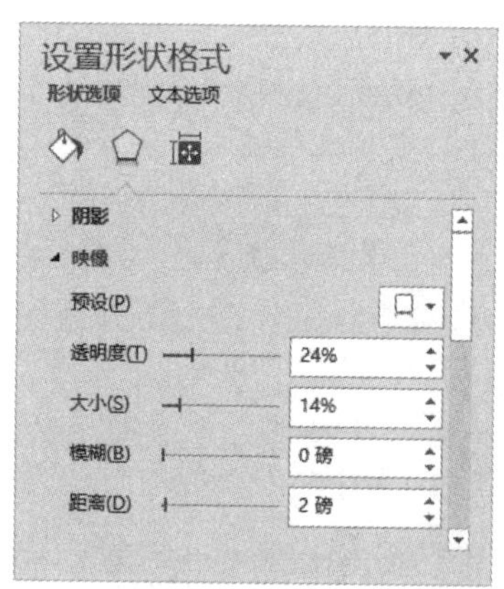

图 5-63　映像的自定义设置

图 5-64　设置了自定义映像效果的立方体

（5）绘制两个饼形组成的饼图。

在“插入”选项卡的“插图”组中单击“形状”按钮，在打开的形状列表中单击“饼形”按钮，按住鼠标左键并拖动鼠标在幻灯片中绘制一个饼形，调整饼形的尺寸大小和缺角大小。

以同样的方法绘制另一个饼形，并调整其尺寸大小和缺角大小。

将两个饼形移动到靠近的位置，组成一张饼图，如图 5-65 所示，该饼图可以形象地显示分布比例、结构比例等情况。

（6）绘制两个弧形组成的图形。

在“插入”选项卡的“插图”组中单击“形状”按钮，在打开的形状列表中单击“弧形”按钮，按住鼠标左键并拖动鼠标在幻灯片中绘制一个弧形，调整弧形的尺寸大小和圆心角大小。

以同样的方法绘制另一个弧形，并调整其尺寸大小和圆心角大小。

将两个弧形移动到靠近的位置，组成一个图形，如图 5-66 所示，该图形可以形象地显示分布比例、结构比例等情况。

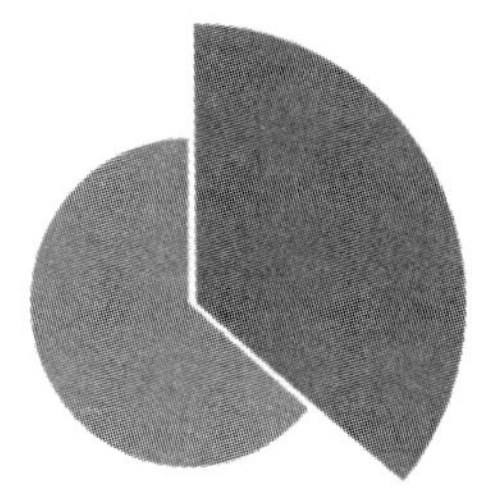

图 5-65　两个饼形组成的饼图

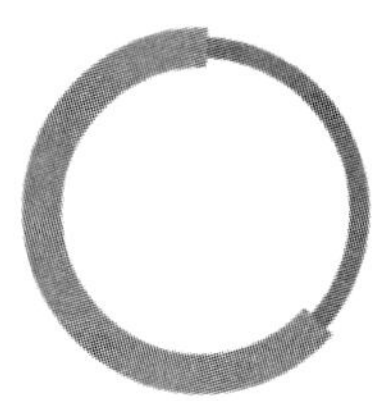

图 5-66　两个弧形组成的图形

2. 合并与美化形状

（1）两个圆的合并。

在幻灯片中分别绘制两个正圆，设置两个圆的填充颜色为不同的颜色，调整两个圆的位置，使其部分相交，选中两个圆，如图 5-67 所示。

在“绘图工具—格式”选项卡的“插入形状”组中单击“合并形状”按钮，在打开的下拉列表中选择“联合”命令，如图 5-68 所示，则两个圆进行联合。

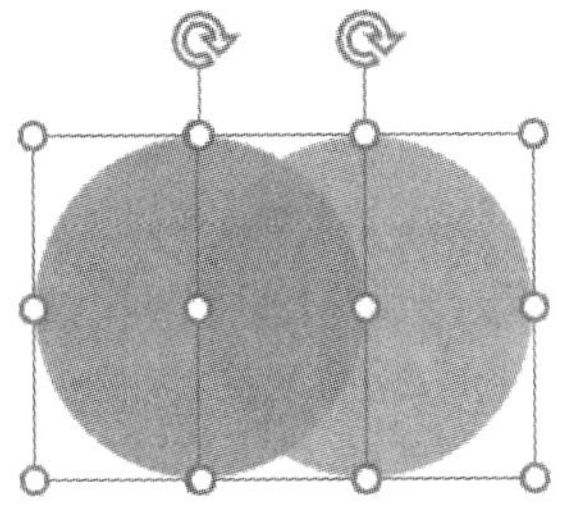

图 5-67　选中两个圆

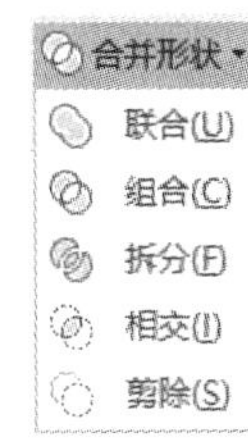

图 5-68　“合并形状”下拉列表

在下拉列表中还可以选择“组合”“拆分”“相交”和“剪除”命令，两个圆各种合并效果如图 5-69 所示。

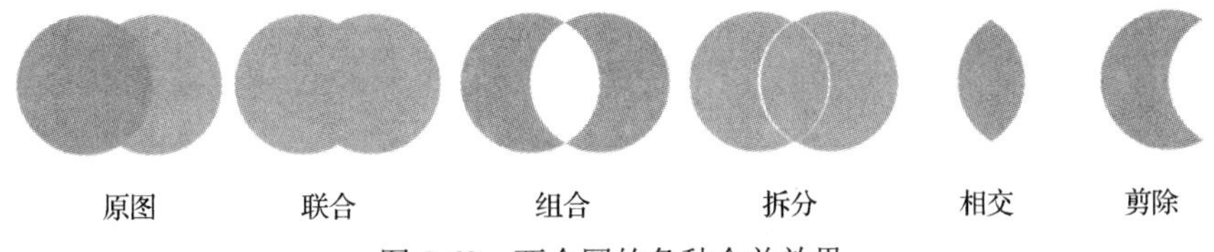

图 5-69　两个圆的各种合并效果

（2）获取图片填充的半圆形。

先分别在幻灯片中绘制一个正圆和一个矩形，调整圆和矩形位置，使矩形的一条边与圆的水平直径重合。然后依次选择圆和矩形，在“合并形状”下拉列表中选择“剪除”命令，即可得到半圆形状。

选中半圆形状，设置形状填充为已有图片，最终的效果如图 5-70 所示。

（3）获取空心的泪滴形状。

先分别在幻灯片中绘制一个泪滴形状和一个正圆，调整两个形状至合适位置。然后依次选择泪滴形状和圆，在“合并形状”下拉列表中选择“剪除”命令，即可得到空心的泪滴形状。

选中空心的泪滴形状，设置形状轮廓的颜色为“白色”，设置形状效果为“向下偏移”的阴影，最终的效果如图 5-71 所示。

（4）多种形状的组合形状。

先分别在幻灯片中绘制一个正圆和一个剪去单角的矩形，调整两个形状至合适位置。然后选择这两个形状，在“合并形状”下拉列表中选择“联合”命令，将所选择的两个形状联合。

接着再绘制一个正圆，并设置该圆的填充颜色为“白色”，调整该圆至联合形状中的合适位置，并将该圆置于顶层位置，外观如图 5-72 所示。

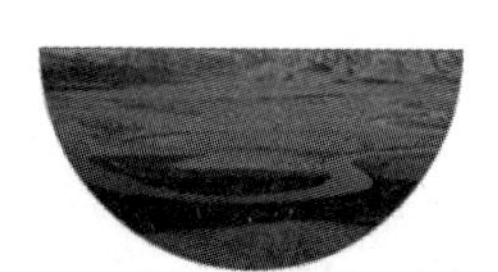

图 5-70　图片填充的半圆形

图 5-71　空心的泪滴形状

图 5-72　多种形状的组合形状

【训练 5-3】制作演示文稿“绘制与美化 SmartArt 图形.pptx”

【任务描述】

创建演示文稿“绘制与美化 SmartArt 图形.pptx”，熟悉 SmartArt 图形在 PPT 中的应用，具体要求如下：

（1）在幻灯片中插入“射线维恩图”。

（2）在幻灯片中插入“块循环”。

（3）在幻灯片中插入“六边形射线”。

【任务实施】

创建演示文稿“绘制与美化 SmartArt 图形.pptx”，在第 1 张幻灯片中输入文字“绘制与美化 SmartArt 图形”，设置字体为“微软雅黑”，设置字号为“48”。

1．在幻灯片中插入“射线维恩图”

在演示文稿“绘制与美化 SmartArt 图形.pptx”中增加一张幻灯片，在“绘图工具—格式”选项卡的“插图”组中单击“SmartArt”按钮，打开“选择 SmartArt 图形”对话框。在该对话框“循环”组中选择“射线维恩图”，如图 5-73 所示。单击“确定”按钮关闭该对话框，在幻灯片中插入默认格式的“射线维恩图”。

在“射线维恩图”各个圆形的“文本”占位符中输入文字，分别选中各个圆形设置其形状填充颜色和形状轮廓颜色。“射线维恩图”的外观效果如图 5-74 所示。

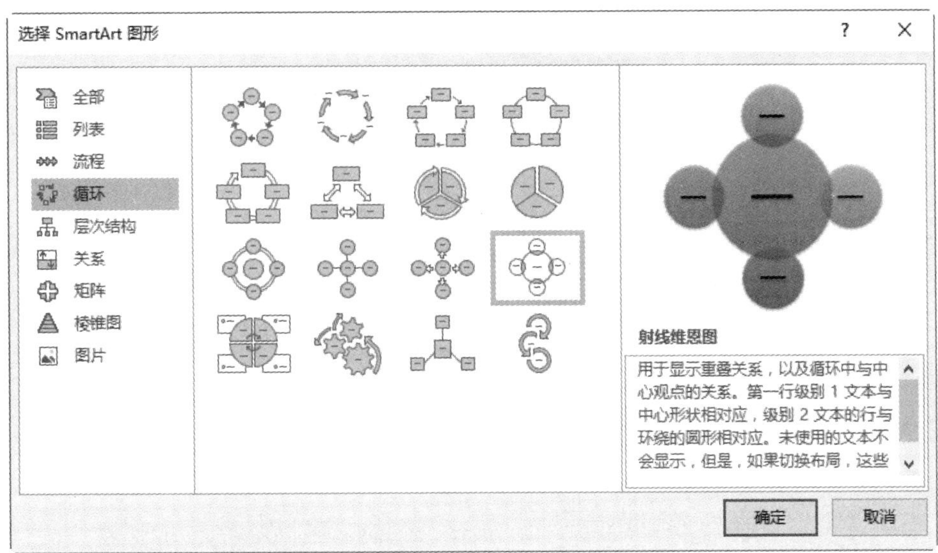

图 5-73　在“选择 SmartArt 图形”对话框“循环”组中选择“射线维恩图”

2．在幻灯片中插入“块循环”

在演示文稿“绘制与美化 SmartArt 图形.pptx”中增加一张幻灯片，在“绘图工具—格式”选项卡的“插图”组中单击“SmartArt”按钮，打开“选择 SmartArt 图形”对话框。在该对话框“循环”组中选择“块循环”，单击“确定”按钮关闭对话框，在幻灯片中插入默认格式的“块循环”。

在“块循环”各个矩形的“文本”占位符中输入文字，分别选中各个矩形和带箭头线条并设置其形状填充颜色和形状轮廓颜色。“块循环”的外观效果如图 5-75 所示。

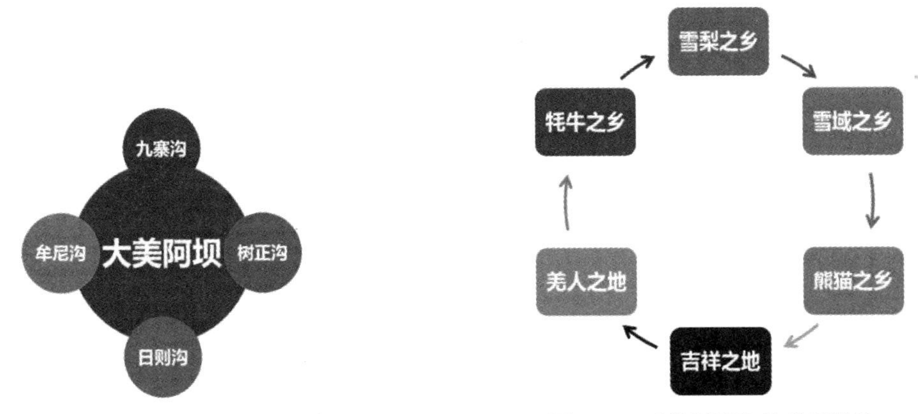

图 5-74　“射线维恩图”的外观效果

图 5-75　“块循环”的外观效果

3．在幻灯片中插入“六边形射线”

在演示文稿“绘制与美化 SmartArt 图形.pptx”中增加一张幻灯片，在该幻灯片中复制或插入“六边形射线”SmartArt 图形，对该 SmartArt 图形执行“取消组合”命令后，设置为并列关系的图形，然后分别设置各个六边形的形状填充图片，最终的外观效果如图 5-76 所示。

图 5-76 “六边形射线”SmartArt 图形的外观效果

【训练 5-4】制作展示阿坝美景的演示文稿“阿坝美景.pptx”

【任务描述】

创建演示文稿“阿坝美景.pptx”，展示阿坝景区的美景，具体要求如下：

（1）设置好幻灯片母版，在母版中设置封面幻灯片的版式和正文幻灯片的版式。

（2）在演示文稿中添加多张幻灯片，在各张幻灯片中插入景区图片，输入必要的文字。

（3）根据实际需要，调整幻灯片中图片的尺寸、裁剪图片或抠图。

（4）根据实际需要，将幻灯片中的图片套用图片样式，设置图片柔化边缘、阴影效果、立体效果。

（5）根据实际需要，对幻灯片图片设置版式。

【任务实施】

创建演示文稿“阿坝美景.pptx”，添加一张幻灯片。

1．设置幻灯片母版

在“视图”选项卡“母版视图”组中单击“幻灯片母版”按钮，进入“幻灯片母版”编辑状态，保留默认幻灯片母版中的“空白 版式”和“图片与标题 版式”，删除其他版式。

（1）设置封面幻灯片的版式。

选中“空白 版式”页面，在“幻灯片母版”选项卡“母版版式”组中单击“插入占位符”下拉按钮，在打开的下拉列表中单击选择“图片”选项，如图 5-77 所示。然后在“空白 版式”页面按住鼠标左键，拖动鼠标绘制“图片”占位符，调整“图片”占位符的位置和尺寸。

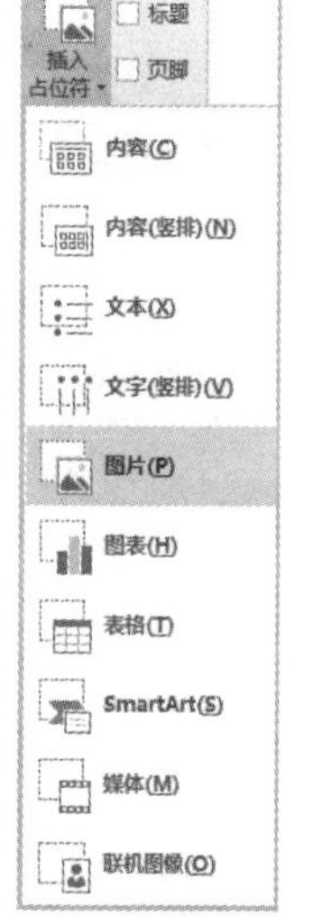

图 5-77 在“插入占位符”下拉列表中选择“图片”选项

在幻灯片母版视图的左侧幻灯片版式列表中，右键单击“空白 版式”，在弹出的快捷菜单中选择“重命名版式”命令，在弹出的“重命名版式”对话框的“版式名称”文本框中输入新名称“封面 版式”，如图 5-78 所示，然后单击“重命名”按钮即可。

（2）设置正文幻灯片的版式。

选中“图片与标题 版式”页面，调整“图片”占位符至页面上方，调整其高度为“15.38

厘米”，宽度为“34 厘米”。

将“标题”占位符拖动到页面左下角，设置标题文字字体为“方正粗倩简体”，字号为“40”，颜色为“绿色，个性色 6，深色 50%”。

在“标题”占位符右侧添加 1 个“文本”占位符，设置正文字体为“方正卡通简体”，字号为“18”，设置段落的“首行缩进”为“1.27 厘米”，行距为“1.2 倍行距”。

“图片与标题 版式”设置完成后的外观效果如图 5-79 所示。

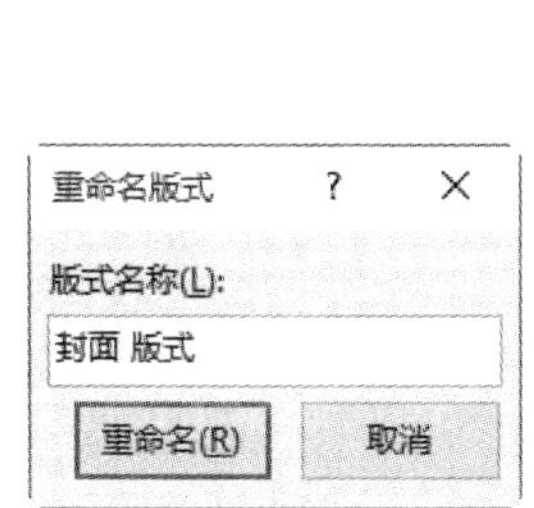

图 5-78 “重命名版式”对话框

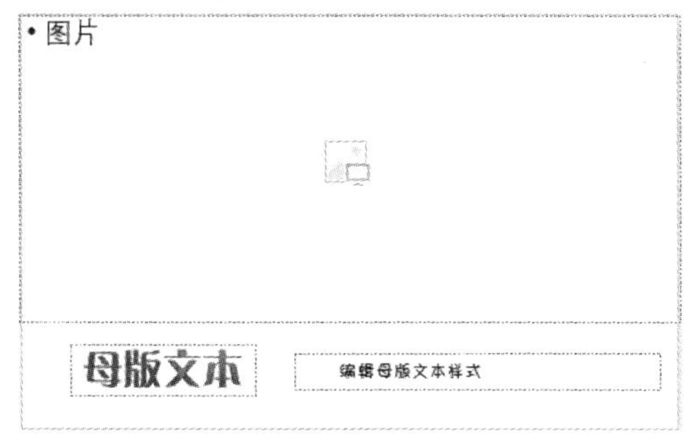

图 5-79 “图片与标题 版式”的外观效果

2. 在幻灯片中插入图片与调整图片尺寸

删除第 1 张幻灯片中默认添加的占位符，在“插入”选项卡“图像”组中单击“图片”按钮，在打开的“插入图片”对话框中选择待插入的图片“九寨沟—童话世界.jpg”，单击“插入”按钮即可。

在幻灯片中选中插入的图片，在“图片工具—格式”选项卡“大小”组中设置图片的高度和宽度，如图 5-80 所示。

在图片的右下角位置插入一个文本框，在该文本框中输入文字“大美阿坝”，设置文字的字体为“方正硬笔行书简体”，字号为“60”。

【说明】这里暂未使用幻灯片母版中的“封面 版式”。

3. 在幻灯片中裁剪图片

在“开始”选项卡“幻灯片”组中单击“新建幻灯片”按钮，在打开的列表中单击“图片与标题 版式”按钮，如图 5-81 所示，插入 1 张新幻灯片，其版式为“图片与标题”。

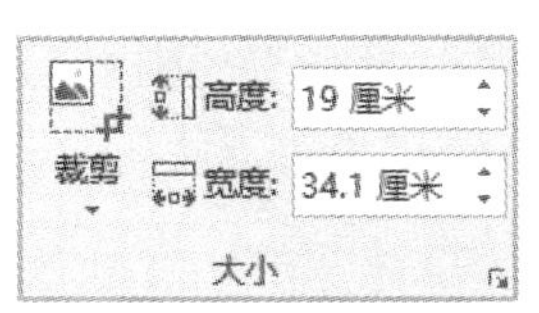

图 5-80 在“图片工具—格式”选项卡“大小”组中设置图片的高度和宽度

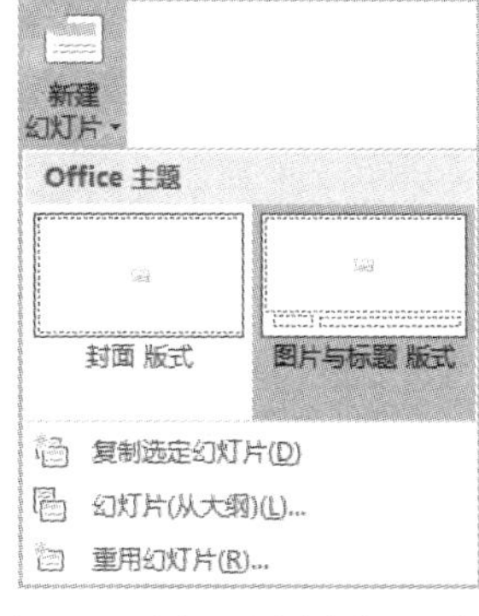

图 5-81 选择“图片与标题 版式”

在该幻灯片中插入图片“九寨沟.jpg”，在标题占位符中输入文字“九寨沟”，在文本占位符中输入九寨沟景区介绍文字。

选中幻灯片中的图片，在“图片工具—格式”选项卡的“大小”组中单击“裁剪”下拉按钮，在打开的下拉列表中指向“裁剪为形状”选项，在展开的形状列表中单击选择“基本形状”组中的“椭圆”按钮，如图 5-82 所示，将幻灯片中的图片裁剪为“椭圆”形状。

图 5-82　选择“裁剪为形状”命令

对幻灯片中的图片、标题文本框、正文文本框进行微调，其外观效果如图 5-83 所示。

图 5-83　幻灯片中图片裁剪为椭圆形状

4. 在幻灯片的图片中抠图

在演示文稿“任务 10-1.pptx”中插入 1 张幻灯片，在该幻灯片中插入图片“达古冰山.jpg”，在“标题”占位符中输入文字“达古冰山”，在文本占位符中输入达古冰山景区介绍文字。

选中幻灯片中插入的图片，在“图片工具—格式”选项卡的“调整”组中单击“背景消除”按钮，此时功能区显示“背景消除”选项卡，如图 5-84 所示。

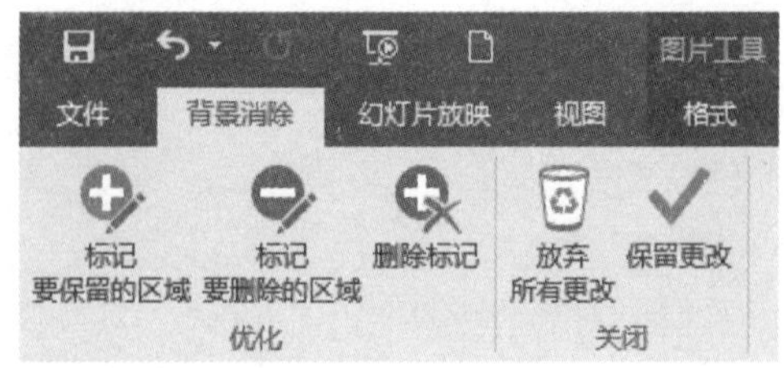

图 5-84　“图片工具—格式”功能区中的“背景消除”选项卡

幻灯片中选中图片会显示出删除区域和保留区域，变色区域表示删除区域，不变色区域表示保留区域。

（1）标记要保留的区域。

用鼠标指针拖动图形中的矩形选择框，首先指定所要保留的大致区域，在“背景消除”选项卡的“优化”组中单击“标记要保留的区域”按钮，然后在图片上想保留的变色区域上不断单击，出现⊕标记，直到恢复为本色。

（2）标记要删除的区域。

在“背景消除”选项卡的“优化”组中单击“标记要删除的区域”按钮，然后在图片上想删除的未变色区域上不断单击，出现⊖标记，直到变色。

标记要保留区域和要删除区域的外观如图 5-85 所示。

设置好保留区域和删除区域后，在“关闭”组单击“保留更改”按钮，即可删除图片不需要的部分。

再一次选中幻灯片中完成抠图的图片，在“图片工具—格式”选项卡的“大小”组中单击“裁剪”下拉按钮，在打开的下拉列表中选择“裁剪”命令，图片四周将会出现裁剪控制点，通过拖动裁剪控制点至合适位置，得到所需的图片尺寸，如图 5-86 所示。

图 5-85　标记要保留区域和要删除区域的外观

图 5-86　拖动裁剪控制点至合适位置

裁剪掉多余部分后可得到需要的图片尺寸。

接着在该幻灯片中插入“东措日月海.jpg”“一号冰川.jpg”和“洛格斯神山.jpg”3 张图片，将这些图片裁剪为“燕尾形”“剪去对角的矩形”和“泪滴形”。调整图片位置，对图片进行适度旋转，设置完成后的外观效果如图 5-87 所示。

图 5-87　抠图得到图片和多种不同形状的图片

5. 幻灯片的图片套用图片样式

在演示文稿“任务 10-1.pptx”中插入 1 张幻灯片，在该幻灯片中插入图片“黄龙.jpg”，在“标题”占位符中输入文字“黄龙”，在文本占位符中输入黄龙景区介绍文字。

选中幻灯片中的图片，在“图片工具—格式”选项卡的“图片样式”组中单击“图片样式”下拉按钮，在打开的图片样式列表中选择“旋转，白色”图片样式，如图 5-88 所示，单击即可应用相应的图片样式。

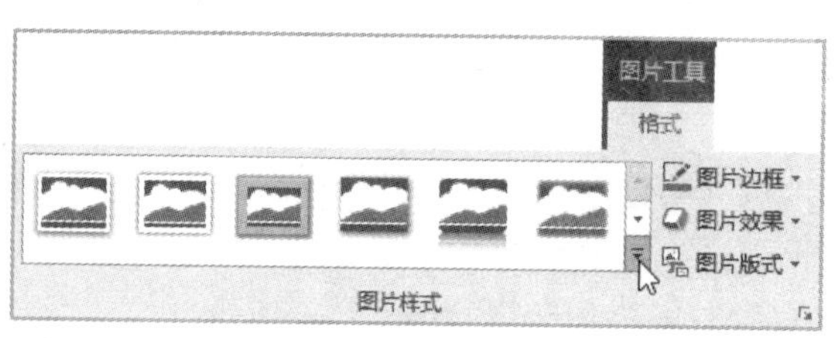

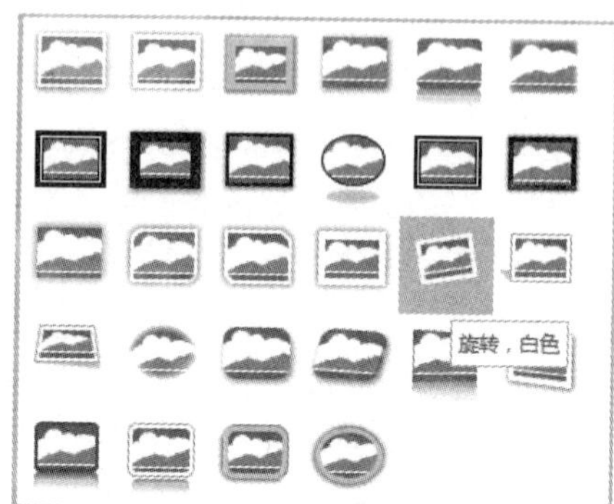

图 5-88 “图片样式”组与选择“旋转，白色”图片样式

套用图片样式的图片如图 5-89 所示。

图 5-89 套用图片样式的图片

6. 柔化幻灯片图片的边缘

在演示文稿“任务 10-1.pptx”中插入 1 张幻灯片，在该幻灯片中插入图片“花湖.jpg”，在“标题”占位符中输入文字“花湖”，在文本占位符中输入花湖景区介绍文字。

选中幻灯片中的图片，在“图片工具—格式”选项卡的“图片样式”组中单击“图片效果”下拉按钮，在打开的下拉列表中指向“柔化边缘”，在展开的子菜单中选择“25 磅”选项，如图 5-90 所示。

如果在“柔化边缘”子菜单中没有合适的选项，可以单击“柔化边缘选项”按钮，打开

“设置图片格式”窗格，在“柔化边缘”区域通过设置“大小”选项改变图片边缘柔化效果。

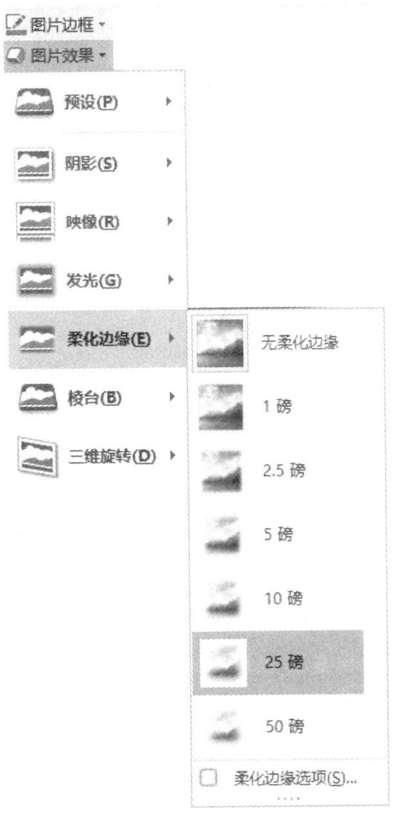

图 5-90　在“图片效果”下拉列表“柔化边缘”的子菜单中选择“25 磅”选项

柔化边缘的图片如图 5-91 所示。

图 5-91　柔化边缘的图片

7．设置图片的边框与阴影效果

在演示文稿“任务 10-1.pptx”中插入 1 张幻灯片，在该幻灯片中插入 3 张图片“黄河九曲第一湾 1.jpg”“黄河九曲第一湾 2.jpg”和“黄河九曲第一湾 3.jpg”，在“标题”占位符中输入文字“黄河九曲第一湾”，在文本占位符中输入黄河九曲第一湾景区介绍文字。

（1）设置图片的边框效果。

选中幻灯片中的图片，在“图片工具—格式”选项卡的“图片样式”组中单击“图片边框”下拉按钮，在打开的下拉列表中选择主题颜色为“白色”，然后指向“粗细”，在展开的子菜单中选择“4.5 磅”选项，如图 5-92 所示。

（2）设置图片的阴影效果。

选中幻灯片中的图片，在“图片工具—格式”选项卡的“图片样式”组中单击“图片效果”下拉按钮，在打开的下拉列表中指向“阴影”，在展开的子菜单中选择“居中偏移”选项，如图 5-93 所示。

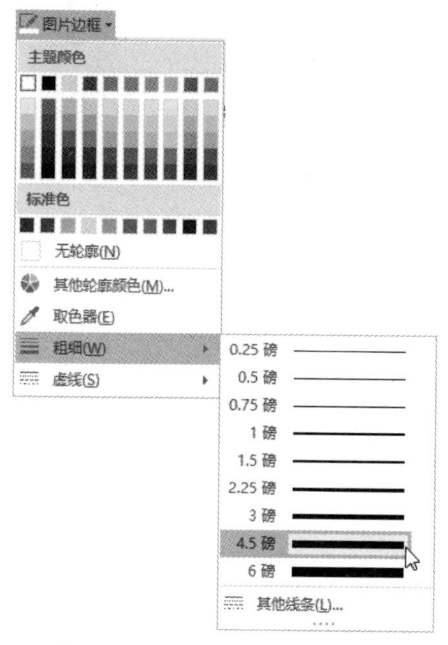

图 5-92　设置图片边框颜色和粗细

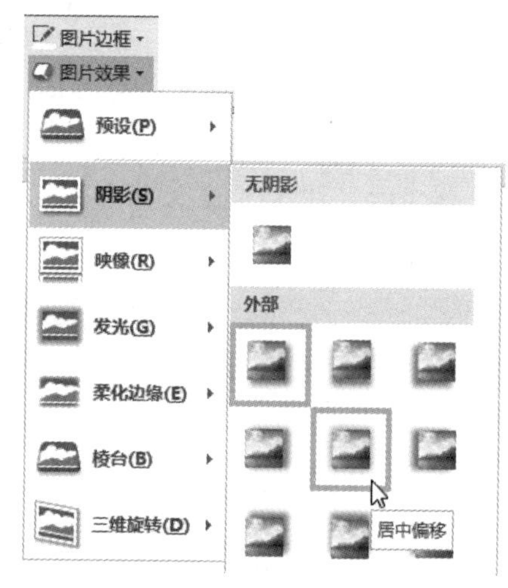

图 5-93　设置图片的阴影效果

（3）设置图片的尺寸大小和旋转角度。

选中幻灯片中的图片“黄河九曲第一湾 1.jpg”，在“图片工具—格式”选项卡的“大小”组中单击“大小和位置”按钮，打开“设置图片格式”窗格，并显示“大小”区域，取消“锁定纵横比”复选框的选中状态，设置高度为“10 厘米”，设置宽度为“15 厘米”，设置旋转角度为“338°”，如图 5-94 所示。

其他两张图片的尺寸大小设置与图片 1 相同，旋转角度分别设置为“347°”和“354°”。

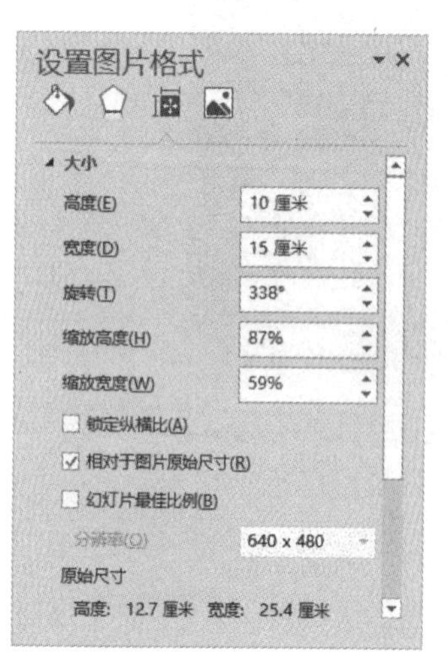

图 5-94　设置图片的尺寸大小和旋转角度

（4）设置图片层次位置。

选中幻灯片中的图片“黄河九曲第一湾 1.jpg”，在“图片工具—格式”选项卡的“排列”组中单击“上移一层”下拉按钮，在打开的下拉列表中单击“置于顶层”按钮，如图 5-95 所示。

选中幻灯片中的图片“黄河九曲第一湾 3.jpg”，在“图片工具—格式”选项卡的“排列”

组中单击“下移一层”下拉按钮 ，在打开的下拉列表中单击“置于底层”按钮，如图 5-96 所示。

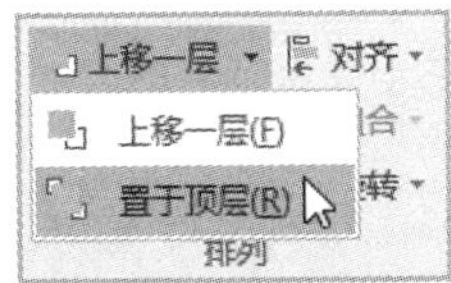

图 5-95 在下拉列表中单击“置于顶层”按钮

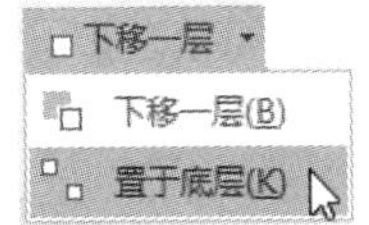

图 5-96 在下拉列表中单击“置于底层”按钮

设置了边框和阴影效果的多张图片如图 5-97 所示。

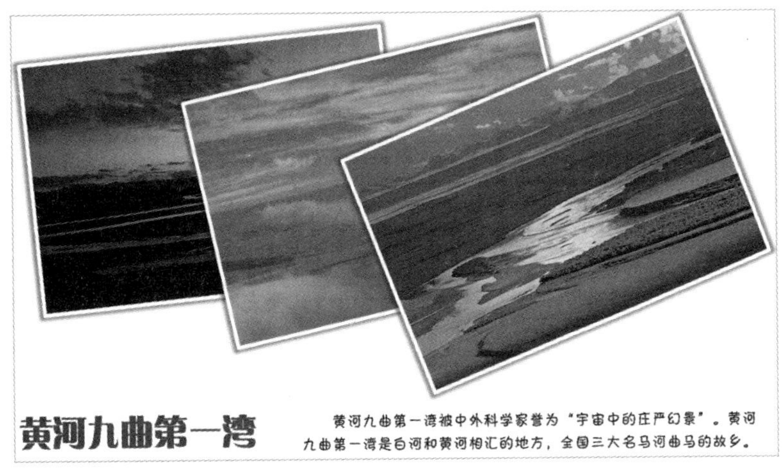

图 5-97 设置了边框和阴影效果的多张图片

8. 增强幻灯片图片的立体感

在演示文稿“任务 10-1.pptx”中插入 1 张幻灯片，在该幻灯片中插入图片“四姑娘.jpg”，在“标题”占位符中输入文字“四姑娘”，在文本占位符中输入四姑娘山景区介绍文字。

选中幻灯片中的图片，在“图片工具—格式”选项卡的“图片样式”组中单击“图片效果”下拉按钮，在打开的下拉列表中指向“映像”，在展开的子菜单中选择“紧密映像，4pt 偏移量”选项，如图 5-98 所示。

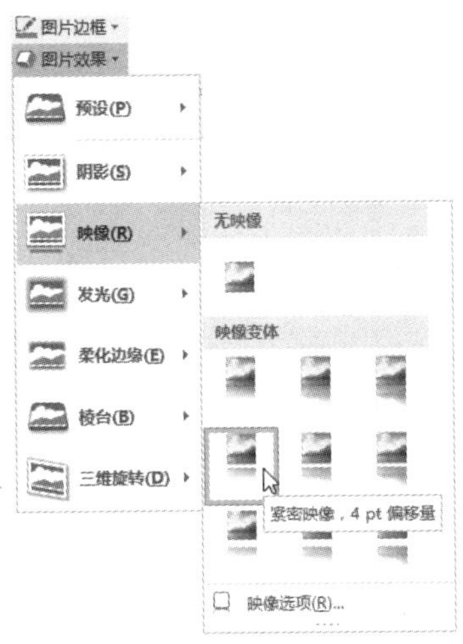

图 5-98 在“图片效果”下拉列表“映像”的子菜单中选择“紧密映像，4pt 偏移量”选项

如果“映像”子菜单中没有合适的映像选项，可以单击“映像选项”按钮，打开“设置图片格式”界面，在“映像”区域通过设置“透明度”“大小”“模糊”和“距离”参数来调整图片的映像效果。

设置了映像效果的图片如图 5-99 所示。

图 5-99　设置了映像效果的图片

9. 对幻灯片多张图片设置版式

（1）一次性插入多张图片。

在演示文稿“任务 10-1.pptx”中插入 1 张幻灯片，删除幻灯片中的占位符。

在“插入”选项卡“图像”组中单击“图片”按钮，弹出“插入图片”对话框。在该对话框中按住“Ctrl”键依次选中所需要的图片，这里分别选中了“毕棚沟.jpg”“九顶山.jpg”“卡龙沟.jpg”和“月亮湾.jpg”，如图 5-100 所示。

图 5-100　在“插入图片”对话框中按住“Ctrl”键依次选中多张图片

然后单击“插入”按钮即可将选中的多张图片插入幻灯片中。一次性插入幻灯片中的多张图片也呈选中状态。

（2）选用图片版式。

在“图片工具—格式”选项卡的“图片样式”组中单击“图片版式”按钮，在打开的图片版式列表中选择“水平图片列表”图片版式，单击即可应用相应的图片版式，如图 5-101 所示。

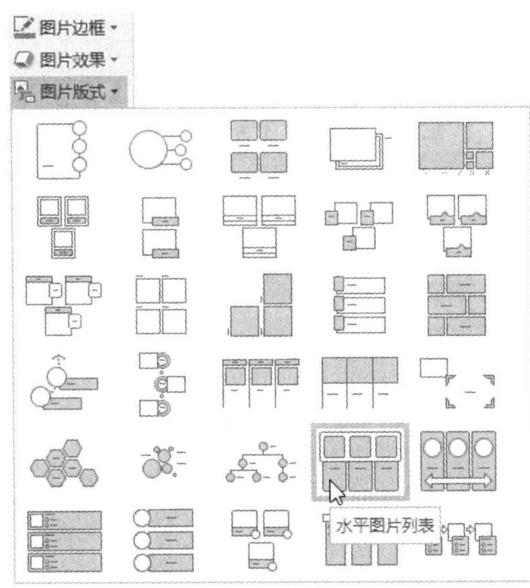

图 5-101　在图片版式列表中选择“水平图片列表”图片版式

（3）输入文字与设置格式。

在幻灯片的多个文本占位符中分别输入对应的景区介绍文字，并设置好文字格式，应用了 SmartArt 图片版式的幻灯片效果如图 5-102 所示。

图 5-102　应用了 SmartArt 图片版式的幻灯片效果

【训练 5-5】设置演示文稿的动画效果与幻灯片放映方式

【任务描述】

打开文件夹“单元 5”中的 PowerPoint 演示文稿“五四青年节活动方案.pptx”，按照以下要求完成相应的操作：

（1）将第 1 张幻灯片中的标题文字“五四青年节活动方案”的“进入”动画设置为“劈裂”，“方向”设置为“左右向中央收缩”，“开始”方式设置为“从上一项开始”。

（2）将第 1 张幻灯片中的艺术字“传承五四精神、焕发青春风采”的“进入”动画设置为“擦除”，“方向”设置为“自左侧”，持续时间设置为“2”秒，“开始”方式设置为“上一动画之后”。

（3）将第 1 张幻灯片中的文字“明德学院　团委、学生会”的“进入”动画设置为“形状”，“开始”方式设置为“单击时”，“方向”设置为“放大”，“形状”设置为“菱形”。

（4）如果所设置的动画效果的顺序有误，则借助于“自定义动画”任务窗格的“向上”和“向下”按钮调整其顺序。

（5）为其他各张幻灯片中的对象设置动画效果。

（6）设置幻灯片的切换效果为“翻转”，效果采用默认选项，“持续时间”设置为“02.00”，“换片方式”设置为“单击鼠标时”。

（7）从第 1 张幻灯片开始放映幻灯片。

【任务实施】

1．设置幻灯片中文本和对象的动画效果

在播放幻灯片时，可以使幻灯片中的文本、图像、自选图形和其他对象具有动画效果。

（1）打开演示文稿“五四青年节活动方案.pptx”，切换到“动画”选项卡。

（2）选择需要设置动画效果的第 1 张幻灯片。

（3）设置主标题“五四青年节活动方案”的动画效果。

在幻灯片中选中含有主标题“五四青年节活动方案”的占位符，在“动画”选项卡“动画”组中选择“动画”列表中的“劈裂”选项，然后单击动画列表右侧的“效果选项”按钮，在其下拉列表中选择“左右向中央收缩”选项。

在“动画”选项卡“高级动画”组中单击“动画窗格”按钮，打开“动画窗格”。然后单击“动画窗格”动画行右侧的按钮▾，在打开的下拉列表中选择“从上一项开始”选项。

（4）设置艺术字“传承五四精神、焕发青春风采”的动画效果。

在幻灯片中选中艺术字“传承五四精神、焕发青春风采”，在“动画”选项卡“动画”组中选择“动画”列表中的“擦除”选项，然后单击动画列表右侧的“效果选项”按钮，在其下拉列表中选择“自左侧”选项。

在“动画”选项卡“计时”组的“开始”列表框中选择“上一动画之后”，在“持续时间”数字框输入“02.00”。

（5）设置文字“明德学院　团委、学生会”的动画效果。

在幻灯片中选中包含文字“明德学院　团委、学生会”的占位符，在“动画”选项卡“动画”组中选择“动画”列表中的“形状”选项，然后单击动画列表右侧的“效果选项”按钮，在其下拉列表中“方向”区域选择“放大”选项，“形状”区域选择“菱形”选项，如图 5-103 所示。

图 5-103　设置进入动画“形状”的效果选项

（6）调整动画效果的顺序。

添加了多项动画效果的“动画窗格”如图 5-104 所示，该窗格中以列表方式列出了顺序排列的动画效果，并且在幻灯片窗格中对应的幻灯片对象上也会出现动画效果的标记。如果需要调整动画效果的排列顺序，可以选定其中需要调整顺序的动画效果，然后单击“上移”按钮▲或者“下移”按钮▼来改变动画顺序。

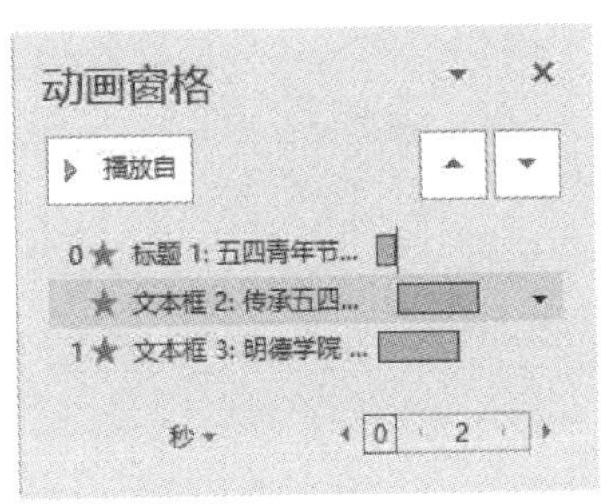

图 5-104　添加多项动画效果的“动画窗格”

2．为其他各张幻灯片中的对象设置动画效果

参考第 1 张幻灯片动画的设置方法，灵活为其他各张幻灯片中的对象设置动画效果。

3．设置幻灯片的切换效果

（1）向幻灯片添加切换效果。

选中设置切换效果的幻灯片，在“切换”选项卡“切换到此幻灯片”组中选择“翻转”切换效果，如图 5-105 所示。

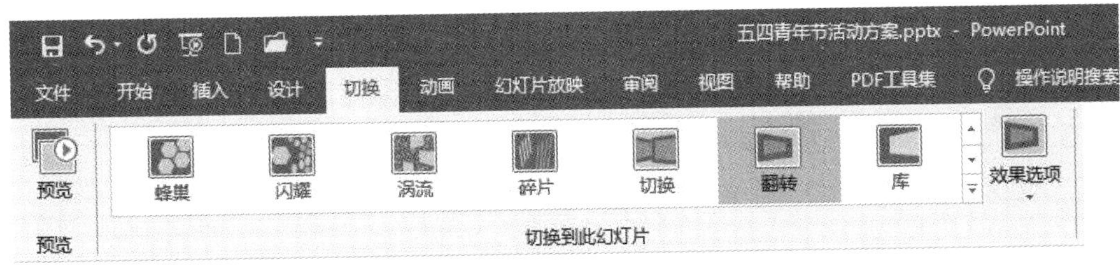

图 5-105　选择“翻转”幻灯片切换方式

（2）设置切换效果的计时。

在“切换”选项卡“计时”组的“持续时间”数字框中输入或选择所需的速度，这里设置为“02.00”。“换片方式”范围选择“单击鼠标时”复选框。

如果幻灯片切换时需要添加声音，则在“声音”列表框中选择一种合适的声音即可。

在“计时”组中单击“应用到全部”按钮，则将当前幻灯片的切换效果应用到全部幻灯片，否则只应用到当前幻灯片。

4．保存演示文稿的动画设置和切换效果设置

在“快速访问工具栏”中单击“保存”按钮，保存该演示文稿。

5．从第一张幻灯片开始放映幻灯片

切换到“幻灯片放映”选项卡，在“开始放映幻灯片”组中单击“从头开始”按钮即可从第一张幻灯片开始放映幻灯片，然后依次单击播放下一张幻灯片。

【提升学习】

【训练 5-6】创建推介华为系列产品的演示文稿“推介华为产品.pptx”

扫描二维码，熟悉电子活页中的相关内容。然后创建演示文稿“推介华为产品.pptx”，展示华为系列产品，具体要求如下：

（1）在该演示文稿中添加多张幻灯片，在各张幻灯片中利用表格展示华为系列产品，在表格中输入必要的文字和插入必要的图片。

（2）利用表格实现各种布局排版功能。

【训练 5-7】创建展示我的旅程的演示文稿“难忘的旅程.pptx”

扫描二维码，熟悉电子活页中的相关内容。然后创建演示文稿“难忘的旅程.pptx”，展示“我的旅程”，具体要求如下：

电子活页 5-25

创建演示文稿

“难忘的旅程.pptx”

（1）在该演示文稿中添加 11 张幻灯片。

（2）在各张幻灯片中插入必要的图片和文本框，在文本框中输入必要的文字内容，并设置文字的格式。

（3）在幻灯片中根据需要插入线条，并设置线条的类型、宽度和颜色。

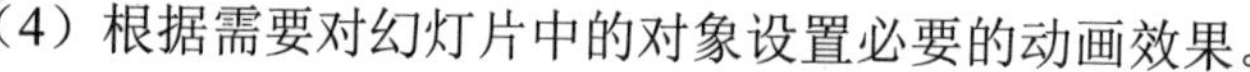

（4）根据需要对幻灯片中的对象设置必要的动画效果。

（5）设置幻灯片的切换效果。

【考核评价】

【技能测试】

【测试 5-1】制作“自我推荐”演示文稿

参考文件夹“单元 5”中的演示文稿“自我推荐 1.pptx”制作本人的“自我推荐.pptx”演示文稿，存放在同一文件夹中，该演示文稿的制作要求如下：

（1）内容包括“个人基本信息”“自我评价”“教育培训经历”“获奖与证书”“项目开发经历”“专业技能与专业特长”“我的作品”等项目。

（2）“个人基本信息”以表格的形式表现。

（3）“教育培训经历”页插入至少 6 张所在学院或培训机构的校园图片。

（4）“我的作品”页插入本人主持或参与的项目设计或开发的主要界面图片。

（5）更换幻灯片母版中的背景，在幻灯片母版的右下角插入“前进”与“后退”动作按钮，另外插入一个用于返回“目录”的空白动作按钮。

（6）“目录”页各项目录内容链接到对应的幻灯片，每个幻灯片都设置“返回”按钮。

（7）“自我评价”页的标题链接到同一文件夹中的 Word 文档“自荐书.doc”。

（8）在“我的作品”页插入一个自选图形，然后再插入一个文本框，在该文本框中输入文字“旅游网站的页面”，然后与自选图形进行组合，设置这一组合对象链接到同一个文件夹的网页文件“旅游网站页面.html”。

（9）根据需要在幻灯片中插入艺术字作为标题。

（10）根据需要合理设置各个幻灯片中对象的动画效果。

（11）根据需要合理设置各个幻灯片的切换效果。

（12）对幻灯片进行页面设置，并预览其效果。

（13）设置幻灯片的放映方式，然后播放幻灯片，观察幻灯片中对象的动画效果和幻灯片的切换效果，并进行排练计时。

（14）将演示文稿“自我推荐.pptx”打包并保存在同一文件夹中。

【测试 5-2】创建展示九寨沟美景的演示文稿“九寨沟美景.pptx”

【任务描述】

创建演示文稿“九寨沟美景.pptx”，展示九寨沟的美景。该演示文稿包括 9 张幻灯片，前 8 张幻灯片中待插入的图片、标题文字、景点介绍文字如表 5-1 所示。第 9 张幻灯片用于致谢。

表 5-1　九寨沟的景点标题与景点介绍

幻灯片序号	标　　题	图片名称	景点介绍
1	圣洁天堂	011、012	去过九寨的人，没有一个会否认她的超凡魅力，如果世界上真有仙境，那肯定就是九寨沟。这是一个佳景荟萃、神奇莫测的旷世胜地，是一个不见纤尘、自然纯净的“圣洁天堂”
2	水中倒影如梦似幻	021、022	无风的静海，仿佛化身一块明晃晃的镜子，将天空树木全部毫不失真地复制下来。缥缈时的云雾倒影、午后的苍翠山林，亦幻亦真，仿若是误入仙境，分不清哪里是天、哪里是海
3	疯狂色彩绚丽璀璨	031、032	五彩池的魅力在于同一水域却呈现出鹅黄、墨绿、深蓝、藏青等色，彼此紧挨，却又泾渭分明，大自然妙笔涂抹的色彩，永远是那么大胆、强烈而又富于变幻，令人惊叹
4	群山拥抱勾起回忆	041、042	树正群海镶嵌在深山幽谷之中，由绿色的湖水、银色的小瀑布相连，就像给树正寨戴上一条美丽的翡翠项链。古老的水磨房、清幽的栈道，仿佛是在倾诉着昨日的历史，回忆历历在目
5	色彩琉璃变幻无穷	051、052	五彩池作为九寨沟湖泊中的精粹，无穷的颜色在她怀里尽情发酵，有的蔚蓝，有的浅绿，有的绛黄，有的粉蓝，好似打翻了的染色盘，美得那么肆无忌惮、随意豪放
6	美人卷帘沉醉其中	061、062	珍珠滩水流湍急且翻着白浪，沿着山体突然下陷，便一下子温柔起来，构成一个落差各异的水帘，像珍珠四溢飞溅，滴滴串起那些濒临破碎的梦，绚烂夺目
7	不期然遇见的惊喜	071、072	难得撞见出来觅食的小松鼠，或上蹿下跳身轻如燕，或眨巴着大眼睛滴溜溜地盯着游人转，不怕生，不怯场，憨态可掬又灵性十足，是九寨顽皮的小精灵
8	郁郁葱葱水满山林	081、082	让我们暂时告别都市的喧嚣，躲进这圣洁天堂去虚度一段光阴。四顾皆仙界，一步一徘徊，挥手暂相别，相约又重来

【操作提示】

（1）PPT 中的图片从教材提供的“测试 5-3 素材”中获取。

（2）各张幻灯片的版面布局、动画设置、切换设置请自行设置。

【在线测试】

扫描二维码，完成本单元的在线测试。

单元 6　认知新一代信息技术与应用互联网技术

Internet 的应用正改变着人们的工作、学习与生活方式，并促进了信息产业的发展，我们应学会在信息海洋中遨游，从网上获取各种资源，利用网络进行学习和交流。

云计算、大数据、物联网、人工智能、区块链、互联网＋等新一代信息技术的发展，正加速推进全球产业分工的深化和经济结构调整，重塑全球经济竞争格局。我国应加快抓住全球信息技术和产业新一轮分化和重组的重大机遇，全力打造核心技术产业生态，进一步推动前沿技术突破，实现产业链、价值链和创新链等各环节协调发展，推动我国数字经济发展迈上新台阶。

互联网与制造业融合发展促使各相关产业产生巨大变革。十大重点产业融合创新产生新的发展方向。在信息领域，新一代信息技术产业——“大物移云”将改变生活、生产方式。

【在线学习】

6.1　认知计算机网络

1. 计算机网络的概念

计算机网络是计算机技术和通信技术相结合的产物，利用通信线路和通信设备，将若干台分布在不同地理位置的具有独立功能的计算机连接起来形成的计算机的集合。建立计算机网络的主要目的是实现资源共享和数据通信。

2. 计算机网络的组成

计算机网络大致包括：计算机、网络操作系统、传输介质（有形或无形，如无线网络的传输介质就是空气）、应用软件四部分。

3. 计算机网络的分类

虽然网络类型的划分标准各种各样，但是从地理范围划分是一种大家都认可的通用网络划分标准。按这种标准可以把各种网络类型划分为局域网、城域网、广域网和互联网四种。一般来说局域网只能是应用在一个较小区域内，城域网是不同地区的网络互联。需要说明的是这种网络划分并没有按严格意义上的地理范围进行划分，只是一个定性的概念。

电子活页 6-1

计算机网络的分类

扫描二维码，熟悉电子活页中的相关内容，了解计算机网络的分类。

4. 计算机与网络信息安全

计算机与网络信息安全是指对数据处理系统采取的技术上的和管理上的安全保护，保护计算机硬件、软件、数据不因偶然的或恶意的原因而遭到破坏、更改、泄露。这里面既包含了层面的概念，其中计算机硬件可以看作物理层面，软件可以看作运行层面，再就是数据层面；又包含了属性的概念，其中破坏涉及的是可用性，更改涉及的是完整性，泄露涉及的是机密性。

计算机与网络信息安全的内容主要有以下几方面：

（1）硬件安全。即计算机与网络硬件和存储媒体的安全。要保护这些硬件设备不受损害，能够正常工作。

（2）软件安全。即计算机及其网络的各种软件不被篡改或破坏，当有非法操作或误操作时，其功能不会失效，数据不被非法复制。

（3）运行服务安全。即计算机与网络中的各个信息系统能够正常运行并能正常地通过网络交流信息。通过对网络系统中的各种设备运行状况的监测，发现不安全因素能及时报警并采取措施改变不安全状态，保障网络系统正常运行。

（4）数据安全。即计算机与网络中存在的及流通的数据的安全。要保护网络中的数据不被篡改、非法增删、复制、解密、显示、使用等。它是保障网络信息安全的最根本的目的。

6.2 认知互联网

Internet 是世界上规模最大、覆盖范围最广的计算机网络，通常称为“因特网”。Internet 是将全世界不同国家、不同地区、不同部门的计算机通过网络互连设备连接在一起构成的一个国际性的资源网络。Internet 就像是在计算机与计算机之间架起的一条条高速信息公路，各种信息在上面传送，使人们得以在全世界范围内共享资源和交换信息。

1. 认知因特网服务

Internet 服务是指通过互联网为用户提供的各类服务，通过 Internet 服务可以进行互联网访问，获取需要的信息。Internet 服务采用 TCP/IP 协议。

2. 认知 Internet 地址

为了实现 Internet 中不同计算机之间的通信，每台计算机都必须有一个唯一的地址，称为 Internet 地址。Internet 地址有两种表示形式，分别为 IP 地址和域名地址，用数字表示的地址称为 IP 地址，用字符表示的地址称为域名地址。

Internet 地址由网络号和主机号构成，其中网络号标识某个网络，主机号标识在该网络上的某台计算机。

（1）IP 地址。

IP 地址包含 4 字节，即 32 个二进制位。为了书写方便，通常每字节使用一个 0～255 之间的十进制数表示，每个十进制数之间使用“.”分隔，这种表示方法称为“点分十进制”表示方法。例如“192.168.1.18”表示某个网络上某台主机的 IP 地址。

（2）域名地址。

域名地址是使用字符表示的 Internet 地址，并由 DNS（Domain Name System）系统将其解释成 IP 地址。

（3）DNS 服务。

DNS（Domain Name System）是域名系统的缩写，DNS 服务是将域名与 IP 对应的网络服务，让用户在访问网站时，不再需要输入冗长难记的 IP 地址，只需输入域名即可访问，因为

DNS 服务会自动将域名转换成正确的 IP 地址，DNS 协议使用了 TCP 和 UDP 的 53 端口。

3．认知 TCP/IP 协议

TCP/IP 协议是 Internet 中所使用的通信协议，即传输控制协议/网际协议，它是 Internet 上计算机之间进行通信所必须遵守的规则集合。其中 TCP（Transmission Control Protocol）为传输控制协议，它提供传输层服务，负责管理数据包的传递过程，并有效地保证数据传输的正确性；IP（Internet Protocol）为网际协议，它提供网际层服务，负责将需要传输的数据分割成许多数据包，并将这些数据包发往目的地，每个数据包中都包含了部分要传输的数据和目的地的地址等重要信息。

4．认知浏览器

浏览器是用来检索、展示及传递 Web 信息资源的应用程序，使用者可以借助超级链接（Hyperlinks），通过浏览器浏览互相关联的信息，实现从 Web 服务器中搜索信息、浏览网页、收发电子邮件等功能。

主流的浏览器分为 IE（Internet Explorer）、Chrome、Firefox、Safari 等几大类，其中 IE 浏览器是微软公司开发的一种 Web 浏览器。

5．认知信息检索

信息检索（Information Retrieval）是用户进行信息查询和获取的主要方式，是查找信息的方法和手段。狭义的信息检索仅指信息查询（Information Search），即用户根据需要，采用一定的方法，借助检索工具，从信息集合中找出所需信息的查找过程。广义的信息检索是信息按一定的方式进行加工、整理、组织并存储起来，再根据信息用户特定的需要将相关信息准确查找出来的过程，又称信息的存储与检索。一般情况下，信息检索指的就是广义的信息检索。

6．认知搜索引擎

搜索引擎是指 Internet 中的信息搜索工具，目前比较著名的搜索引擎有百度、搜狐、谷歌等。当用户访问某主页时，可以输入要查找的关键词并提交，搜索引擎就会在数据库中检索，并将检索结果返回到页面。

7．认知电子邮件

电子邮件是指在 Internet 中通过电子信件进行通信的方式，简称 E-Mail。E-Mail 有速度快、信息形式多样、收发方便、交流范围广等优点，目前已逐渐成为人们常用的通信方式。

使用 Internet 提供的电子邮件服务时，首先要申请电子邮箱，每个邮箱都有一个唯一的标识，该标识也就是我们常说的 E-Mail 地址，其格式为“用户名@域名”，其中“用户名”是用户申请的账号，“域名”是电子邮件服务器域名，例如“good@163.com”表示一个 E-Mail 地址。

6.3 认知云计算技术

6.3.1 云计算的定义

大规模分布式计算技术即为“云计算”的概念起源，因而，云计算又称为网格计算。最简单的云计算技术在网络服务中已经随处可见，例如搜索引擎、网络信箱等，使用者只要输入简单指令即能得到大量信息。

“云”实质上就是一个网络，从狭义上讲，云计算就是一种提供资源的网络，使用者可以随时获取“云”上的资源，按需求量使用，按使用量付费，并且可以看成是可以无限扩展的，只要按使用量付费就可以，“云”就像自来水厂，我们可以随时接水，并且不限量，按照自己家的用水量，付费给自来水厂水费就可以。从广义上说，云计算是与信息技术、软件、互联网相关的一种服务，这种计算资源共享池叫做“云”，云计算把许多计算资源集合起来，通过软件实现自动化管理，只需要很少的人参与，就能让资源被快速提供。也就是说，计算能力作为一种商品，可以在互联网上流通，就像水、电、天然气一样，可以方便地取用，且价格低廉。总之，云计算不是一种全新的网络技术，而是一种全新的网络应用概念，云计算的核心概念就是以互联网为中心，在网站上提供快速且安全的云计算服务与数据存储，让每一个使用互联网的人都可以使用网络上的庞大计算资源与数据中心。

云计算是一种基于并高度依赖于 Internet 的计算资源交付模型，集合了大量服务器、应用程序、数据和其他资源，通过 Internet 以服务的形式提供这些资源，并且采用按使用量付费的方式。用户与实际服务提供的计算资源相分离，并向用户屏蔽底层差异的分布式处理架构。用户可以根据需要从诸如 Amazon Web Services（AWS）之类的云提供商那里获得技术服务，如数据计算、存储和数据库，而无需购买、拥有和维护物理数据中心及服务器。

云计算是分布式计算技术的一种，其工作原理是通过网络“云”将庞大的计算处理程序自动分拆成无数个较小的子程序，再交由多部服务器所组成的庞大系统经搜索、计算、分析之后将处理结果回传给用户。通过这项技术，网络服务提供者可以在很短的时间内（数秒之内），完成对数以千万计甚至亿计数据的处理，达到和“超级计算机”有同样强大效能的网络服务。现阶段所说的云服务已经不单单是一种分布式计算，而是分布式计算、效用计算、负载均衡、并行计算、网络存储、热备份冗杂和虚拟化等计算机技术混合演进并跃升的结果。

6.3.2 云计算的优势与特点

云计算的可贵之处在于高灵活性、可扩展性和高性价比等，与传统的网络应用模式相比，其具有如下优势与特点：

（1）虚拟化技术。

（2）动态可扩展。

（3）按需部署。

（4）灵活性高。

（5）可靠性高。

（6）性价比高。

（7）可扩展性。

电子活页 6-2

云计算优势与特点

扫描二维码，熟悉电子活页中的相关内容，了解云计算的优势与特点。

6.3.3 云计算的服务类型

大多数云计算服务都可归为四大类：适用于对存储和计算能力进行基于 Internet 的访问的基础设施及服务、能够为开发人员提供用于创建和托管 Web 应用程序工具的平台及服务、适用于基于 Web 的应用程序的软件及服务和无服务器计算。每种类型的云计算都提供不同级别的控制、灵活性和管理，因此用户可以根据需要选择正确的服务集。

（1）基础设施即服务（Infrastructure as a Service，IaaS）。

（2）平台即服务（Platform as a Service，PaaS）。

（3）软件即服务（Software as a Service，SaaS）。

（4）无服务器计算。

扫描二维码，熟悉电子活页中的相关内容，了解云计算的服务类型。

电子活页 6-3

云计算的服务类型

6.3.4 区分桌面云与云桌面

桌面云是一个可以通过显示器或者其他可接入互联网的设备，来访问平台的应用程序，云桌面是云计算下的一种典型的应用模式，试分析桌面云的优势、区分桌面云与云桌面的概念与组成的不同。

扫描二维码，熟悉电子活页中的相关内容，区分桌面云与云桌面的基本概念、优势和组成。

电子活页 6-4

区分桌面云与云桌面

6.4 认知大数据技术

6.4.1 大数据的定义

随着计算技术的发展、互联网的普及，信息的积累已经非常庞大，信息的增长也在不断加快，随着互联网、物联网建设的加快，信息更是爆炸式增长，收集、检索、统计这些信息越发困难，必须使用新的技术来解决这些问题。

大数据本身是一个抽象的概念。从一般意义上讲，大数据是指无法在一定时间范围内用常规软件工具进行获取、存储、管理和处理的数据集合，需要新处理模式才能具有更强的决策力、洞察发现力和流程优化能力的海量、高增长率和多样化的信息资产。大数据由巨型数据集组成，这些数据集大小常超出人们在可接受时间下的收集、使用、管理和处理能力。

大数据技术，是指从各种各样类型的数据中，快速获得有价值信息的能力。适用于大数据的技术，包括大规模并行处理（MPP）数据库、数据挖掘电网、分布式文件系统、分布式数据库、云计算平台、互联网和可扩展的存储系统。

6.4.2 大数据的特点

高德纳集团于 2012 年修改对大数据的定义：“大数据是大量、高速、及/或多变的信息资产，它需要新型的处理方式去促成更强的决策能力、洞察力与最优化处理。”目前，业界对大数据还没有统一的定义，但是大家普遍认为，大数据具备 Volume（大量）、Velocity（高速）、Variety（多样）和 Value（低价值密度）四个特征，简称“4V”，即数据体量巨大、数据速度快、数据类型繁多和数据价值密度低，如图 6-1 所示。

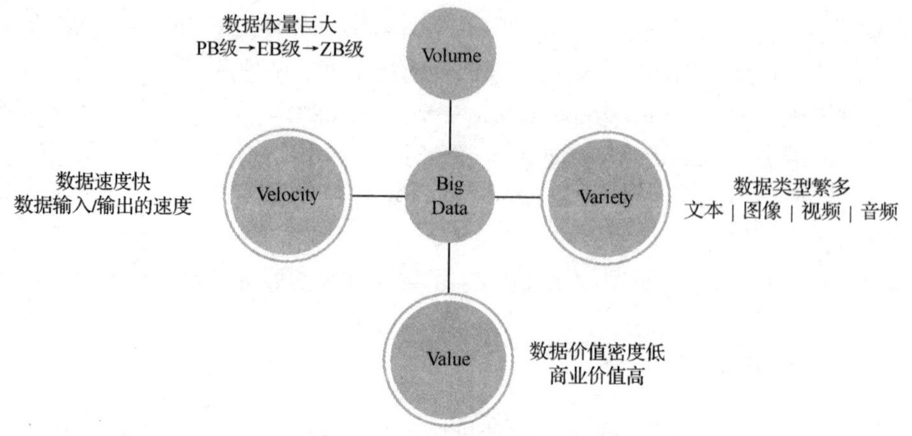

图 6-1　大数据的“4V”特征

（1）Volume（大量）：表示大数据的数据体量巨大。

（2）Velocity（高速）：表示大数据的数据产生、处理和分析的速度在持续加快。

（3）Variety（多样）：表示大数据的数据类型、格式和形态繁多。

（4）Value（低价值密度）：表示大数据的数据价值密度低。

扫描二维码，熟悉电子活页中的相关内容，了解大数据的特点。

6.4.3　大数据的作用

大数据孕育于信息通信技术，它对社会、经济、生活产生的影响绝不限于技术层面。更本质上，它为我们看待世界提供了一种全新的方法，即决策行为将日益基于数据分析，而不是仅凭借经验和直觉。

具体来讲，大数据将有以下作用。

（1）对大数据的处理分析正成为新一代信息技术融合应用的结点。

移动互联网、物联网、社交网络、数字家庭、电子商务等是新一代信息技术的应用形态，这些应用不断产生大数据。云计算为这些海量、多样化的大数据提供存储和运算平台。通过对不同来源数据的管理、处理、分析与优化，将结果反馈到上述应用中，会创造出巨大的经济和社会价值。

（2）大数据是信息产业持续高速增长的新引擎。

面向大数据市场的新技术、新产品、新服务、新业态正不断涌现。在硬件与集成设备领域，大数据将对芯片、存储产业产生重要影响，还将催生一体化数据存储处理服务器、内存计算等市场。在软件与服务领域，大数据将引发数据快速处理分析、数据挖掘技术和软件产品的发展。

（3）大数据将成为提高核心竞争力的关键因素。

各行各业的决策正在从“业务驱动”转向“数据驱动”。企业组织利用相关数据分析帮助它们降低成本、提高效率、开发新产品、做出更明智的业务决策。把数据集合并后进行分析得出的信息和数据关系性，可以用来察觉商业趋势、判定研究质量、避免疾病扩散、打击犯罪或测定即时交通路况等。对大数据的分析可以使零售商实时掌握市场动态并迅速做出应对；

可以为商家制定更加精准有效的营销策略提供决策支持；可以帮助企业为消费者提供更加及时和个性化的服务；在医疗领域，可提高诊断准确性和药物有效性；在公共事业领域，大数据也开始发挥促进经济发展、维护社会稳定等方面的重要作用。

（4）大数据时代的科学研究的方法手段将发生重大改变。

例如，抽样调查是社会科学的基本研究方法。在大数据时代，可通过实时监测、跟踪研究对象在互联网上产生的海量行为数据，进行挖掘分析，揭示出规律性的东西，提出研究结论和对策。

6.4.4 大数据预测

大数据预测是大数据最核心的应用，它将传统意义的预测拓展到“现测”。大数据预测的优势体现在，它把一个非常困难的预测问题，转化为一个相对简单的描述问题，而这是传统小数据集根本无法企及的。

1. 大数据预测是大数据的核心价值

利用大数据的本质是解决问题，大数据的核心价值就在于预测，而企业经营的核心也是基于预测而做出正确判断。在谈论大数据应用时，最常见的应用案例便是“预测股市”“预测流感”“预测消费者行为”等。

大数据预测则是基于大数据和预测模型去预测未来某件事情的概率。让分析从“面向已经发生的过去”转向“面向即将发生的未来”是大数据与传统数据分析的最大不同。

大数据预测的逻辑基础是：每种非常规的变化事前一定都有征兆，每件事情都有迹可循，如果找到了征兆与变化之间的规律，就可以进行预测。大数据预测无法确定某件事情必然会发生，而是给出一个事件会发生的概率。

实验的不断反复、大数据的日积月累让人们不断发现各种规律，利用大数据预测可能的灾难，利用大数据分析癌症可能的引发原因并找出治疗方法，都是未来能够惠及人类的事业。

例如，气象局通过整理近期的气象情况和卫星云图，可以更加精确地判断未来的天气状况。

2. 大数据预测的思维改变

在过去，人们的决策主要是依赖 20%的结构化数据（例如：公司的销售数据、员工的基本信息等），而如今大数据预测则可以利用另外 80%的非结构化数据（例如：图像、影像、电子邮件等）来做决策。大数据预测具有更多的数据维度，更高的数据频度和更广的数据宽度。与过去相比，大数据预测的思维具有 3 大改变：实样而非抽样、预测概率而非精确度、相关关系而非因果关系。

电子活页 6-6

大数据预测的思维改变

（1）实样而非抽样。

（2）预测概率而非精确。

（3）相关关系而非因果关系。

扫描二维码，熟悉电子活页中的相关内容，了解大数据预测的思维改变。

6.5 认知人工智能技术

6.5.1 人工智能的定义

人工智能（Artificial Intelligence），英文缩写为AI，它是研究、开发用于模拟、延伸和扩展人的智能的理论、方法、技术及应用系统的一门新的技术科学。

人工智能研究人类智能活动的规律，构造具有一定智能的人工系统，研究如何让计算机去完成以往需要人的智力才能胜任的工作，也就是研究如何应用计算机的软硬件来模拟人类某些智能行为的基本理论、方法和技术。总体来讲，目前对人工智能的定义大多可划分为四类，即机器"像人一样思考""像人一样行动""理性地思考"和"理性地行动"。这里"行动"应广义地理解为采取行动，或制定行动的决策，而不是肢体动作。

人工智能是计算机科学的一个分支，自 20 世纪 70 年代以来被称为世界三大尖端技术之一（空间技术、能源技术、人工智能），也被认为是 21 世纪三大尖端技术（基因工程、纳米科学、人工智能）之一。这是因为近三十年来它获得了迅速的发展，在很多学科领域都获得了广泛应用，并取得了丰硕的成果，无论在理论和实践上，人工智能都已自成一个系统。

人工智能是研究使用计算机来模拟人的某些思维过程和智能行为（例如：学习、推理、思考、规划等）的学科，主要包括计算机实现智能的原理、制造类似于人脑智能的计算机，使计算机能实现更高层次的应用。人工智能将涉及计算机科学、心理学、哲学和语言学等几乎是自然科学和社会科学的所有学科，其范围已远远超出了计算机科学的范畴，人工智能与思维科学的关系是实践和理论的关系，人工智能是处于思维科学的技术应用层次，是它的一个应用分支。从思维观点看，人工智能不仅限于逻辑思维，还要考虑形象思维、灵感思维才能促进人工智能的突破性发展。

人工智能从诞生以来，理论和技术日益成熟，应用领域也不断扩大，可以设想，未来人工智能带来的科技产品，将会是人类智慧的"容器"。

6.5.2 人工智能的主要研究内容

人工智能的研究是高度技术性和专业的，各分支领域都是深入且各不相通的，因而涉及范围极广。人工智能研究的主要内容包括：知识表示、自动推理、智能搜索、机器学习、知识获取、知识处理系统、自然语言处理、智能机器人、计算机视觉等方面。人工智能的主要应用领域有：智能控制、专家系统、语言和图像理解、遗传编程机器人、自动程序设计等。

电子活页 6-7

人工智能
主要研究内容

1．知识表示

2．自动推理

3．智能搜索

4．机器学习

5. 知识处理系统
6. 自然语言处理
7. 专家系统

扫描二维码，熟悉电子活页中的相关内容，了解人工智能主要研究内容。

6.5.3 人工智能对人们生活的积极影响

1. 更好地满足人们需求
2. 人们劳动工作方式趋于简单并提高效率
3. 人们的衣食住行等基本生活方式丰富化发展
4. 人们生活安全保障性提高
5. 人们的社会交往与娱乐方式发生革新

扫描二维码，熟悉电子活页中的相关内容，了解人工智能对人们生活的积极影响。

6.5.4 人工智能趋势与展望

经过几十年的发展，人工智能在算法、算力（计算能力）和算料（数据）等“三算”方面取得了重要突破，正处于从“不能用”到“可以用”的技术拐点，但是距离“很好用”还有诸多瓶颈。那么在可以预见的未来，人工智能发展将会出现怎样的发展趋势与特征呢？

1. 从专用智能向通用智能发展
2. 从人工智能向人机混合智能发展
3. 从“人工＋智能”向自主智能系统发展
4. 人工智能将加速与其他学科领域交叉渗透
5. 人工智能产业将蓬勃发展
6. 人工智能将推动人类进入普惠型智能社会
7. 人工智能领域的国际竞争将日益激烈
8. 人工智能的社会学将提上议程

扫描二维码，熟悉电子活页中的相关内容，了解人工智能趋势与展望。

6.6 认知物联网技术

6.6.1 物联网的定义

国际电信联盟 2005 年的一份报告曾描绘“物联网”时代的场景：当司机出现操作失误时汽车会自动报警；公文包会提醒主人忘带了什么东西；衣服会“告诉”洗衣机对颜色和水温的要求等。物联网把新一代 IT 技术充分运用在各行各业之中，具体地说，就是把感应器嵌入和安装到电网、铁路、桥梁、隧道、公路、建筑、供水系统、大坝、油气管道等各种物体中，然后将“物联网”与现有的互联网整合起来，实现人类社会与物理系统的整合，在这个整合的网络中，存在能力超级强大的中心计算机群，能够对整合网络内的人员、机器、设备和基础设施实施实时的管理和控制，在此基础上，人类可以以更加精细和动态的方式管理生产和生活，达到“智慧”状态，提高资源利用率和生产力水平，改善人与自然间的关系。毫无疑问，“物联网”时代，人们的日常生活会发生翻天覆地的变化。

物联网（The Internet of Things）的概念是在 1999 年提出的，物联网早期的定义很简单：把所有物品通过射频识别等信息传感设备与互联网连接起来，实现智能化识别和管理。物联网被视为互联网的应用拓展，应用创新是物联网发展的核心，以用户体验为核心的创新 2.0 是物联网发展的灵魂。物联网是指通过信息传感设备，按约定的协议将任何物品与互联网相连接进行信息交换和通信，以实现智能化识别、定位、跟踪、监控和管理的网络。物联网主要解决物品与物品、人与物品、人与人之间的互联。

简而言之，物联网是通过在物品上嵌入电子标签、条形码等能够存储物体信息的标识，通过无线网络的方式将其即时信息发送到后台信息处理系统，而各大信息系统可互联形成一个庞大的网络，从而可达到对物品进行实施跟踪、监控等智能化管理的目的。通俗来讲，物联网可实现人与物之间的信息沟通。

6.6.2 物联网的工作原理

物联网是在计算机互联网的基础上，利用 RFID、无线数据通信等技术，构造一个覆盖世界上万事万物的“Internet of Things”。在这个网络中，物品（商品）能够彼此进行“交流”，而无需人的干预。其实质是利用射频自动识别（RFID）技术，通过计算机互联网实现物品（商品）的自动识别和信息的互联与共享。

而 RFID，正是能够让物品“开口说话”的一种技术。在“物联网”的构想中，RFID 标签中存储着规范而具有互用性的信息，通过无线数据通信网络把它们自动采集到中央信息系统，实现物品（商品）的识别，进而通过开放性的计算机网络实现信息交换和共享，实现对物品的“透明”管理。

“物联网”概念的问世，打破了之前的传统思维。过去的思路一直是将物理基础设施和 IT 基础设施分开：一方面是机场、公路、建筑物，而另一方面是数据中心、个人电脑、宽带等。而在“物联网”时代，钢筋混凝土、电缆将与芯片、宽带整合为统一的基础设施，在此意义上，基础设施更像是一块新的地球工地，世界的运转就在它上面进行，其中包括经济管理、生产运行、社会管理，乃至个人生活。

6.6.3 物联网的主要特征

物联网具有以下主要特征：

（1）全面感知，即利用 RFID、传感器、二维码等随时随地获取物体的信息。

（2）可靠传递，通过各种电信网络与互联网的融合，将物体的信息实时准确地传递出去。

（3）智能处理，利用云计算、模糊识别等各种智能计算技术，对海量的数据和信息进行分析和处理，对物体实施智能化的控制。

6.6.4 物联网的体系结构

目前，物联网还没有一个被广泛认同的体系结构，但是，我们可以根据物联网对信息感知、传输、处理的过程将其划分为三层结构，即感知层、网络层和应用层。

（1）感知层：主要用于对物理世界中的各类物理量、标识、音频、视频等数据的采集与感知。数据采集主要涉及传感器、RFID、二维码等技术。

（2）网络层：主要用于实现更广泛、更快速的网络互通，从而把感知到的数据信息可靠、安全地进行传送。目前能够用于物联网的通信网络主要有互联网、无线通信网、卫星通信网与有线电视网。

（3）应用层：主要包含应用支撑平台子层和应用服务子层。应用支撑平台子层用于支撑跨行业、跨应用、跨系统之间的信息协同、共享和互通。应用服务子层包括智能交通、智能家居、智能物流、智能医疗、智能电力、数字环保、数字农业、数字林业等领域。

6.7 认知区块链技术

6.7.1 区块链的定义

区块链是一个信息技术领域的术语。区块链是分布式数据存储、点对点传输、共识机制、加密算法等计算机技术的新型应用模式。从科技层面来看，区块链涉及数学、密码学、互联网和计算机编程等很多科学技术问题。从应用视角来看，简单来说，区块链是一个分布式的共享账本和数据库，存储于其中的数据或信息，具有去中心化、不可篡改、全程留痕、可以追溯、集体维护、公开透明等特征。这些特点保证了区块链的“诚实”与“透明”，为区块链创造信任奠定基础，创造了可靠的“合作”机制，区块链广阔的应用场景，基本上都基于区块链能够解决信息不对称问题，实现多个主体之间的协作信任与一致行动。

6.7.2 区块链的类型

1．公有区块链

公有区块链（Public Block Chains）：世界上任何个体或者团体都可以发送交易，且交易能够获得该区块链的有效确认，任何人都可以参与其共识过程。公有区块链是最早的区块链，也是应用最广泛的区块链。

2．行业（联合）区块链

行业区块链（Consortium Block Chains）：由某个群体内部指定多个预选的节点为记账人，每个块的生成由所有的预选节点共同决定，其他接入节点可以参与交易，但不过问记账过程（本质上还是托管记账，只是变成分布式记账），其他任何人可以通过该区块链开放的 API 进行限定查询。

3．私有区块链

私有区块链（Private Block Chains）：仅仅使用区块链的总账技术进行记账，可以是一个公司，也可以是个人，独享该区块链的写入权限，本链与其他的分布式存储方案没有太大区别。

6.7.3 区块链的特征

1. 去中心化

区块链技术不依赖额外的第三方管理机构或硬件设施，没有中心管制，除了自成一体的区块链本身，通过分布式核算和存储，各个节点实现了信息自我验证、传递和管理。去中心化是区块链最突出、最本质的特征。

2. 开放性

区块链技术基础是开源的，除了交易各方的私有信息被加密外，区块链的数据对所有人开放，任何人都可以通过公开的接口查询区块链数据和开发相关应用，因此整个系统信息高度透明。

3. 独立性

基于协商一致的规范和协议，整个区块链系统不依赖其他第三方，所有节点能够在系统内自动安全地验证、交换数据，不需要任何人为的干预。

4. 安全性

只要不能掌控全部数据节点的 51%，就无法肆意操控修改网络数据，这使区块链本身变得相对安全，避免了主观人为的数据变更。

5. 匿名性

除非有法律规范要求，单从技术上来讲，各区块节点的身份信息不需要公开或验证，信息传递可以匿名进行。

6.8 认知移动通信和量子通信技术

6.8.1 移动通信技术

1. 移动通信的定义

移动通信是沟通移动用户与固定点用户之间或移动用户之间的通信方式，通信双方有一方或两方处于运动中的通信。

移动通信是进行无线通信的现代化技术，这种技术是电子计算机与移动互联网发展的重要成果之一。移动通信技术经过第一代、第二代、第三代、第四代技术的发展，目前，已经迈入了第五代发展的时代（5G 移动通信技术），这也是目前改变世界的几种主要技术之一。

2. 移动通信的主要特点

移动通信的主要特点如下：

（1）移动性。

因为要保持物体在移动状态中的通信，所以它必须是无线通信，或无线通信与有线通信的结合。

（2）电波传播条件复杂。

移动体可能在各种环境中运动，电磁波在传播时会产生反射、折射、绕射、多普勒效应等现象，产生多径干扰、信号传播延迟和展宽等效应。

（3）噪声和干扰严重。

在城市环境中的汽车火花噪声、各种工业噪声，移动用户之间的互调干扰、邻道干扰、同频干扰等。

（4）系统和网络结构复杂。

它是一个多用户通信系统和网络，必须使用户之间互不干扰，能协调一致地工作。此外，移动通信系统还应与市话网、卫星通信网、数据网等互联，整个网络结构是很复杂的。

（5）要求频带利用率高、设备性能好。

6.8.2 量子通信技术

量子通信是利用量子叠加态和纠缠效应进行信息传递的新型通信方式，基于量子力学中的不确定性、测量坍缩和不可克隆三大原理，提供了无法被窃听和计算破解的绝对安全性保证，主要分为量子隐形传态和量子密钥分发两种。

在理论上，量子通信的定义并没有一个非常严格的标准。在物理学中可以将其看作一个物理极限，通过量子效应就能实现高性能的通信。而在信息学中，量子通信是通过量子力学原理中特有的属性，来完成相应的信息传递工作的。

根据应用途径，量子通信可分为：量子密码通信、量子远程传态和量子密集编码等。根据其所传输的信息内容，量子通信可分为经典通信和量子通信两类。前者主要传输量子密钥，后者则可用于量子隐形传态和量子纠缠的分发。

量子通信具有很多特点，与传统的通信方式相比较，量子通信最大的优势就是绝对安全和高效率性。首先传统通信方式在安全性方面有很多缺陷，量子通信会将信息进行加密传输，在这个过程中密钥不是一定的，充满随机性，即使被相关人员截获，也不容易获取真实信息。其次量子通信还有较强的抗干扰能力、很好的隐蔽性能、较高的信噪比及广泛应用的可能性。

6.9 认知信息素养

信息素养（Information Literacy）的本质是全球信息化需要人们具备的一种能力。

1. 信息素养的定义

信息素养包括文化素养、信息意识和信息技能 3 个层面。一个有信息素养的人，能够判断什么时候需要信息，并且懂得如何去获取信息，如何去评价和有效利用信息。

（1）信息素养是一种基本能力。

信息素养是一种对信息社会的适应能力，包括基本学习技能（指读、写、算）、信息素养、创新思维能力、人际交往与合作精神、实践能力。信息素养是其中一个方面，它涉及信息的意识、信息的能力和信息的应用。

（2）信息素养是一种综合能力。

信息素养涉及各方面的知识，是一个特殊的、涵盖面很宽的能力，它包含人文的、技术的、经济的、法律的诸多因素，和许多学科有着紧密的联系。信息技术支持信息素养，强调对技术的理解、认识和使用技能。而信息素养的重点是内容、传播、分析，包括信息检索以及评价，涉及的方面更广。它是一种了解、搜集、评估和利用信息的知识结构，既需要通过熟练的信息技术，也需要通过完善的调查方法，通过鉴别和推理来完成。信息素养是一种信息能力，信息技术是它的工具。

2. 信息素养的内容

信息素养是一个内容丰富的概念。它不仅包括利用信息工具和信息资源的能力；还包括选择、获取、识别信息，加工、处理、传递信息并创造信息的能力。

信息素养包括关于信息和信息技术的基本知识和基本技能，运用信息技术进行学习、合作、交流和解决问题的能力，以及信息的意识和社会伦理道德问题。具体而言，信息素养应包含以下 5 个方面的内容：

（1）热爱生活，有获取新信息的意愿，能够主动地从生活实践中不断地查找、探究新信息。

（2）具有基本的科学和文化常识，能够较为自如地对获得的信息进行辨别和分析，正确地加以评估。

（3）可灵活地支配信息，较好地掌握选择信息、拒绝信息的技能。

（4）能够有效地利用信息，表达个人的思想和观念，并乐意与他人分享不同的见解或资讯。

（5）无论面对何种情境，都能够充满自信地运用各类信息解决问题，有较强的创新意识和进取精神。

信息素养包含 4 个要素：信息意识、信息知识、信息能力、信息道德，这 4 个要素共同构成一个不可分割的统一整体，其中信息意识是先导，信息知识是基础，信息能力是核心，信息道德是保证。

3. 信息素养的特点

信息素养有以下特点：

（1）信息素养具有知识性。

知识是信息素养的重要内容。信息素养的知识性体现在互相承接的两个方面，要把无序的信息经过整理转化成为能够理解的有序的知识，还要把知识变为智能而作用于人类社会。

（2）信息素养具有普及性。

对每一个人来说，在信息社会中具备信息素养是公民的基本素质。生活在现代社会，人们的日常生活和工作学习都离不开信息技术，人们要经常接触各种各样的信息系统，例如在线修读课程、银行存款、网上查找资料、网上通信等，人们遇到问题也经常想到利用信息技术去寻求答案和帮助。

（3）信息素养具有操作性。

操作性是人们在处理和运用信息时，在技术、诀窍、方法和能力等方面所表现出来的素养。信息素养的所有内容最终必然表现在人们利用信息技术、操作信息系统上。

在评判一个人的信息素养时，实际操作能力的权值要比其他方面更高一些。只能够空泛地谈论信息技术和使用信息系统的人，不能视为具有较高的信息素养。

【单项操作】

【操作 6-1】使用百度网站搜索信息

打开百度网站首页，完成以下各项操作：

操作 1：搜索“区块链的定义”。

在百度首页的搜索内容输入框中输入“区块链的定义”，然后单击“百度一下”按钮，即可获取搜索结果。然后单击搜索结果中的超链接，打开“区块链的定义”对应的网页，将所需内容复制到计算机的文档中即可。

操作 2：搜索“张家界景点图片”。

在百度首页的搜索内容输入框中输入“张家界景点图片”，然后单击“百度一下”按钮，即可获取搜索结果。单击导航按钮“图片”，切换到“图片”页面，找到所需的景点图片，然后保存至计算机中即可。

操作 3：搜索“阿坝县旅游宣传片”。

在百度首页单击导航按钮“视频”，切换到“视频”页面，然后在搜索内容输入框中输入“阿坝县旅游宣传片”，然后单击“百度一下”按钮，即可获取搜索结果。将所需的视频在线观看或下载到计算机中。

操作 4：将中文短句翻译为英文。

打开百度首页，在顶部导航中单击“更多”超链接，打开百度“产品大全”页面，在“搜索服务”区域，单击“百度翻译”超链接，打开“百度翻译”网页，在左侧文本输入框中输入“纸上得来终觉浅，绝知此事要躬行”，右侧会自动显示对应英文。

【操作 6-2】分析云计算在智能电网中的应用

云计算作为新一代信息技术产业的重要领域之一，云计算在智能电网中具有广阔的应用空间和范围，在电网建设、运行管理、安全接入、实时监测、海量存储、智能分析等方面能够发挥巨大作用，全方位应用于智能电网的发、输、变、配、用和调度等各个环节。将云计算技术引入电网数据中心，将显著提高设备利用率，降低数据处理中心能耗，扭转服务器资源利用率偏低的局面，全面提升智能电网环境下海量数据处理的效能、效率和效益。

电子活页 6-10

云计算在智能电网中的应用

扫描二维码，熟悉电子活页中的相关内容，试探讨电力行业与云计算结合的可行性，分析云计算在智能电网中的应用。

【操作 6-3】分析大数据在营销领域的应用

本质上，在市场营销策略领域的大数据应用，就是通过对用户行为特征进行深度分析和挖掘，得到用户的喜好与购买习惯，甚至做到“比用户更了解用户自己”。

大数据应用在营销领域的产品定位、市场评估、消费习惯及需求预测与营销活动方面都具有巨大的商业价值。从产品定位的角度，通过数据采集与分析可以充分了解市场信息，掌握竞品动向和产品在竞争群中所占有的市场份额；在市场评估过程中，区域人口、消费者水平、消费者习惯爱好、对产品的认知程度决定了产品的供求状况；通过积累和挖掘消费者档案及历史消费数据、分析消费者行为和价值取向，构建消费者画像，实现精准营销；通过需求预测来制定和更新产品服务功能价格，从而对不同细分市场的政策进行优化，最大化地实现各个细分市场的利益。

扫描二维码，熟悉电子活页中的相关内容，试分析大数据在营销领域的应用。

电子活页 6-11
大数据在营销领域的应用

1. 企业广告投放策略
2. 精准推广策略
3. 个性化产品服务策略
4. 制定科学的价格体系策略

【操作 6-4】分析大数据在旅游行业的应用

电子活页 6-12
大数据在旅游行业的应用

旅游大数据属于新型的智慧旅游技术手段，把大数据和旅游结合，使得人们的旅游消费行为方式发生了转变，不仅可以促进旅游业的长远发展，还可以促进当地经济的良好发展。试分析旅游开发商、旅游服务商、旅游景区、旅游者对大数据的应用。

扫描二维码，熟悉电子活页中的相关内容，试分析大数据在旅游行业的应用。

1. 旅游开发商对大数据的应用
2. 旅游服务商对大数据的应用
3. 旅游景区对大数据的应用
4. 旅游者对大数据的应用

【操作 6-5】分析人工智能在餐饮行业的应用

电子活页 6-13
人工智能在餐饮行业的应用

人工智能作为一门新的技术科学，正在被人间烟火气"端"上餐桌。试分析人工智能在餐饮行业的应用。

扫描二维码，熟悉电子活页中的相关内容，试分析人工智能在餐饮行业的应用。

1. 人工智能"洗手"做羹汤
2. 减少食物浪费 AI 在行动
3. 人工智能来守护食品安全

【操作 6-6】分析人工智能在医疗行业的应用

电子活页 6-14
人工智能在医疗行业的应用领域

近年来，智能医疗在国内外的发展热度不断提升。一方面，图像识别、深度学习、神经网络等关键技术的突破带来了人工智能技术新一轮的发展。大大推动了以数据密集、知识密集、脑力劳动密集为特征的医疗行业与人工智能的深度融合。

另一方面，随着社会进步和人们健康意识的觉醒，人口老龄化问题的不断加剧，人们对于提升医疗技术、延长人类寿命、增强健康的需求也更加急迫。而实践中却存在着医疗资源分配不均，药物研制周期长、费用高，以及医务人员培养成本过高等问题。对于医疗进步的现实需求极大地刺激了以人工智能技术推动医疗行业变革浪潮的兴起。

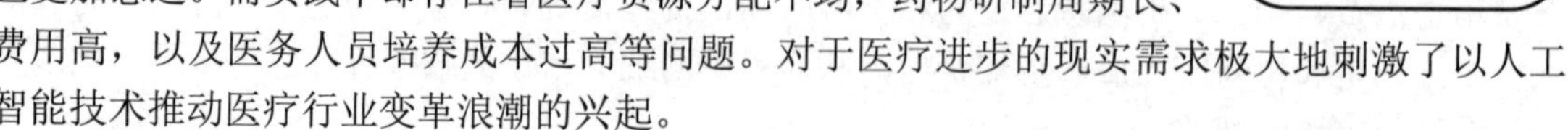

扫描二维码，熟悉电子活页中的相关内容，试分析人工智能在医疗行业的应用场景及典型案例。

1. 智能医疗机器人
2. 智能药物研发
3. 智能诊疗
4. 智能影像识别
5. 智能健康管理

【操作 6-7】分析物联网技术在医疗行业的应用

物联网技术在医疗行业的应用潜力巨大，以物联网技术为基础的无线传感器网络在检测人体生理数据、老年人健康状况、医院药品管理及远程医疗等方面可以发挥出色的作用。试分析物联网技术在医疗行业的应用。

扫描二维码，熟悉电子活页中的相关内容，试分析物联网技术在医疗行业中的应用。

【操作 6-8】分析物联网在灾难救援中的应用

当灾难发生时，时间就是生命，物联网技术为各种情况下的突发灾难，赢得了更多的应急和救援时间。物联网技术在灾难中有哪些具体应用呢？对人们生命财产安全的保护又能起怎样的作用呢？

作为新兴技术的物联网技术，面对灾难时将更多地应用到灾难的预防与救援当中，RFID、无线传感、GPS 全球定位、条码技术等在各种灾害面前都发挥着各自的作用，为人们的生命财产安全提供很好的技术保障。

扫描二维码，熟悉电子活页中的相关内容，试分析物联网在灾难救援中的应用。

【综合训练】

【训练 6-1】使用“中国知网”专用平台检索专业论文

【任务描述】

（1）使用“中国知网”专用平台以一般检索方式检索“智能化高铁全球专利布局分析”专业论文。

（2）使用“中国知网”专用平台以高级检索方式进行专业论文检索，检索主题为“量子通信”，文献来源为“量子电子学报”，发表时间范围为“2020 年 7 月 1 日”至“2021 年 7 月 1 日”。

【任务实施】

1. 使用“中国知网”专用平台以一般检索方式检索专业论文

打开“中国知网”首页，然后在输入框中输入待检索论文的名称“智能化高铁全球专利布局分析”，如图 6-2 所示。

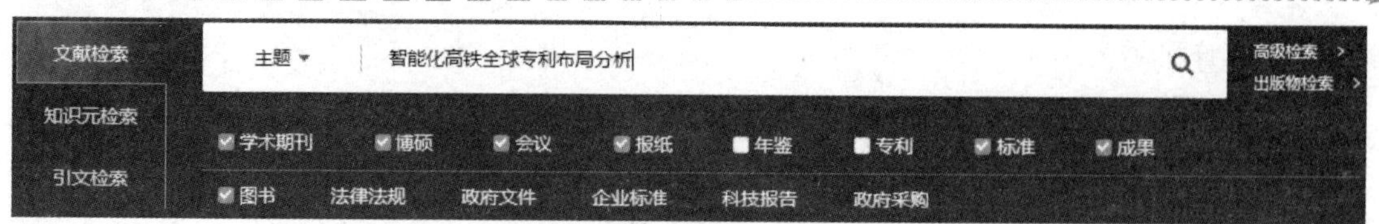

图 6-2　在“中国知网”首页的输入框中输入待检查的论文名称

单击搜索按钮，显示检索结果如图 6-3 所示。

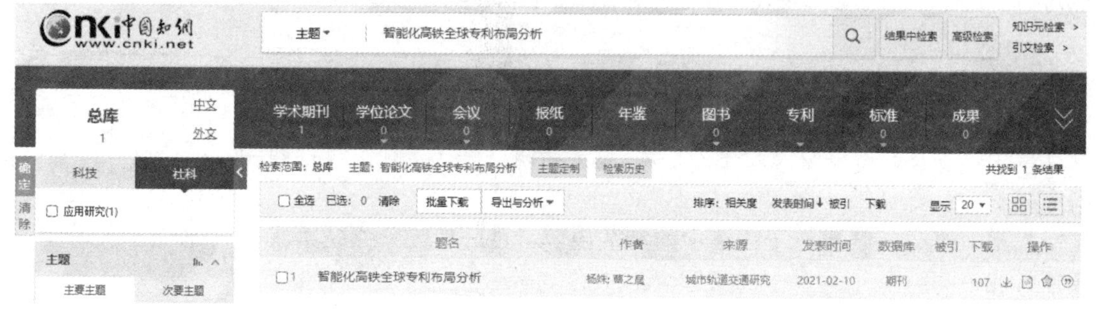

图 6-3　检索专业论文“智能化高铁全球专利布局分析”的结果

在检索结果中单击论文名称“智能化高铁全球专利布局分析”，打开论文“智能化高铁全球专利布局分析”的基本信息界面，如图 6-4 所示。在该界面中单击“手机阅读”按钮可以通过扫描二维码实现手机端阅读论文内容，单击“HTML 阅读”按钮可以直接在 PC 端阅读论文内容，单击“CAJ 下载”按钮或者“PDF 下载”按钮可以不同方式下载论文。

智能化高铁全球专利布局分析

杨姝[1]　曹之晨[2]

1. 中车长春轨道客车股份有限公司科技管理部　2. 北京集慧智佳知识产权管理咨询股份有限公司

摘要： 智能化高铁能实现智能行车、智能运维、智能服务、智能监控等功能,并拥有自我检测、诊断和决策能力。以2000—2009年Derwent Innovation（德温特专利数据库）和INCOPAT（合享智慧数据库）中获得的专利文献数据为依托,通过对高速动车组尤其是智能化高铁的相关技术进行检索,分析主要领先企业在智能化高铁领域的知识产权布局现状,以充分了解全球智能化高铁专利布局策略,为我国企业制定知识产权策略提供参考。

关键词： 智能化高铁; 高速动车组; 专利布局;

DOI： 10.16037/j.1007-869x.2021.02.002

专辑： 工程科技Ⅱ辑; 经济与管理科学

专题： 铁路运输; 交通运输经济

分类号： F532;U238-18

图 6-4　论文“智能化高铁全球专利布局分析”的基本信息

2. 使用“中国知网”专用平台以高级检索方式检索专业论文

在“中国知网”首页单击“高级检索”按钮，打开“高级检索”界面，分别在“主题”输入框中输入“量子通信”，在“文献来源”输入框中输入“量子电子学报”，在“发表时间”开始时间区域选择“2020-07-01”，在终止时间区域选择“2021-07-01”，检索条件设置如图 6-5 所示。然后单击“检索”按钮，显示高级检索对应的检索结果如图 6-6 所示。

图 6-5　检索条件设置

图 6-6　高级检索对应的检索结果

在检索结果区域，单击论文名称即可打开相应论文的基本信息界面，进行在线阅读或下载操作。

【训练 6-2】使用 E-mail 邮箱收发电子邮件

【任务描述】

（1）申请注册一个邮箱账号，本节以网易 163 免费邮箱为例。

（2）登录申请成功的邮箱账号。

（3）通过该邮箱撰写和发送一封邮件。

（4）查看收件箱中已收到的邮件。

（5）阅读邮件内容。

【任务实施】

1．申请注册网易 163 邮箱账号

（1）打开“网易”邮箱的注册界面。

在浏览器中打开“163 网易免费邮”网页，单击界面右下方导航栏的超链接“注册网易邮箱”，切换到网易邮箱的注册界面。

（2）创建账号。

在网易邮箱的注册界面输入邮箱地址、密码、手机号码等用户信息，如图 6-7 所示。单击“立即注册”按钮，显示如图 6-8 所示邮箱注册成功的提示信息。

【提示】如果输入的用户名已经被他人先占用了，就会弹出提示信息，要求重新输入用户名。

如果填写的密码信息不符合系统安全规范，系统会在下方显示相应的提示信息。输入完成后一定要记住自己所填写的信息，特别是用户名和登录密码，以便以后登录邮箱时使用。

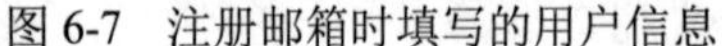

图 6-7　注册邮箱时填写的用户信息

图 6-8　邮箱注册成功的提示信息

邮箱注册成功后，单击“进入邮箱”按钮，即可进入“163 网易免费邮”的首页，如图 6-9 所示。

2．登录网易 163 邮箱

在浏览器中打开“网易 163 免费邮”的登录界面。在 163 邮箱登录界面输入用户名和密码，如图 6-10 所示，然后单击“登录”按钮即可登录。登录成功的界面如图 6-9 所示。

图 6-9　登录成功的界面

3. 撰写和发送邮件

（1）打开写信界面。

单击左侧的“写信”按钮，打开邮件撰写界面。

（2）填写收件人邮箱地址。

在“收件人”文本框中填写对方的邮箱地址，这里输入“happyday_12*@163.com”。

（3）输入邮件主题。

在邮件主题文本框中输入主题文字，这里输入“新年问候”。

（4）撰写邮件正文内容。

在邮件正文内容文本框中输入邮件正文内容，这里输入“祝您在新的一年万事如意！一切顺利！”，如图 6-11 所示。

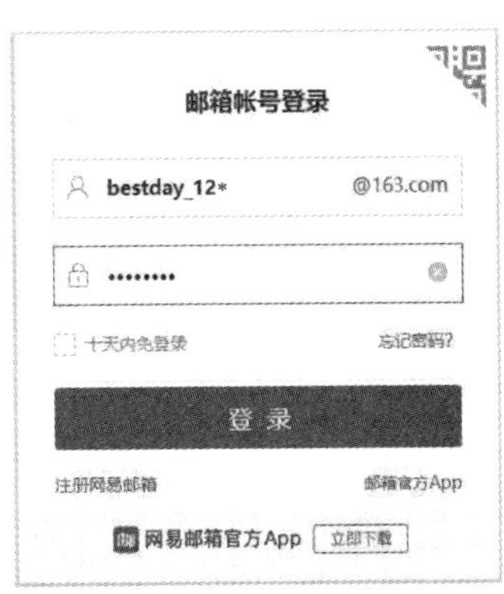

图 6-10　登录 163 网易免费邮

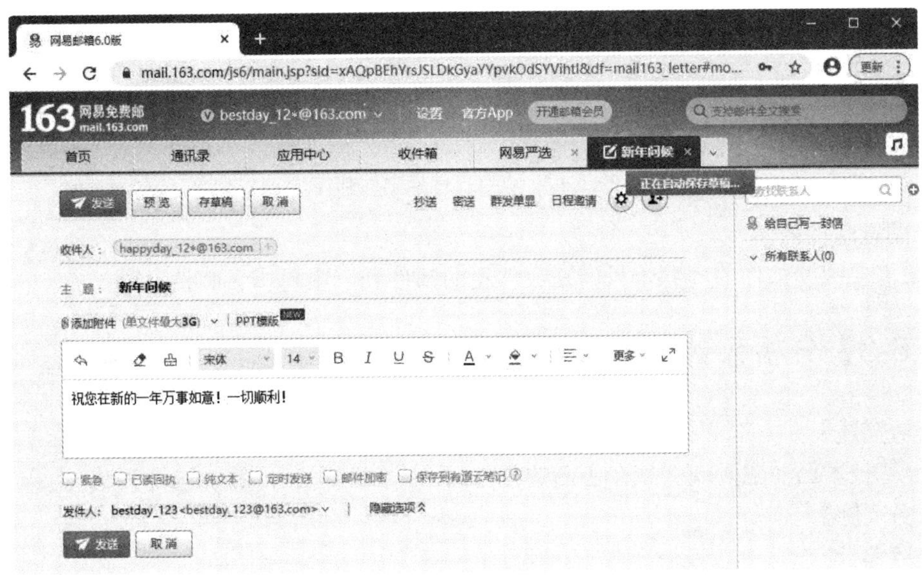

图 6-11　邮件撰写完成后的界面

【提示】这里不仅可以输入文字，还可以设置输入的文字的格式，如字体、字号、对齐方式、文字颜色等，也可以完成复制、剪切和粘贴等操作，此外，还具有设置超链接、增加图片、添加表情、添加信封等功能。

（5）添加附件。

单击“添加附件”超链接，弹出“打开”对话框，在该对话框选择要上传的文件，然后单击“打开”按钮，完成添加附件操作。附件文件可以添加多个，如果要删除添加的附件文件，单击附件文件名称后面的“删除”按钮即可。

（6）设置邮件状态。

在邮件撰写界面下方单击选中复选框“紧急”“已读回执”“纯文本”“定时发送”“邮件加密”等，设置邮件状态，还可以设置其他状态。

（7）发送邮件或存草稿箱。

邮件撰写完成后，可以直接单击“发送”按钮发送，也可以单击“存草稿”按钮将写好的邮件保存到草稿箱，以后再发送邮件。

4．查看收件箱中的邮件

每次登录邮箱时，邮件系统会自动收取邮件，收到的邮件都会存放在“收件箱”中，如果有未读的邮件，在界面会有提示信息。只需单击 163 邮箱界面左侧导航栏中的“收件箱”即可查看收件箱中的邮件，如图 6-12 所示。

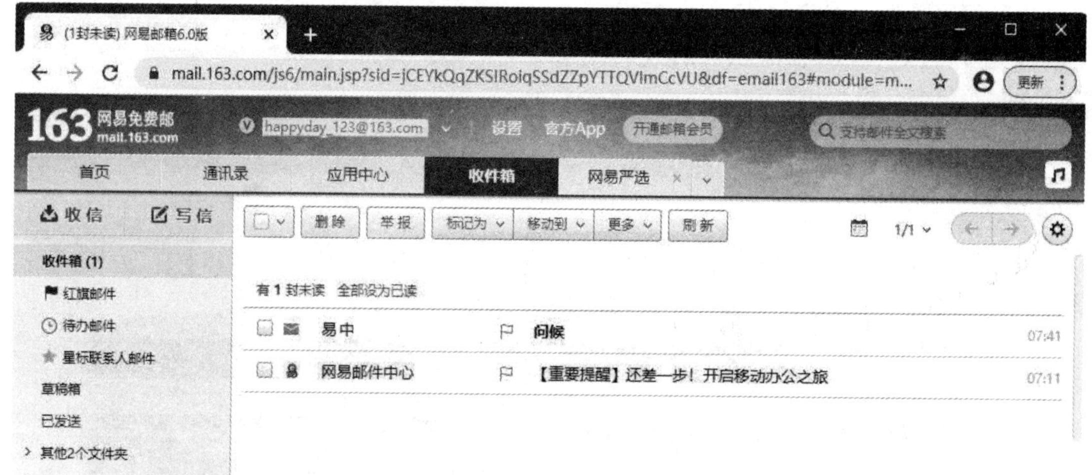

图 6-12 查看收件箱中的邮件

5．阅读邮件内容

如果需要阅读邮件的内容，只需在收件箱的邮件列表中单击该邮件即可。

【训练 6-3】分析云计算的应用领域

【任务描述】

云计算技术已经融入现今社会生活的方方面面，试列举云计算的应用领域。

【任务实施】

1．存储云

存储云，又称云存储，是在云计算技术上发展起来的一个新的存储技术。云存储是一个以数据存储和管理为核心的云计算系统。用户可以将本地的资源上传至云端，可以在任何地方连入互联网来获取云上的资源。大家所熟知的谷歌、微软等大型网络公司均有云存储的服务。在国内，百度云和微云则是市场占有量较大的存储云。存储云向用户提供了存储容器服务、备份服务、归档服务和记录管理服务等，大大方便了使用者对资源的管理。

2. 医疗云

医疗云，是指在云计算、移动技术、多媒体、5G 通信、大数据及物联网等新技术的基础上，结合医疗技术，使用“云计算”来创建医疗健康服务云平台，实现了医疗资源的共享和医疗范围的扩大。医疗云运用云计算技术，提高医疗机构的效率，方便居民就医。像医院的预约挂号、电子病历、医保等都是云计算与医疗领域结合的产物，医疗云还具有数据安全、信息共享、动态扩展、布局全国的优势。

3. 金融云

金融云，是指利用云计算的模型，将信息、金融和服务等功能分散到庞大分支机构构成的互联网“云”中，旨在为银行、保险和基金等金融机构提供互联网处理和运行服务，同时共享互联网资源，从而解决现有问题并且达到高效、低成本的目标。现在，金融与云计算的结合使快捷支付得到了普及，只需要在手机上简单操作，就可以完成银行存款、购买保险和基金买卖等。不仅阿里巴巴推出了金融云服务，像苏宁金融、腾讯等企业均推出了自己的金融云服务。

4. 教育云

教育云可以先将所需要的任何教育硬件资源虚拟化，然后将其传入互联网中，向教育机构和学生老师提供一个方便快捷的平台。慕课 MOOC（大规模开放的在线课程）就是教育云的一种应用。

5. 服务云

当用户使用在线服务来发送邮件、编辑文档、看电影、听音乐、玩游戏或存储图片和其他文件时，很可能正是应用了云计算才使得这一切成为可能。

【训练 6-4】分析大数据技术的主要应用行业

【任务描述】

经过近几年的发展，大数据技术已经慢慢地渗透到各个行业。不同行业的大数据应用进程的速度，与行业的信息化水平、行业与消费者的距离、行业的数据拥有密切的关系。试列举大数据技术的主要应用行业。

【任务实施】

大数据技术的应用行业可以分为以下 4 大类。

1. 第一大类是互联网和营销行业

互联网行业是离消费者距离较近的行业，同时拥有大量实时产生的数据。业务数据化是其企业运营的基本要素，因此，互联网行业的大数据应用程度是最高的。与互联网行业相伴的营销行业，是围绕着互联网用户行为分析，以为消费者提供个性化营销服务为主要目标的行业。

2. 第二大类是信息化水平比较高的行业

如金融、电信等行业，它们比较早地进行信息化建设，内部业务系统的信息化相对比较完善，内部数据有大量的历史积累，并且有一些深层次的分析、分类应用，目前正处于将内、外部数据结合起来共同为业务服务的阶段。

3．第三大类是公用事业行业

不同部门的信息化程度和数据化程度差异较大，例如，交通行业目前已经有了不少大数据应用案例，但有些行业还处在数据采集和积累阶段。公用数据的合理有效开放可激发大数据应用的大发展。

4．第四大类是制造业、物流、医疗、农业等行业

它们的大数据应用水平还处在初级阶段，但未来消费者驱动的 C2B 模式会倒逼着这些行业的大数据应用进程逐步加快。

国际知名咨询公司麦肯锡在《大数据的下一个前沿：创新、竞争和生产力》报告中指出，在大数据应用综合价值潜力方面，信息技术、金融保险、政府及批发贸易四大行业的潜力最高，信息、金融保险、计算机及电子设备、公用事业四类行业的数据量最大。

【训练 6-5】分析大数据预测的典型应用领域

【任务描述】

从预测的角度看，大数据预测所得出的结果不仅仅是处理现实业务得出的简单的、客观的结论，而且能帮助企业经营决策。互联网给大数据预测应用的普及带来了便利条件，试列举大数据预测最有机会的应用领域。

【任务实施】

大数据预测最有机会的应用领域介绍如下。

1．天气预报

天气预报是典型的大数据预测应用领域。天气预报粒度已经从天缩短到小时，有严苛的时效要求。如果基于海量数据通过传统方式进行计算，则得出结论时明天早已到来，预测并无价值，而大数据技术的发展则提供了高速计算能力，大大提高了天气预报的实效性和准确性。

2．体育赛事预测

2014 年世界杯期间，Google、百度、微软和高盛等公司都推出了比赛结果预测平台。百度的预测结果最为亮眼，全程 64 场比赛的预测准确率为 67%，进入淘汰赛后准确率为 94%。

从互联网公司的成功经验来看，只要有体育赛事历史数据，并且与指数公司进行合作，便可以进行其他赛事的预测，如欧冠、NBA 等赛事。

3．市场物价预测

单个商品的价格预测更加容易，尤其是机票这样的标准化产品，购票网站提供的“机票日历”就是价格预测，它能告知用户几个月后机票的大概价位。

由于商品的生产、渠道成本和大概毛利在充分竞争的市场中是相对稳定的，与价格相关的变量是相对固定的，商品的供需关系在电子商务平台上可实时监控，因此价格可以预测。基于预测结果可提供购买时间建议，或者指导商家进行动态价格调整和营销活动以实现利益最大化。

4. 用户行为预测

基于用户搜索行为、浏览行为、评论历史和个人资料等数据，互联网业务可以洞察消费者的整体需求，进而进行针对性的产品生产、改进和营销。百度基于用户喜好进行精准广告营销，阿里根据天猫用户特征包下生产线定制产品，Amazon 预测用户单击行为提前发货均是受益于互联网用户行为预测。

受益于传感器技术和物联网的发展，线下的用户行为洞察正在酝酿。免费商用 WiFi，iBeacon 技术、摄像头影像监控、室内定位技术、NFC 传感器网络、排队叫号系统，可以在一定程度上探知用户线下的移动、停留、出行规律等数据，从而进行精准营销或者产品定制。

5. 人体健康预测

人体体征变化有一定规律，而慢性病发生前人体会有一些持续性异常。从理论上来说，如果大数据掌握了这样的异常情况，便可以进行慢性病预测。

智能硬件使慢性病的大数据预测变为可能，可穿戴设备和智能健康设备可帮助网络收集人体健康数据，如心率、体重、血脂、血糖、运动量、睡眠量等状况。如果这些数据足够精准、全面，并且有可以形成算法的慢性病预测模式，或许未来这些穿戴设备就会提醒用户身体罹患某种慢性病的风险。

6. 疾病疫情预测

疾病疫情预测是指基于人们的搜索情况、购物行为预测大面积疫情暴发的可能性，最经典的“流感预测”便属于此类。如果来自某个区域的“流感”“板蓝根”搜索需求逐渐增多，自然可以推测该处有流感趋势。

7. 灾害灾难预测

气象预测是最典型的灾难灾害预测。地震、洪涝、高温、暴雨这些自然灾害如果可以利用大数据进行更加提前的预测和告知，便有助于减灾、防灾、救灾、赈灾。与过往不同的是，过去的数据收集方式存在着有死角、成本高等问题，而在物联网时代，人们可以借助廉价的传感器摄像头和无线通信网络，进行实时的数据监控收集，再利用大数据预测分析，做到更精准的自然灾害预测。

8. 环境变迁预测

除了进行短时间微观的天气、灾害预测之外，还可以进行更加长期和宏观的环境和生态变迁预测。森林和农田面积缩小、野生动物植物濒危、海岸线上升、温室效应这些问题是地球面临的“慢性问题”。人类知道越多地球生态系统及天气形态变化的数据，就越容易模型化未来环境的变迁，进而阻止不好的转变发生。大数据可帮助人类收集、储存和挖掘更多的地球数据，同时还提供了预测的工具。

9. 交通行为预测

交通行为预测是指基于用户和车辆的 LBS（Location Based Services，基于位置的服务）定位数据，分析人车出行的个体和群体特征，进行交通行为的预测。交通部门可通过预测不同时间、不同道路的车流量，来进行智能的车辆调度，或应用潮汐车道（可变车道）；用户则可以根据预测结果选择拥堵概率更低的道路。

某地图导航软件在节假日可预测景点的人流量来指导人们的景区选择，告诉用户城市商圈、动物园等地点的人流情况，从而指导用户出行选择和商家的选点选址。

除了上面列举的几个领域之外，大数据预测还可被应用在能源消耗预测、房地产预测、就业情况预测、高考分数线预测、选举结果预测、奥斯卡大奖预测、保险投保者风险评估等领域，让人类具备可量化、有说服力、可验证的洞察未来的能力，大数据预测的魅力正在释放出来。

【训练 6-6】分析人工智能的应用领域

【任务描述】

近年来，人工智能迅速融入经济、社会、生活等各行各业，在全世界燃起了燎原之势，在金融、物流等多个领域人工智能也将发挥更大的作用，诸如支付、结算、保险、个人财富管理、仓库选址、智能调度等众多方面已经开始与人工智能融合。人工智能的未来发展方向将更为广阔，未来的人工智能将更多地进入生活的方方面面。试列举人工智能的典型应用领域。

【任务实施】

1．金融领域

银行使用人工智能系统组织运作、金融投资和管理财产。例如使用协助顾客服务系统帮助核对账目、发行信用卡和恢复密码等。

2．医疗和医药领域

随着技术的成熟，人工智能越来越多地被应用到医疗领域。能够“读图”识别影像，还能“认字”读懂病历，甚至出具诊断报告，给出治疗建议。这些曾经在想象中的画面，逐渐变成现实，对解决医疗资源供需失衡及地域分配不均等问题意义重大。

人工神经网络用来做临床诊断决策支持系统，在医学方面人工智能的应用可以让计算机帮助解析医学图像，这样系统帮助扫描数据图像，从计算 X 光断层图发现疾病，典型应用是发现肿块。

3．顾客服务领域

人工智能是自动上线的好助手，呼叫中心的应答机器也用类似技术。

4．运输领域

汽车的变速箱已使用模糊逻辑控制器。

5．传媒领域

2019 年中国两会期间一位声音动听的 AI 女主播参与到两会的播报中，迅速走红网络，这位科大讯飞的 AI 女主播精通汉语、英语、日语、韩语等多种语言，且播报准确率高、发音自然。

6．金融智能投资领域

所谓智能投（资）顾（问），即利用计算机的算法优化理财资产配置。目前，国内进行智能投顾业务的企业已经超过 20 家，其面向的服务群体，就是那些并不十分富有、却有强烈资产配置需求的人群。

【训练 6-7】分析物联网的应用案例

【任务描述】

试列举物联网在农业、工业、服务业、公共事业、物流产业的典型应用案例。

【任务实施】

1．物联网在农业中的应用

（1）农业标准化生产监测。

将农业生产中最关键的温度、湿度、二氧化碳含量、土壤温度、土壤含水率等数据信息进行实时采集，实时掌握农业生产的各种数据。

（2）动物标识溯源。

实现各环节一体化全程监控，达到动物养殖、防疫、检疫和监督的有效结合，对动物疫情和动物产品的安全事件进行快速、准确的溯源和处理。

（3）水文监测。

将传统近岸污染监控、地面在线检测、卫星遥感和人工测量融为一体，为水质监控提供统一的数据采集、数据传输、数据分析、数据发布平台，为湖泊观测和成灾机理的研究提供实验与验证途径。

2．物联网在工业中的应用

（1）电梯安防管理系统。

通过安装在电梯外围的传感器采集电梯正常运行、冲顶、蹲底、停电等数据，并经无线传输模块将数据传送到物联网的业务平台。

（2）输配电设备监控、远程抄表。

基于移动通信网络，实现所有供电点及受电点的电力电量信息、电流电压信息、供电质量信息及现场计量装置状态信息的实时采集，以及用电负荷的远程控制。

（3）一卡通系统。

一卡通系统是指基于 RFID-SIM 卡的企事业单位的门禁、考勤及消费管理系统、校园一卡通及学生信息管理系统等。

3．物联网在服务业中的应用

（1）个人保健。

人身上穿戴不同的传感设备，对人的健康参数进行监控，并且实时传送到相关的医疗保健中心，如果有异常，保健中心通过手机提醒体检。

（2）智能家居。

以计算机技术和网络技术为基础，包括各类消费电子产品、通信产品、信息家电及智能家居等，完成家电控制和家庭安防功能。

（3）智能物流。

通过网络提供的数据传输通路，实现物流车载终端与物流公司调度中心的通信，实现远程车辆调度，实现自动化货仓管理。

（4）移动电子商务。

实现手机支付、移动票务、自动售货等功能。

（5）机场防入侵。

铺设多个传感节点，覆盖地面、栅栏和低空探测，防止不法人员的翻越、偷渡、袭击等攻击性入侵。

4．物联网在公共事业中的应用

（1）智能交通。

通过定位系统、监控系统，可以查看车辆运行状态，关注车辆预计到达时间及车道的拥堵状态。

（2）平安城市。

利用监控探头，实现图像敏感性智能分析，构建和谐安全的城市生活环境。

（3）城市管理。

运用地理编码技术，实现城市部件的分类、分项管理，可实现对城市管理问题的精确定位。

（4）环保监测。

将传统传感器所采集的各种环境监测信息，通过无线传输设备传输到监控中心，进行实时监控和快速反应。

（5）医疗卫生。

主要应用有远程医疗、药品查询、卫生监督、急救及探视视频监控等。

5．物联网在物流产业中的应用

物流领域是物联网相关技术最有现实意义的应用领域之一。物联网的建设会进一步提升物流智能化、信息化和自动化水平，推动物流功能整合。对物流服务各环节运作将产生积极影响。具体地讲，主要有以下几个方面。

（1）生产物流环节。

基于物联网的物流体系可以实现整个生产线上的原材料、零部件、半成品和成品的全程识别与跟踪，减少人工识别成本和出错率。通过应用产品电子代码（Electronic Product Code，简称 EPC）技术，就能通过识别电子标签来快速从种类繁多的库存中准确地找出工位所需的原材料和零部件，并能自动预先形成详细补货信息，从而实现流水线均衡、稳步生产。

（2）运输环节。

物联网能够使物品在运输过程中的管理更透明、可视化程度更高。通过在运输的货物和车辆上贴上 EPC 标签，在运输沿线的一些检查点上安装上 RFID 接收转发装置，企业能实时了解货物目前所处的位置和状态，实现运输货物、线路、时间的可视化跟踪管理。此外，还能帮助实现智能化调度，提前预测和安排最优的行车路线，缩短运输时间，提高运输效率。

（3）仓储环节。

将物联网技术（如 EPC 技术）应用于仓储管理，可实现仓库的存货、盘点、取货的自动化操作，从而提高作业效率，降低作业成本。入库储存的商品可以实现自由放置，提高了仓库的空间利用率；通过实时盘点，能快速、准确地掌握库存情况，及时进行补货，提高库存管理能力，降低库存水平，同时按指令准确高效地拣取多样化的货物，减少了出库作业时间。

（4）配送环节。

在配送环节，采用 EPC 技术能准确了解货物存放位置，大大缩短拣选时间，提高拣选效率，加快配送的速度。通过读取 EPC 标签，并与拣货单进行核对，提高了拣货的准确性。此外，可以确切了解目前有多少货箱处于转运途中、转运的始发地和目的地，以及预期的到达时间等信息。

（5）销售物流环节。

当贴有 EPC 标签的货物被客户提取，智能货架会自动识别并向系统报告，物流企业可以实现快捷反应，并通过历史记录预测物流需求和服务时机，从而使物流企业更好地开展主动营销和主动式服务。

【提升学习】

【训练 6-8】通过招聘网站制作与发送求职简历

【任务描述】

制作与发送求职简历。

【任务实施】

（1）准备一份电子版的个人简历。

（2）在招聘网站注册为合法用户。

（3）注册成功后进行登录，进入简历管理中心，创建并完善个人简历。

（4）个人简历修改完善后，通过招聘网站投递简历。

【训练 6-9】如何选择云服务提供商

云服务提供商是提供基于云的平台、基础结构、应用程序或存储服务并收取费用的公司。对于用户想委以组织应用程序和数据的服务提供商，对其可靠性和能力进行评估是非常重要的。熟悉选择云服务提供商应考虑的事项。

扫描二维码，熟悉电子活页中的相关内容，阐述如何选择云服务提供商。

电子活页 6-17

选择云服务提供商

【训练 6-10】分析大数据的典型应用案例

如何能预知各种天文奇观？如何才能准确预测并对气象灾害进行预警？包括在未来的城镇化建设过程中，如何打造智能城市？这一系列问题的背后，其实都隐藏着大数据的身影——不仅彰显着大数据的巨大价值，更直观地体现出大数据在各个行业的广阔应用。

大数据的应用范围越来越广泛，涉及生活的许多方面，试列举大数据的典型应用案例。

大数据时代的出现是海量数据同完美计算能力结合的结果，确切地说是移动互联网、物联网产生了海量的数据，大数据计算技术完美地解决了海量数据的收集、存储、计算、分析的问题。

扫描二维码，熟悉电子活页中的相关内容，对大数据的典型应用案例进行分析。

电子活页 6-18

大数据的典型应用案例

1. 医疗大数据　看病更高效
2. 生物大数据　改良基因
3. 金融大数据　理财利器
4. 零售大数据　最懂消费者
5. 电商大数据　精准营销法宝
6. 农牧大数据　量化生产
7. 交通大数据　畅通出行

8. 教育大数据　因材施教
9. 体育大数据　夺冠精灵
10. 环保大数据　对抗自然灾害
11. 食品大数据　舌尖上的安全
12. 政府调控和财政支出　大数据令其有条不紊

【训练 6-11】分析人工智能在物流领域的综合应用

从行业作业性质看，人工智能在物流行业应用前景可观，首先有丰富的场景，其次有大量重复的劳动，再次物流作业的高效离不开数据规划与决策，而这些因素正是和人工智能应用相匹配的。在物流领域，人工智能究竟有哪些落地场景？试分析人工智能在物流领域各环节的综合应用。

电子活页 6-19
人工智能在物流领域的综合应用

扫描二维码，熟悉电子活页中的相关内容，对人工智能在物流领域的综合应用进行分析。

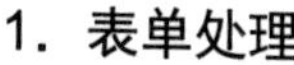
1. 表单处理
2. 园区管理
3. 搬运
4. 装卸与装载
5. 盘点
6. 仓储系统
7. 无人驾驶与智能副驾
8. 无人机与无人车配送
9. 调度与分单
10. 客服

【训练 6-12】探析人工智能在计算机视觉和模式识别中的应用

人工智能的应用领域非常多，试探析人工智能在计算机视觉和模式识别的应用。

扫描二维码，熟悉电子活页中的相关内容，对人工智能在计算机视觉和模式识别的应用进行探析。

电子活页 6-20
人工智能在计算机视觉和模式识别的综合应用

【训练 6-13】探析人工智能在自然语言领域的应用

自然语言是人工智能发展与应用中非常有趣且令人激动的领域，通常分成三个子领域：自然语言处理（NLP）、自然语言生成（NLG）和自然语言理解（NLU）。分别探析人工智能在这三个子领域的应用。

扫描二维码，熟悉电子活页中的相关内容，对人工智能在自然语言处理（NLP）、自然语言生成（NLG）和自然语言理解（NLU）这三个子领域的应用进行探析。

电子活页 6-21
人工智能在自然语言领域的应用

【训练 6-14】探析物联网技术在智能交通中的应用

随着城市化进程的加快，城市交通问题也越来越突出。智能交通在解决交通问题方面的作用效果日益凸显，智能交通受到越来越多的关注。交通被认为是物联网所有应用场景中最有前景的应用之一，试探析智能交通中应用了哪些物联网技术？物联网在智能交通的应用场景有哪些？

智能交通指的是将先进的信息技术、数据传输技术及计算机处理技术等有效地集成到交通运输管理体系中，使人、车和路能够紧密的配合，改善交通运输环境来提高资源利用率等。

电子活页 6-22
物联网技术在智能交通中的应用

物联网作为新一代信息技术的重要组成部分，通过射频识别、全球定位系统等信息感应设备，按照约定的协议，把任何物体与互联网相连，进行信息交换和通信。随着物联网技术的不断发展，也为智能交通系统的进一步发展和完善注入了新的动力。

扫描二维码，熟悉电子活页中的相关内容，对物联网技术在智能交通中的应用进行探析。

【训练 6-15】探析物联网技术在环境监测中的应用

当前，物联网技术已经成为环境监测工作主要的手段之一，在社会发展中所起到的作用也变得十分突出。

电子活页 6-23
物联网技术在智能交通中的应用

将物联网技术应用到环境监测中，可以实现对环境信息的采集、传输、分析及存储，可以为环境监测提供更多的、更全面的、更准确的数据信息，将这些数据信息整理和分析，能够及时有效地发现其中存在的问题，做好预防和控制工作，提升环境监测质量和监测效率，有助于推动环境管理工作持续发展，对于我国未来的环境发展具有十分突出的促进作用。

扫描二维码，熟悉电子活页中的相关内容，对物联网技术在大气监测、水质监测、污水处理监测等方面的应用进行探析。

【考核评价】

【技能测试】

【测试 6-1】通过 Internet 搜索招聘网站与获取招聘信息

选择并打开一家招聘网站的首页，浏览其招聘信息，搜索与记录所需的招聘信息。

【测试 6-2】通过 Internet 查询旅游景点信息

查询并记录张家界和黄山两地著名的旅游景点信息。

【测试 6-3】通过 Internet 查询火车车次及时间

通过“中国铁路 12306”查询“长沙－北京”的火车车次及时间。

【训练 6-4】通过 Internet 查询乘车路线

利用导航网站查询从“天安门”出发到“北京西站”的乘车路线。

【测试 6-5】通过 Internet 搜索与获取台式计算机配置方案

选择计算机技术网站搜索一款价格在 7000～8000 元的台式计算机配置方案。

【测试 6-6】通过 Internet 搜索与下载所需的资料

（1）搜索与下载“全国计算机等级考试一级”的最新考试大纲。
（2）搜索与下载有关“物联网”的相关资料。

【在线测试】

扫描二维码，完成本单元的在线测试。